QIZHONGJIXIE
HANJIE JISHU JI ANLI

起重机械
焊接技术 及 案例

聂福全　闵志宇　李浩　等 编著

U0196323

化学工业出版社

·北京·

内 容 简 介

本书从焊接材料、焊接工艺分类、焊接工艺方法、焊接缺陷、工艺评定、典型零件焊接工艺及焊接材料等几方面，围绕智能制造典型案例，详细讲解了起重机焊接技术。

主要内容包括：起重机电焊工基础知识、起重机钢结构焊接工艺基础、焊条电弧焊、熔化极气体保护焊、埋弧自动焊、气焊与气割、起重机钢结构焊接与切割安全技术、碳弧气刨、起重机钢结构焊接质量的检验、起重机钢结构焊接与切割劳动卫生与防护、起重机钢结构焊接工艺评定、起重机械典型钢结构制造工艺及要求、起重机械典型零部件自动化焊接工艺。

本书可供从事起重机钢结构及其他焊接结构设计、制造、焊接工艺设计、焊接质量检查的技术人员阅读，也可供有关企业，如钢铁公司设备管理技术人员和起重机监理人员参考，还可供大、中专院校起重运输机械专业和焊接专业师生及科研院所相关技术人员学习使用。

图书在版编目（CIP）数据

起重机械焊接技术及案例/聂福全等编著. —北京：
化学工业出版社，2022.9
ISBN 978-7-122-41799-2

Ⅰ.①起…　Ⅱ.①聂…　Ⅲ.①起重机械-钢结构-焊
接　Ⅳ.①TH210.6

中国版本图书馆 CIP 数据核字（2022）第 115201 号

责任编辑：贾　娜　　　　　　　　　　　　　文字编辑：袁　宁
责任校对：刘曦阳　　　　　　　　　　　　　装帧设计：王晓宇

出版发行：化学工业出版社（北京市东城区青年湖南街 13 号　邮政编码 100011）
印　　装：北京科印技术咨询服务有限公司数码印刷分部
787mm×1092mm　1/16　印张 13¾　字数 330 千字　2022 年 11 月北京第 1 版第 1 次印刷

购书咨询：010-64518888　　　　　　　　售后服务：010-64518899
网　　址：http://www.cip.com.cn
凡购买本书，如有缺损质量问题，本社销售中心负责调换。

定　　价：118.00 元　　　　　　　　　　　　　　版权所有　违者必究

前　言

起重运输机械是我国智能物流装备的重要组成，对国民经济具有重要影响。目前起重机日益向绿色化、智能化、定制化和网络化的方向发展，但与德国德马格（DEMAG）公司、芬兰科尼（KONE）公司等具有国际先进水平的起重运输装备相比，我国在起重物流装备、设计技术、制造加工工艺、技术性能等基础技术水平方面仍存在一定差距。

起重机的主要结构为典型的箱（形）梁结构，其钢结构重量占起重机重量的 70% 以上，箱梁的制造技术代表了起重机制造工艺水平。箱梁制造工序比较多，包含划线、组对、焊接、物流和检验等工序。起重机箱梁是由不同厚度的板件焊接而成，属于薄板结构件。组成起重机箱梁的上、下盖板和左、右腹板属于细长板件，火焰或等离子切割下料后存在较大的残余变形，同时筋板与上盖板进行组对时，需要适应上盖板的旁弯变形，保证筋板的垂直度和筋板边缘到上盖板边缘距离的一致性，而且起重机箱梁具有尺寸大、重量重、焊接易变形、带拱度、单件小批量等特性，使箱梁焊接质量和效率难以保证。一些企业仍采用传统的焊接制造工艺，不仅造成材料和资源的浪费，还易增加污染排放和产品的制造成本。

由于起重装备大型结构件焊接工艺相对复杂、焊接变形量大、焊接过程工序流程长、工艺特点较为独特，且该行业从业人员接受的专业培训较少，对焊接工艺基础知识较为缺乏。解决上述问题的最根本途径是针对行业核心焊接制造工艺，通过人才培训、材料及装备升级、跨行业融合性技术研发，突破起重装备大型钢结构件焊接制造工艺瓶颈，实现起重装备制造业转型升级，提高制造质量水平，特别是焊接制造过程的质量控制和智能化制造工艺水平具有重要意义。因此，我们编写了本书，从焊接工艺基础开始讲起，内容覆盖起重装备主要大型结构关键焊接工艺及智能焊接工艺，从而为提升行业焊接技工的技能、交流行业焊接工艺提供基础。

本书介绍了起重机钢结构的技术要求，阐述了材料、焊接工艺分类、焊接工艺方法、焊接缺陷、工艺评定、典型零件焊接工艺及焊接材料等内容，结合起重机钢结构关键零部件制造工艺、制造实例，围绕智能制造典型案例，讲解了钢结构焊接质量检验及矫正方法、起重机钢结构变形的基本理论、主梁焊接变形等技术内涵。本书可供从事起重机钢结构及其他焊接结构设计、制造、焊接工艺设计、焊接质量检查的技术人员阅读，也可供有关企业，如钢铁公司设备管理技术人员和起重机监理人员参考，还可供大、中专院校起重运输机械专业和焊接专业师生及科研院所相关技术人员学习使用。

本书由河南科技学院聂福全教授、洛阳理工学院闫志宇教授、郑州轻工业大学李浩教授、河南卫华重型机械股份有限公司工艺部工程师李静宇、郑州大学聂雨萱、郑州轻工业大学副教授孙启鹏编写。本书编写过程中，得到河南卫华重型机械股份有限公司的大力支持，在此表示衷心的感谢！

鉴于笔者对起重装备焊接技术理解和认识的局限，书中不足之处在所难免，敬请读者批评指正。

聂福全

2022 年 3 月

目　录

第4章
熔化极气体保护焊 066

第5章
埋弧自动焊 086

第6章
气焊与气割 100

第 7 章

起重机钢结构焊接与切割安全技术　　113

第 8 章

碳弧气刨　　124

第 9 章

起重机钢结构焊接质量的检验　　131

第 10 章
起重机钢结构焊接与切割劳动卫生与防护 149

第 11 章
起重机钢结构焊接工艺评定 159

第 12 章
起重机械典型钢结构制造工艺及要求 169

第 13 章
起重机械典型零部件自动化焊接工艺

195

第1章

起重机电焊工基础知识

起重机械钢结构的生产制造在整个起重机械制造中占绝对比重，电焊工在起重机械钢结构制造中是关键工种，对整个钢结构的生产任务与质量保证起到决定性的作用。培养一名合格的电焊工，首先必须了解与掌握的就是电的基本知识，这是一名起重机械制造产业工人必备的基础知识。

1.1　直流电与电磁的基本知识

如果电流的大小及方向都不随时间变化，即在单位时间内通过导体横截面的电量相等，则称之为稳恒电流或恒定电流，简称直流。直流电流要用大写字母 I 表示。

$$I=Q/t$$

直流电流 I 与时间 t 的关系在 $I\text{-}t$ 坐标系中为一条与时间轴平行的直线。

1.2　电路

1.2.1　什么是电路

电路是由各种元器件（或电工设备）按一定方式连接起来的总体，为电流的流通提供了路径（图 1-1 为简单的直流电路）。

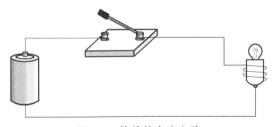

图 1-1　简单的直流电路

电路的基本组成包括以下四个部分：

① 电源（供能元件）。为电路提供电能的设备和器件（如电池、发电机等）。

② 负载（耗能元件）。使用（消耗）电能的设备和器件（如灯泡等用电器）。

③ 控制器件。控制电路工作状态的器件或设备（如开关等）。

④ 连接导线。将电气设备和元器件按一定方式连接起来（如各种铜、铝电缆线等）。

常用理想元件及符号见表 1-1。

表 1-1　常用理想元件及符号

名称	符号	名称	符号
电阻	○─[▭]─○	电压表	○─(V)─○
电池	○─┤├─○	接地	⏚ 或 ⊥
电灯	○─⊗─○	熔断器	○─[▭]─○
开关	○─╱─○	电容	○─┤├─○
电流表	○─(A)─○	电感	○─⌒⌒⌒─○

1.2.2　电路的状态

① 通路（闭路）。电源与负载接通，电路中有电流通过，电气设备或元器件获得一定的电压和电功率，进行能量转换。

② 开路（断路）。电路中没有电流通过，又称为空载状态。

③ 短路（捷路）。电源两端的导线直接相连接，输出电流过大对电源来说属于严重过载，如没有保护措施，电源或电器会被烧毁甚至发生火灾，所以通常要在电路或电气设备中安装熔断器、保险丝等保险装置，以避免发生短路时出现不良后果。

1.3　电流和电压

1.3.1　电流的基本概念

电路中电荷沿着导体的定向运动形成电流，其方向规定为正电荷流动的方向（或负电荷流动的反方向），其大小等于在单位时间内通过导体横截面的电量，称为电流强度（简称电流），用符号 I 或 i (t) 表示，讨论一般电流时可用符号 i。

设在 $\Delta t = t_2 - t_1$ 时间内，通过导体横截面的电荷量为 $\Delta q = q_2 - q_1$，则在 Δt 时间内的电流强度可用数学公式表示为 $i = \dfrac{\Delta q}{\Delta t}$。式中，$\Delta t$ 为很小的时间间隔，时间的基本单位为秒（s），电量 Δq 的基本单位为库仑（C）。

电流（i）的基本单位为安培（A）。常用的电流单位还有毫安 mA、微安 μA、千安 kA 等，它们与安培的换算关系为

$$1\text{mA} = 10^{-3}\text{A}; \quad 1\mu\text{A} = 10^{-6}\text{A}; \quad 1\text{kA} = 10^3\text{A}$$

1.3.2　交流电流

如果电流的大小及方向均随时间变化，则称为变动电流。对电路分析来说，一种最为重

要的变动电流是正弦交流电流, 其大小及方向均随时间按正弦规律做周期性变化, 将之简称为交流。电流的瞬时值要用小写字母 i 或 $i(t)$ 表示。

1.3.3 电压

(1) 电压的基本概念

电压是指电路中两点 A、B 之间的电位差 (简称为电压), 其大小等于单位正电荷因受电场力作用从 A 点移动到 B 点所做的功, 电压的方向规定为从高电位指向低电位的方向。

电压的国际单位制为伏特 (V), 常用的单位还有毫伏 (mV)、微伏 (μV)、千伏 (kV) 等, 它们与伏特的换算关系为

$$1mV = 10^{-3}V; \quad 1\mu V = 10^{-6}V; \quad 1kV = 10^{3}V$$

(2) 直流电压与交流电压

如果电压的大小及方向都不随时间变化, 则称之为稳恒电压或恒定电压, 简称直流电压, 用大写字母 U 表示。

如果电压的大小及方向随时间变化, 则称为变动电压。对电路分析来说, 一种最为重要的变动电压是正弦交流电压 (简称交流电压), 其大小及方向均随时间按正弦规律做周期性变化。交流电压的瞬时值要用小写字母 u 或 $u(t)$ 表示。

1.4 电磁的基本知识及磁路

1.4.1 电流的磁效应

① 磁场。磁体周围存在的一种特殊的物质叫磁场。磁体间的相互作用力是通过磁场传送的。磁体间的相互作用力称为磁场力, 同名磁极相互排斥, 异名磁极相互吸引。

② 磁场的性质。磁场具有力的性质和能量性质。

③ 磁场方向。在磁场中某点放一个可自由转动的小磁针, 它 N 极所指的方向即为该点的磁场方向。

④ 电流的磁场。直线电流所产生的磁场方向可用安培定则来判定, 方法是: 用右手握住导线, 让拇指指向电流方向, 四指所指的方向就是磁感线的环绕方向。

⑤ 电流的磁效应。电流的周围存在磁场的现象称为电流的磁效应。电流的磁效应揭示了磁现象的电本质。

1.4.2 磁场对直线电流的作用力

① 安培力的大小。磁场对放在其中的通电直导线有力的作用, 这个力称为安培力。

② 左手定则。安培力 F 的方向可用左手定则判断: 伸出左手, 使拇指跟其他四指垂直, 并都跟手掌在一个平面内, 让磁感线穿入手心, 四指指向电流方向, 大拇指所指的方向即为通电直导线在磁场中所受安培力的方向。

1.4.3 电流表工作原理

电流表结构如图 1-2 所示。在一个很强的蹄形磁铁的两极间有一个固定的圆柱形铁芯，铁芯外套有一个可以绕轴转动的铝框，铝框上绕有线圈，铝框的转轴上装有两个螺旋弹簧和一个指针，线圈两端分别接在这两个螺旋弹簧上，被测电流就是经过这两个弹簧流入线圈的。即测量时偏转角度 θ 与所测量的电流成正比。这就是电流表的工作原理。这种利用永久性磁铁来使通电线圈偏转达到测量目的的仪表称为磁电式仪表。

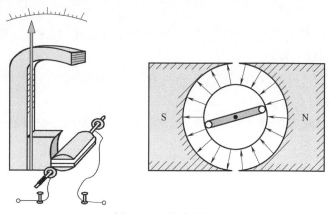

图 1-2　电流表结构

1.4.4 电磁感应现象

由实验可知，当闭合回路中一部分导体在磁场中做切割磁感线运动时，回路中就有电流产生。当穿过闭合线圈的磁通发生变化时，线圈中有电流产生。在一定条件下，由磁产生电的现象，称为电磁感应现象，产生的电流叫感应电流。

1.4.5 感应电流的方向

右手定则：当闭合回路中一部分导体做切割磁感线运动时，所产生的感应电流方向可用右手定则来判断：伸开右手，使拇指与四指垂直，并都跟手掌在一个平面内，让磁感线穿入手心，拇指指向导体运动方向，四指所指的方向即为感应电流的方向。

1.4.6 楞次定律

通过实验发现：

当磁铁插入线圈时，原磁通在增加，线圈所产生的感应电流的磁场方向总是与原磁场方向相反，即感应电流的磁场总是阻碍原磁通的增加；

当磁铁拔出线圈时，原磁通在减少，线圈所产生的感应电流的磁场方向总是与原磁场方向相同，即感应电流的磁场总是阻碍原磁通的减少。

因此，得出结论：当将磁铁插入或拔出线圈时，线圈中感应电流所产生的磁场方向，总是阻碍原磁通的变化。这就是楞次定律的内容。

根据楞次定律判断出感应电流磁场方向，然后根据安培定则，即可判断出线圈中的感应电流方向。右手定则与楞次定律的一致性，即右手定则和楞次定律都可用来判断感应电流的方向，两种方法本质是相同的，所得的结果也是一致的。右手定则适用于判断导体切割磁感线的情况，而楞次定律是判断感应电流方向的普遍规律。

1.5　正弦交流电的基本概念

1.5.1　交流电的产生

（1）交流电
如果电流的大小及方向都随时间做周期性变化，则称之为交流电。

（2）正弦交流电
大小及方向均随时间按正弦规律做周期性变化的电流、电压、电动势叫作正弦交流电流、电压、电动势。

（3）交流发电机简介
发电机的基本组成部分是磁极和线圈（线圈匝数很多，嵌在硅钢片制成的铁芯上，通常叫电枢）。电枢转动，而磁极不动的发电机，叫作旋转电枢式发电机。磁极转动，而电枢不动，线圈依然切割磁感线，电枢中同样会产生感应电动势，这种发电机叫作旋转磁极式发电机。不论哪种发电机，转动的部分都叫转子，不动的部分都叫定子。

发电机的转子是由蒸汽机、水轮机或其他动力机带动的。动力机将机械能传递给发电机，发电机把机械能转化为电能传送给外电路。

① 周期。正弦交流电完成一次循环变化所用的时间叫作周期，用字母 T 表示，单位为秒（s）。显然正弦交流电流或电压相邻的两个最大值（或相邻的两个最小值）之间的时间间隔即为周期。

② 频率。交流电周期的倒数叫作频率（用符号 f 表示）。

$$f = \frac{1}{T}$$

它表示正弦交流电流在单位时间内做周期性循环变化的次数，即表征交流电交替变化的速率（快慢）。频率的基本单位是赫兹（Hz）。角频率与频率之间的关系为

$$\omega = 2\pi f$$

我国工业和民用交流电源电压的有效值为 220V，频率为 50Hz，因而通常将这一交流电压简称为工频电压。

因为正弦交流电的有效值与最大值（振幅值）之间有确定的比例系数，所以有效值、频率、初相这三个参数也可以合在一起叫作正弦交流电的三要素。

相位差的同相与反相的波形如图 1-3 所示。

（4）交流电的表示法
① 解析式表示法。

$$i(t) = I\text{m}\sin(\omega t + \varphi_{i_0})$$
$$u(t) = U\text{m}\sin(\omega t + \varphi_{u_0})$$
$$e(t) = E\text{m}\sin(\omega t + \varphi_{e_0})$$

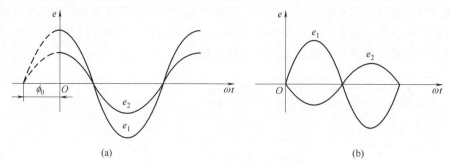

图 1-3　相位差的同相与反相的波形

例如，已知某正弦交流电流的最大值是 2A，频率为 100Hz，设初相位为 60°，则该电流的瞬时表达式为

$$i(t) = I_m \sin(\omega t + \varphi_{i_0}) = 2\sin(2\pi f t + 60°) = 2\sin(628t + 60°) A$$

② 波形图表示法见图 1-4。

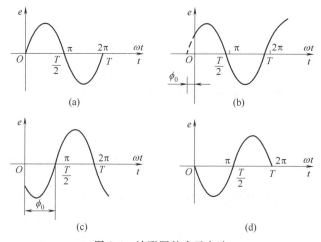

图 1-4　波形图的表示方法

1.5.2　三相交流电动势的产生

振幅相等、频率相同，在相位上彼此相差 120° 的三个电动势称为对称三相电动势。对称三相电动势瞬时值的数学表达式为

第一相（U 相）电动势：　　$e_1 = E_m \sin(\omega t)$

第二相（V 相）电动势：　　$e_2 = E_m \sin(\omega t - 120°)$

第三相（W 相）电动势：　　$e_3 = E_m \sin(\omega t + 120°)$

显然，有 $e_1 + e_2 + e_3 = 0$。

波形图与相量图如图 1-5 所示。

1.5.3　三相电源的连接

三相电源有星形（亦称 Y 形）接法和三角形（亦称 △ 形）接法两种。

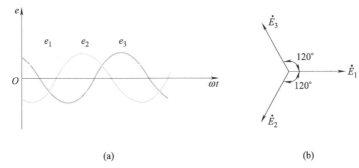

图 1-5　对称三相电动势波形图与相量图

(1) 三相电源的星形 (Y 形) 接法

将三相发电机三相绕组的末端 U2、 V2、 W2 (相尾) 连接在一点, 始端 U1、 V1、 W1 (相头) 分别与负载相连, 这种连接方法叫作星形 (Y 形) 连接。如图 1-6 所示。

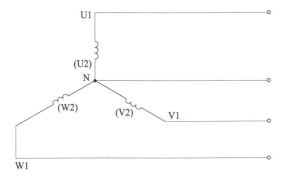

图 1-6　三相绕组的星形接法

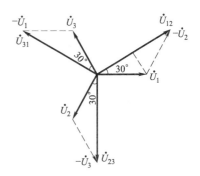

图 1-7　相电压与线电压的相量图

从三相电源三个相头 U1、 V1、 W1 引出的三根导线叫作端线或相线, 俗称火线, 任意两个火线之间的电压叫作线电压。 Y 形公共联结点 N 叫作中点, 从中点引出的导线叫作中线或零线。由三根相线和一根中线组成的输电方式叫作三相四线制 (通常在低压配电中采用)。

每相绕组始端与末端之间的电压 (即相线与中线之间的电压) 叫作相电压。任意两相始端之间的电压 (即火线与火线之间的电压) 叫作线电压。相电压与线电压的相量图见图 1-7。

(2) 三相电源的三角形 (△形) 接法

将三相发电机的第二绕组始端 V1 与第一绕组的末端 U2 相连、第三绕组始端 W1 与第二绕组的末端 V2 相连、第一绕组始端 U1 与第三绕组的末端 W2 相连, 并从三个始端 U1、 V1、 W1 引出三根导线分别与负载相连, 这种连接方法叫作三角形 (△形) 连接。显然这时线电压等于相电压。

$$U_{L}=U_{P}$$

这种没有中线, 只有三根相线的输电方式叫作三相三线制。

特别需要注意的是, 在工业用电系统中, 如果只引出三根导线 (三相三线制), 那么就都是火线 (没有中线), 这时所说的三相电压大小均指线电压 U_{L}; 而民用电源则需要引出中线, 此处所说的电压大小均指相电压 U_{P}。

【例】 已知发电机三相绕组产生的电动势大小均为 $E=220V$，试求：①三相电源为 Y 形接法时的相电压 U_P 与线电压 U_L；②三相电源为 △ 形接法时的相电压 U_P 与线电压 U_L。

解：①三相电源 Y 形接法：相电压 $U_P=E=220V$，线电压 $U_L \approx \sqrt{3}U_P=380V$。

②三相电源 △ 形接法：相电压 $U_P=E=220V$，线电压 $U_L=U_P=220V$。

1.6 变压器和交流电动机

1.6.1 变压器的构造

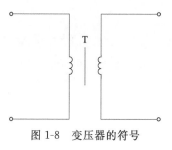

图 1-8 变压器的符号

(1) 变压器的用途和种类

变压器是利用互感原理工作的电磁装置，它的符号如图 1-8 所示，T 是其文字符号。

① 变压器的用途。变压器除可变换电压外，还可变换电流、变换阻抗、改变相位。

② 变压器的种类。按照使用的场合，变压器有电力变压器、整流变压器、调压变压器、输入/输出变压器等。

(2) 变压器的基本构造

变压器主要由铁芯和线圈两部分构成。铁芯是变压器的磁路通道，是用磁导率较高且相互绝缘的硅钢片制成，以减少涡流和磁滞损耗。按其构造形式可分为芯式和壳式两种，如图 1-9 (a)、(b) 所示。

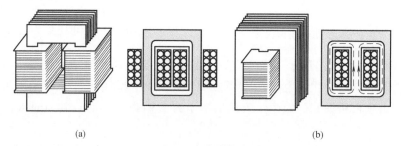

(a)　　　　　　　　　　　　　　　　　　　(b)

图 1-9 芯式和壳式变压器

线圈是变压器的电路部分，是用漆包线、沙包线或丝包线绕成。其中，和电源相连的线圈叫原线圈（初级绕组），和负载相连的线圈叫副线圈（次级绕组）。

1.6.2 变压器的工作原理

变压器是按电磁感应原理工作的，原线圈接在交流电源上，在铁芯中产生交变磁通，从而在原、副线圈产生感应电动势，如图 1-10 所示。

(1) 变换交流电压

原线圈接上交流电压，铁芯中产生的交变磁通同时通过原、副线圈，原、副线圈中交变

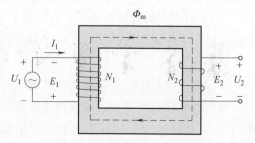

图 1-10 变压器的工作原理

的磁通可视为相同。设原线圈匝数为 N_1，副线圈匝数为 N_2，磁通为 Φ，感应电动势为（忽略线圈内阻）$\dfrac{U_1}{U_2}=\dfrac{N_1}{N_2}=K$

上式中 K 称为变压比。由此可见，变压器原、副线圈的端电压之比等于匝数比。

如果 $N_1 < N_2$，　$K < 1$，电压上升，称为升压变压器。

如果 $N_1 > N_2$，　$K > 1$，电压下降，称为降压变压器。

【例】 有一变压器初级电压为 2200V，次级电压为 220V，在接纯电阻性负载时，测得次级电流为 10A，变压器的效率为 95％。试求它的损耗功率、初级功率和初级电流。

解： 次级负载功率 $\qquad P_2 = U_2 I_2 \cos\varphi_2 = 220 \times 10 = 2200\text{W}$

初级功率 $\qquad\qquad\qquad P_1 = \dfrac{P_2}{\eta} = \dfrac{2200}{0.95} \approx 2316\text{W}$

损耗功率 $\qquad\qquad\qquad P_L = P_1 - P_2 = 2316 - 2200 = 116\text{W}$

初级电流 $\qquad\qquad\qquad I_1 = \dfrac{P_1}{U_1} = \dfrac{2316}{2200} \approx 1.05\text{A}$

(2) 变压器的额定值

变压器的满负荷运行情况叫额定运行，额定运行条件叫变压器的额定值。

额定容量指次级最大视在功率，单位是伏安（VA）或千伏安（kVA）。

额定初级电压指接到初级线圈电压的规定值。

额定次级电压指变压器空载时，初级加上额定电压后，次级两端的电压。

额定电流指规定的满载电流值。

变压器的额定值取决于变压器的构造及使用的材料。使用时，变压器应在额定条件下运行，不能超过其额定值。

此外还应注意：

① 工作温度不能过高；

② 初、次级绕组必须分清；

③ 防止变压器绕组短路，以免烧毁变压器。

1.7　万用表的使用及维护

(1) 正确使用转换开关和表笔插孔

万用表有红与黑两只表笔（测棒），表笔可插入万用表的"＋""－"两个插孔里，注意一定要严格将红表笔插入"＋"极性孔里，黑表笔插入"－"极性孔里。测量直流电流、电压等物理量时，必须注意正负极性。根据测量对象，将转换开关旋至所需位置，在被测量物理量大小不详时，应先选用量程较大的高挡试测，如不合适再逐步改用较低的挡位，以表头指针移动到满刻度的三分之二位置附近为宜。

(2) 正确读数

万用表有数条供测量不同物理量的标尺，读数前一定要根据被测量物理量的种类、性质和所用量程认清所对应的读数标尺。

(3) 正确测量电阻值

在使用万用表的欧姆挡测量电阻之前，应首先把红、黑表笔短接，调节指针到欧姆标尺的零位上，并正确选择电阻倍率挡。测量某电阻 R_x 时，一定要使被测电阻不与其他电路有任何接触，也不要用手接触表笔的导电部分，以免影响测量结果。当利用欧姆表内部电池作为测试电源时（例如判断二极管或三极管的引脚），要注意：黑表笔接的是电源正极，红表笔接的是电源负极。

（4）测量高电压时的注意事项

在测量高电压时务必注意人身安全，应先将黑表笔固定接在被测电路的地电位上，然后再用红表笔去接触被测点处，操作者一定要站在绝缘良好的地方，并且应用单手操作，以防触电。在测量较高电压或较大电流时，不能在测量时带电转动转换开关旋钮改变量程或挡位。

（5）万用表的维护

万用表应水平放置使用，要防止受振动、受潮热，使用前首先看指针是否指在机械零位上，如果不在，应调至零位。每次测量完毕，要将转换开关置于空挡或最高电压挡上。在测量电阻时，如果将两只表笔短接后指针仍调整不到欧姆标尺的零位，则说明应更换万用表内部的电池。长期不用万用表时，应将电池取出，防止电池受腐蚀而影响表内其他元件。

电阻的测量方法：

① 直接测阻法。采用直读式仪表测量电阻，仪表的标尺是以电阻的单位（Ω、$k\Omega$ 或 $M\Omega$）刻度的，根据仪表指针在标尺上的指示位置，可以直接读取测量结果。例如用万用表的 Ω 挡或 $M\Omega$ 表等测量电阻，就是直接测阻法。

② 比较测阻法。采用比较仪器将被测电阻与标准电阻器进行比较，在比较仪器中接有检流计，当检流计指零时，可以根据已知的标准电阻值，获取被测电阻的阻值。

③ 间接测阻法。通过测量与电阻有关的电量，然后根据相关公式计算，求出被测电阻的阻值。例如得到广泛应用的、最简单的间接测阻法是电流、电压表法测量电阻（即伏安法）。它是用电流表测出通过被测电阻中的电流、用电压表测出被测电阻两端的电压，然后根据欧姆定律即可计算出被测电阻的阻值。

1.8　安全用电

1.8.1　触电的危害

人体因触及高电压的带电体而承受过大的电流，以致引起死亡或局部受伤的现象称为触电。触电对人体的伤害程度，与流过人体电流的频率、大小、通电时间的长短、电流流过人体的途径，以及触电者本人的情况有关。

触电事故表明，频率为 $50\sim100Hz$ 的电流最危险，通过人体的电流超过 $50mA$（工频）时，就会产生呼吸困难、肌肉痉挛、中枢神经遭受损害，从而使心脏停止跳动以至死亡；电流流过大脑或心脏时，最容易造成死亡事故。触电伤人的主要因素是电流，但电流值又取决于作用到人体上的电压和人体的电阻值。通常人体的电阻为 800Ω 至几万欧不等。通常规定 $36V$ 以下的电压为安全电压，对人体安全不构成威胁。

常见的触电方式有单相触电和两相触电。人体同时接触两根相线，形成两相触电，这时人体受 $380V$ 的线电压作用，最为危险。单相触电是人体在地面上，触及一根相线，电流通过人体流入大地造成触电。此外，某些电气设备由于导电绝缘破损而漏电时，人体触及外壳也会发生触电事故。

1.8.2　常用的安全措施

为防止发生触电事故，除应注意开关必须安装在火线上以及合理选择导线与熔丝外，还必须采取以下防护措施。

（1）正确安装用电设备

电气设备要根据说明和要求正确安装，不可马虎。带电部分必须有防护罩或放到不易接触到的高处，以防触电。

（2）电气设备的保护接地

把电气设备的金属外壳用导线和埋在地中的接地装置连接起来，叫作保护接地，适用于中性点不接地的低压系统中。电气设备采用保护接地以后，即使外壳因绝缘不好而带电，这时工作人员碰到机壳就相当于人体和接地电阻并联，而人体的电阻远比接地电阻大，因此流过人体的电流就很微小，保证了人身安全。

（3）电气设备的保护接零

保护接零就是在电源中性点接地的三相四线制中，把电气设备的金属外壳与中性线连接起来。这时，如果电气设备的绝缘损坏而碰壳，由于中性线的电阻很小，所以短路电流很大，立即使电路中的熔丝烧断，切断电源，从而消除触电危险。

（4）使用漏电保护装置

漏电保护装置的作用主要是防止由漏电引起的触电事故和单相触电事故；其次是防止由漏电引起火灾事故以及监视或切除一相接地故障。有的漏电保护装置还能切除三相电动机的断相运行故障。

第2章

起重机钢结构焊接工艺基础

作为一名合格的起重机钢结构生产制造产业工人，掌握过硬的焊接操作技能是必备条件，但要成为一名优秀的电焊工，还要了解和掌握起重机械制造常用的金属材料基本属性、焊接工艺相关基础知识、钳工相关的基础知识等。

2.1 常用金属材料的一般知识

2.1.1 常用金属材料的力学性能

所谓力学性能是指金属在外力作用时表现出来的性能，包括强度、塑性、硬度、韧性及疲劳强度等。

（1）强度

强度是指材料在外力作用下抵抗塑性变形和破裂的能力。抵抗能力越大，金属材料的强度越高。强度的大小通常用应力表示，根据载荷性质的不同，强度可分为抗拉强度、抗压强度、抗剪强度、抗扭强度和抗弯强度。机械制造中常用抗拉强度作为金属材料性能的主要指标。

① 屈服强度。钢材在拉伸过程中当载荷不再增加甚至有所下降时，仍继续发生明显的塑性变形现象，称为屈服现象。材料产生屈服现象时的应力，称为屈服强度，用符号 σ_s 表示。

屈服强度标志着金属材料对微量变形的抗力。材料的屈服强度越高，表示材料抵抗塑性变形的能力越大，允许的工作应力也越高。

② 抗拉强度。钢材在拉伸时，材料在拉断前所承受的最大应力，称为抗拉强度，用符号 σ_b 表示。

抗拉强度是材料在破坏前所能承受的最大应力。σ_b 的值越大，表示材料抵抗拉断的能力越大。其实际意义是：金属结构件所承受的工作应力不能超过材料的抗拉强度，否则会产生断裂。

（2）塑性

断裂前金属材料产生永久变形的能力，称为塑性。一般用拉伸试棒的伸长率和断面收缩率来衡量。

① 伸长率。试样拉断后截面积的标距长度伸长量与试样原始标距长度的比值的百分率，称为伸长率，用符号 δ 表示。

② 断面收缩率。试样拉断后截面积的减小量与原截面积比值的百分率，用符号 ψ 表示。

δ 和 ψ 的值越大，表示金属材料的塑性越好。这样的金属可以产生大量塑性变形而不被破坏。

（3）硬度

材料抵抗局部变形，特别是塑性变形、压痕或划痕的能力称为硬度。硬度是衡量钢材软硬的一个指标，根据测量方法不同可分为布氏硬度（HBS）、洛氏硬度（HR）、维氏硬度（HV）。根据硬度值可近似地确定抗拉强度值。

（4）冲击韧性

金属材料抗冲击载荷不致被破坏的性能，称为韧性。冲击韧性值指试样冲断后缺口处单位面积所消耗的功。

（5）疲劳强度

金属材料在无数次重复交变载荷作用下，不被破坏的最大应力，称为疲劳强度。

（6）蠕变

在长期固定载荷作用下，即使载荷小于屈服强度，金属材料也会逐渐产生塑性变形的现象称为蠕变。

2.1.2　金属的焊接性

（1）焊接性的概念

金属的焊接性，是指被焊金属材料在采用一定的焊接工艺方法、焊接材料、规范参数及结构形式条件下，获得优质焊接接头的难易程度。它包括两个方面的内容：一是焊接接头产生工艺缺陷的倾向，尤其是出现各种裂缝的可能性；二是焊接接头在使用中的可靠性，包括焊接接头的力学性能及其他特殊性能。

金属材料的可焊性不是一成不变的。同一种金属材料，若采用不同焊接方法或材料，则其焊接性可能有很大差别。

当采用新的金属材料制造焊件时，了解及评价新材料的焊接性，是产品设计、施工准备及正确拟订焊接工艺的重要依据。

金属材料的可焊性可通过估算法和试验方法确定。

（2）焊接性的评定

焊接性的评定，通常是检查金属材料焊接时产生裂纹的倾向性。焊接性试验的目的是：

① 选择合理的焊接工艺，包括焊接方法、焊接规范、预热温度、焊后缓冷及焊后热处理方法等；

② 选择合理的焊接材料；

③ 用来研究制造焊接性能良好的新材料。

焊接性的试验方法有以下几种：

① 碳当量法（又称估算法）；

② 小型抗裂试验法；

③ 定量的抗裂试验法。

2.1.3　常用金属材料的牌号、性能和用途

2.1.3.1　碳素结构钢的牌号、性能和用途

碳素结构钢简称碳钢，是指含碳量小于 2.11% 的铁碳合金。碳素钢比合金钢价格低

廉，产量大，具有必要的力学性能和优良的金属加工性能等，在机械工业中应用很广。

(1) 分类：

常用的分类方法有以下几种。

① 按钢的含碳量分类：

a. 低碳钢。含碳量 < 0.25%。

b. 中碳钢。含碳量 0.25% ～ 0.60%。

c. 高碳钢。含碳量 > 0.60%。

② 按钢的质量分类。根据钢中有害杂质硫（S）、磷（P）含量多少可分为：

a. 普通优质钢。S≤ 0.05%，P≤ 0.045%。

b. 优质钢。S≤ 0.035%，P≤ 0.035%。

c. 高级优质钢。S< 0.015%，P< 0.025%。

③ 按钢的用途分类：

a. 结构钢。主要用于制造各种机械零件和工程结构件，其含碳量一般都小于 0.70%。

b. 工具钢。主要用于制造各种刀具、模具和量具，其含碳量一般都大于 0.70%。

(2) 普通碳素结构钢

因价格便宜，产量较大，大量用于金属结构和一般机械零件。

碳素结构钢的牌号由代表屈服点的拼音字母"Q"、屈服点数值、质量等级符号和脱氧方法四个部分按顺序组成。

(3) 优质碳素结构钢

一般用来制造主要的机械零件。使用前一般都要经过热处理来改善力学性能。

优质碳素结构钢的牌号用两位数字表示，这两位数字表示该钢平均含碳量的万分之几，例如 45 表示平均含碳量为 0.45% 的优质碳素结构钢。

优质碳素结构钢根据钢中含锰量不同，分为普通含锰量钢（Mn< 0.80%）和较高含锰量钢（Mn= 0.70% ～ 2.10%）两组。较高含锰量钢在牌号后面标出元素符号"Mn"或汉字"锰"。

08～25 钢含碳量低，属于低碳钢。这类钢的强度、硬度较低，塑性、韧性及焊接性良好，主要用于制作冲压件、焊接结构件及强度要求不高的机械零件及渗碳件。

30～55 钢属于中碳钢，这类钢具有较高的强度和硬度，其塑性和韧性随含碳量的增加而逐步降低，切削性能良好。这类钢经调质后，能获得较好的综合性能。主要用来制造受力较大的机械零件。

60 钢以上的牌号属于高碳钢。这类钢具有较高的强度、硬度和弹性，但焊接性不好，切削性稍差，冷变形塑性低。主要用来制作具有较高强度、耐磨性和弹性的零件。

2.1.3.2 合金钢的牌号、性能和用途

合金钢是在碳钢的基础上，为了获得特定的性能，有目的地加一种或多种合金元素的钢。加入的元素有硅、锰、铬、镍、钨、钼、钒、钛、铝及稀土等。

(1) 分类及编号

① 按用途分类：

a. 合金结构钢。用于制造机械零件和工程结构的钢。

b. 合金工具钢。用于制造各种加工工具的钢。

c. 特殊性能钢。具有某种特殊物理、化学性能的钢，如不锈钢、耐热钢、耐磨钢等。

② 按所含的合金元素总含量分类：

a. 低合金钢。合金元素总含量 $<5\%$。

b. 中合金钢。合金元素总含量 $5\%\sim10\%$。

c. 高合金钢。合金元素总含量 $>10\%$。

(2) 合金钢的性能特点

① 普通低合金结构钢。普通低合金结构钢虽然是一种低碳（$C<0.20\%$）、低合金（一般合金元素总量 $<3\%$）的钢，但是由于合金元素的强化作用，这类钢相比相同含碳量的碳素结构钢的强度（特别是屈服点）要高得多，并且具有良好的塑性、韧性、耐蚀性和焊接性。广泛用来制造桥梁、船舶、车辆、锅炉、压力容器、输油气管道和大型钢结构。

② 不锈钢。不锈钢是具有抗大气、酸、碱、盐等腐蚀作用的不锈耐酸钢的统称。通常，在大气中能抵抗腐蚀作用的钢，称不锈钢。在较强腐蚀介质中能抵抗腐蚀作用的钢，称耐酸钢。要达到不锈蚀的目的，必须使钢的含 Cr 量大于等于 13%。

③ 耐热钢。耐热钢是指在高温下具有一定热稳定性和热强性的钢。金属材料的耐热性包括高温抗氧化性和高温强度两个方面。

a. 抗氧化钢。其特点是在高温下不起氧化皮。主要用于长期在高温下工作但要求不高的零件。如各种加热炉板、渗碳箱等。常用的有 4Cr9Si2、 1Cr13SiAl 等。

b. 珠光体耐热钢。其含碳量均为低碳，低碳除有良好的工艺性能外，对高温性能也有利。所以一般用于工作温度在 $300\sim500℃$，要求受较大负荷的构件。如锅炉、汽轮机零件等，其用量非常大。这类钢的热处理一般采用正火。常用钢材有：15CrMo、12CrMoV。

2.2　起重机钢结构焊接工艺基础知识

2.2.1　焊接概述

焊接在现代工业生产中具有十分重要的作用，在制造起重机等大型结构或复杂的机器部件时，更显优越，因为它可以用化大为小、化复杂为简单的方法准备坯料，然后用逐次装配焊接的方法拼小成大，这是其他工艺方法难以做到的。

(1) 焊接的定义

焊接是通过加热、加压或两者兼用，可以用或不用填充材料，使焊件达到原子间结合的一种加工方法。焊接的本质是使两个分离的物体产生原子间结合，使之连接成一体的连接方法。

1）焊接的优点

焊接与螺钉连接、铆接、铸造及锻造相比具有下列优点：

① 节省金属材料、减轻结构重量，且经济效益好。

② 简化了加工与装配工序，生产周期短，生产效率高。

③ 结构强度高，接头密性好。采用轧制材料的焊接结构的材质一般比铸件好。即使不用轧材，用小铸件拼焊成大件，小铸件的质量也比大铸件容易保证。焊接结构接头密封性比铆接和铸造高得多。因此，焊接的容器能充分满足高温、高压条件下对强度和密封性的

要求。

④ 为结构设计提供较大的灵活性。可以按结构的受力情况优化配置材料，按工程需要在不同部位选用具有不同强度、不同耐磨性、不同耐腐蚀及耐高温性等的材料。

⑤ 用拼焊的方法可以大大突破铸锻能力的限制，可以生产特大型锻-焊、铸-焊结构，提供特大、特重型设备、毛坯，促进国民经济的发展。

⑥ 焊接工艺过程容易实现机械化和自动化。

2）焊接的缺点

① 焊接结构容易引起较大的残余变形和焊接内应力，从而影响结构的承载能力、加工精度和尺寸稳定性。同时，在焊缝与焊件交界处还会引起应力集中，对结构的脆性断裂有较大的影响。

② 焊接接头中易存在一定数量的缺陷，如裂纹、气孔、夹渣、未焊透、未熔合等。缺陷的存在会降低强度、引起应力集中、损坏焊缝致密性，是造成焊接结构破坏的主要原因之一。

③ 焊接接头具有较大的性能不均匀性。由于焊缝的成分及金相组织与母材不同，接头各部位经历的热循环不同，使不同区域接头的性能不同。

④ 焊接过程中产生高温、强光及一些有毒气体，对人体有一定的损害，故需加强劳动保护。

（2）焊接方法

焊接方法分为熔化焊、压力焊、钎焊三大类（见图 2-1）。

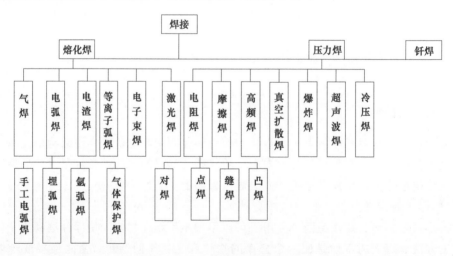

图 2-1　常见的焊接方法分类

① 熔化焊。常见熔化焊有气焊、手工电弧焊、埋弧焊、气体保护焊、氩弧焊。

使被连接的构件表面局部加热成液体，然后冷却结晶成一体的方法称为熔化焊。

② 压力焊。这一类焊接方法的共同特点是，在焊接时不论对焊件加热与否都施加一定的压力，使两个接合面紧密接触，促进原子间的结合作用，以获得两个焊件间的牢固连接。电阻焊、摩擦焊就属于这一类。

按照加热方法的不同，可将压力焊分为冷压焊（不采取加热措施的压力焊）、摩擦焊、超声波焊、爆炸焊、电阻对焊、扩散焊等。

③ 钎焊。这一类焊接的特点是采用比母材熔点低的材料做钎料，将焊件和钎料加热到高于钎料熔点但低于母材熔化的温度（使母材仍保持为固态），利用液态钎料的润湿作用填充间隙，与母材相互扩散实现与被焊工件连接。

(3) 焊接基础知识

① 焊接电弧的产生。焊接电弧是由焊接电源供给的，具有一定电压的两电极间或电极与母材间，在气体介质中产生的强烈而持久的放电现象。它是电弧焊的热源。

② 电弧的实质、电弧与电压的关系、影响电弧稳定的主要因素。

a. 电弧的实质。局部气体的导电现象。电弧由阳极区、阴极区和弧柱区组成。

b. 电弧与电压的关系。电弧的长短与电压有密切关系，电弧越长，电压越高。在焊接过程中，一般使电弧长度约为焊条直径的 $\frac{1}{2}\sim1$，此时电压约为 $16\sim25\mathrm{V}$。

c. 影响电弧稳定的主要因素。除了操作因素外，影响电弧稳定的主要因素大致可分为以下几种：电源影响、焊条药皮影响、焊区清洁度和气流影响、磁偏吹的影响。

③ 电弧静特性。在电极材料、气体介质和弧长一定的情况下，电弧稳定燃烧时，焊接电流与电弧电压变化的关系称为电弧静特性，一般也称伏-安特性。其弧长不同，静特性曲线的位置也不同。

④ 焊接电源的外特性。在规定范围内，弧焊电源稳态输出电流和输出电压的关系称为焊接电源外特性。电源外特性有三种形式：下降特性（陡降、缓降）、平特性和上升特性。

⑤ 电弧动特性。对于一定弧长的电弧，当电弧电流发生连续快速变化时，电弧电压与焊接电流瞬时值之间的关系称为电弧动特性。

⑥ 焊接极性。电弧焊时，直流弧焊机正极部分放出的热量较负极部分高，所以，如果焊件需要的热量高，就选用正接法；反之，就选用反接法。所谓直流正接法，是将焊件接电源正极，电极（焊条、焊丝等）接电源负极的接线法；反接法是将焊件接电源负极，电极（焊条、焊丝等）接电源正极的接线法。

(4) 术语解释

见表 2-1。

表 2-1　术语解释

术语	解释
金属	指具有特殊光泽而不透明,富有延展性、导热性及导电性的一类结晶物质。具有金属特性的材料统称为金属材料
合金	指两种或两种以上的金属元素与非金属元素熔合在一起所得到的具有金属特性的物质
钢的热处理	将钢在固态下采用适当方式进行加热、保温和冷却,以获得所需要的组织结构与性能的工艺
金属的力学性能	指金属在力或能的作用下,所表现出来的一系列力学特性,如强度、塑性、硬度和冲击韧度等,它反映了金属材料在各种形式外力作用下抵抗外力变形或破坏的能力
熔池	熔焊时,在焊接热源的作用下,焊件上所形成的具有一定几何形状的液态金属部分
焊接化学冶金	熔焊时,焊接区的熔化金属、熔渣、气体之间在高温下进行的一系列化学反应
熔滴	电弧焊时,在焊条(或焊丝)端部形成的,并向熔池过渡的液态金属滴
熔渣	焊接过程中,焊条药皮或焊剂熔化后,经过一系列化学变化形成的覆盖于焊缝表面的非金属物质

术语	解释
焊接接头	用焊接方法连接的接头(简称接头)。焊接接头包括焊缝、熔合区和热影响区
焊缝	焊件经焊接后所形成的结合部分
熔合区	焊接接头中,焊缝向热影响区过渡的区域
热影响区	焊接或切割过程中,材料因受热的影响(但未熔化)而发生金相组织和力学性能变化的区域
碳当量	把钢中合金元素(包括碳)的含量按其作用换算成碳的相当含量。可作为评定钢材焊接性的一种参考指标
预热	焊接开始前,对焊件的全部(或局部)进行加热的工艺措施
后热	焊接后立即对焊件的全部(或局部)进行加热或保温,使其缓冷的工艺措施称后热。与焊后热处理不同
焊后热处理	焊后为改善焊接接头的组织和性能或消除焊接应力而进行的热处理
金属的可焊性	是指被焊金属材料在一定条件下获得优质焊接接头的难易程度 金属的可焊性主要与下列因素有关: a. 材料本身的成分组织; b. 焊接方法; c. 焊接工艺条件

2.2.2 熔化焊

熔化焊是焊接最基本的方法。熔化焊可分为电弧焊、气焊、电渣焊、电子束焊、激光焊和等离子弧焊等。

熔化焊的基本原理是将填充材料(如焊丝)和工件的连接区基体材料共同加热至熔化状态,在连接处形成熔池,熔池中的液态金属冷却凝固后形成牢固的焊接接头,使分离工件连接成为一个整体。熔池前部(3-1-2 区)熔化金属被电弧吹力吹到熔池后部(3-2-2 区),迅速冷却结晶。随着热源不断移动,形成连续的致密层状组织焊缝(见图 2-2)。焊缝及热影响区组织分布及应力分布见图 2-3。

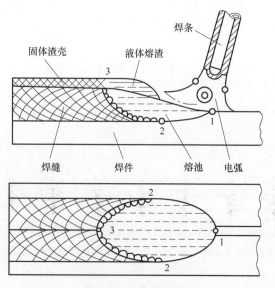

图 2-2　熔化焊过程

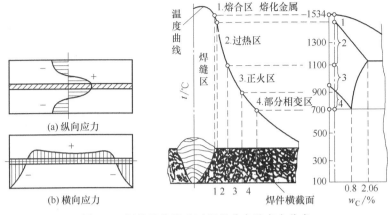

图 2-3　焊缝及热影响区组织分布及应力分布

焊缝区：结晶从熔池壁向中心推进，形成柱状的铸态组织。与基体金属性能接近，但熔池中心易出现杂质、疏松等。

熔合区：未熔化的过热组织和部分熔化的结晶铸态组织。很大程度上决定焊件接头的性能。

过热区：高温影响，晶粒粗大。塑性和韧性下降，显著影响焊件接头性能。

正火区：最高加热温度比 Ac_3 稍高，晶粒重结晶细化，获得正火组织，力学性能改善。

部分相变区：最高加热温度比 $Ac_1 \sim Ac_3$ 稍高，珠光体和部分铁素体重结晶细化。晶粒大小不均，力学性能稍差。

焊接应力与变形：焊接时焊件各部分冷热不均，受热部位产生拉应力，未受热部位则产生压应力。当应力达到一定程度，焊件出现变形。见图 2-4 及图 2-5。

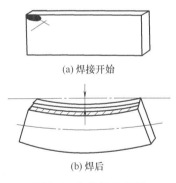

图 2-4　边缘焊的变形

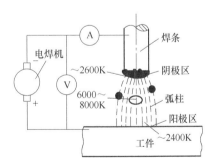

图 2-5　对焊焊缝的应力分布

2.2.2.1　电弧焊

电弧焊是利用焊条与工件之间产生的电弧热将工件和焊条熔化的一种焊接方法。

电弧焊以电极和工件之间燃烧的电弧为热源进行焊接。在形成焊接接头时，可采取或不采取填充金属。

（1）手工电弧焊

手工电弧焊是以外部涂有药皮的焊条作电极和填充金属，电弧在工件和焊条断头之间燃烧。药皮在电弧热作用下一方面可产生气体保护电弧；另一方面可产生熔渣覆盖在熔池表面，防止熔化金属与周围气体的相互作用。熔渣更重要的作用是与熔化金属发生冶金反应，改善焊缝金属的性能。

手工电弧焊的焊条可适用于大多数工业用碳钢、不锈钢、铸铁等，见图2-6和图2-7。

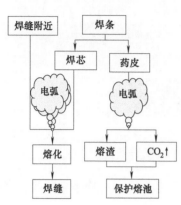

图2-6 手工电弧焊的焊接过程

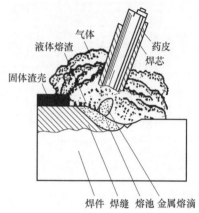

图2-7 手工电弧焊焊接过程示意图

① 焊接电弧。是在电极和工件间的气体介质中长时间放电的现象。电弧引燃时，弧柱中充满了高温电离气体，发出大量的光和热。

② 电焊条。

电焊条组成：电焊条由焊芯和药皮组成。

焊芯的作用：导电与充填焊缝。

药皮的作用：提高电弧燃烧的稳定性，防止空气对熔化金属的有害作用，保证焊缝金属的脱氧和加入合金元素。

③ 手工电弧焊的优缺点。

a. 优点：设备简单，易于维护，使用灵活；适于多种钢材和有色金属等，是应用最广泛的焊接方法。

b. 缺点：焊缝短而不连续，焊缝宽度不均，焊缝质量不稳定。

(2) 埋弧自动焊

埋弧自动焊是以连续送进的焊丝作为电极和填充金属，利用专门的机械设备自动完成手工电弧焊中的引燃电弧、送进焊条以及移动电弧等焊接动作，并使电弧在较厚焊剂下燃烧的熔化焊。埋弧焊焊接时，焊接电弧在焊剂层下面燃烧，将焊丝和母材熔化，形成焊缝。

① 焊接原理。如图2-8所示，埋弧焊的焊接过程可概括为：自动送丝；引弧；焊剂自动下料；焊机匀速运动；电弧在焊剂下燃烧。

② 焊剂分为两大类：

a. 熔炼焊剂：在熔炼炉中制备，成分均匀，适于大量生产；

b. 烧结焊剂：利用粉末冶金工艺制备，颗粒强度低。

焊丝与焊剂见图2-9。

③ 埋弧自动焊的特点：

a. 焊接质量高且稳定；

b. 熔深大，节省焊接材料；

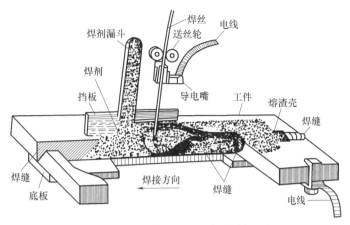

图 2-8　埋弧自动焊过程（焊缝剖面图）

c. 无弧光，无金属飞溅，焊接烟雾少；

d. 自动化操作，生产效率高；

e. 设备昂贵，工艺复杂，适于长的直线焊缝和圆筒形工件纵、环焊缝的批量生产。

（3）熔化极气体保护焊

熔化极气体保护焊是利用连续送进的焊丝与工件之间产生的电弧来熔化工件和焊丝，由焊枪喷嘴喷出的气体来保护电弧和熔

图 2-9　焊丝与焊剂

池金属进行焊接。熔化极气体保护焊通常用的保护气体有氩气、氦气、二氧化碳，或这些气体的混合气体。

熔化极气体保护焊可以方便地进行各种位置的焊接，焊接速度较快，熔敷效率高。熔化极活性气体保护焊适用于大部分的金属，包括碳钢、合金钢等。熔化极惰性气体保护焊只用于不锈钢、铝、镁、铜等金属及其合金。图 2-10 是最常用的 CO_2 气体保护焊。

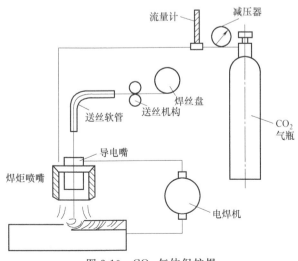

图 2-10　CO_2 气体保护焊

(4) 药芯焊丝电弧焊

药芯焊丝电弧焊也是利用连续送进的焊丝与工件之间燃烧的电弧为热源来进行焊接的。焊丝为管状，管内装有各种成分的焊药。

药芯焊丝焊接时，管内焊药受热分解或熔化，起到保护熔池、渗合金及稳定电弧等作用。药芯焊丝不外加保护气时，称作自保护管状药芯焊丝电弧焊，以管内焊药分解产生的气体作为保护气体。

此外，还有**钨极氩弧焊、等离子弧焊**等电弧焊焊接方法，分别见图2-11、图2-12。

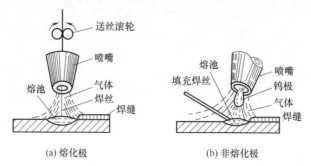

(a) 熔化极   (b) 非熔化极

图 2-11 钨极氩弧焊示意图

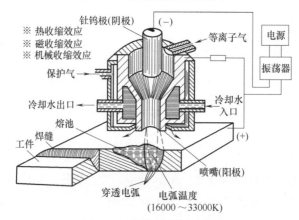

图 2-12 等离子弧焊示意图

2.2.2.2 激光焊接与切割

利用原子受到激发而辐射的原理，使物质受激发而产生波长单一、方向一致和能量很高的光束。激光切割见图2-13。

激光焊接基本原理:利用激光器受激产生激光束，通过聚焦系统将其聚集成半径微小的光斑，当调焦到被焊工件的接缝时，光能转换为热能，从而使金属熔化形成焊接接头。

图 2-13 激光切割

2.2.3 压力焊

(1) 电阻焊

电阻焊是利用电阻热将两个工件的整个端面焊接起来的一种焊接方法。其分类及工艺步骤分别见图 2-14、图 2-15。

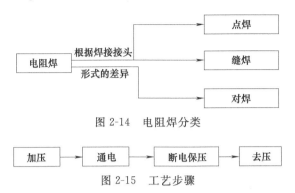

图 2-14　电阻焊分类

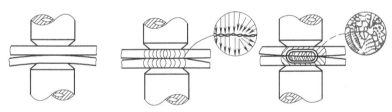

图 2-15　工艺步骤

电阻焊一般是使工件处在一定的电极压力作用下，并利用电流通过工件时产生的电阻热将两工件之间的接触表面加热至熔化，从而实现焊接的方法。电阻焊时通常采用较大的焊接电流，为了防止在接触面上产生电弧，并且为了锻压焊缝金属，在整个焊接过程中始终要施加压力。

常见的电阻焊主要有点焊、凸焊、缝焊及对焊等。这几种焊接方法主要用于焊接薄板组件，一般厚度都在 3mm 以下。

点焊与缝焊形成过程见图 2-16、图 2-17。

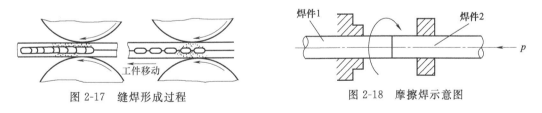

图 2-16　点焊形成过程

(2) 摩擦焊

摩擦焊是利用工件之间的相互摩擦产生的热量同时加压使工件连接到一起的焊接方法，见图 2-18。

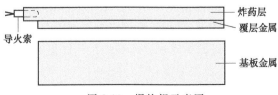

图 2-17　缝焊形成过程　　　　　　　　图 2-18　摩擦焊示意图

(3) 爆炸焊

爆炸焊是利用爆炸产生的巨大冲击波能量，使界面在大的接触压力下焊接在一起（图 2-19）。

图 2-19　爆炸焊示意图

2.2.4　钎焊

钎焊是用熔点比被焊接金属熔点低的金属作钎料，将钎料与工件一起加热到钎料熔化状态，借助毛细管作用将其吸入到固态间隙内，使钎料与固态工件表面发生原子的相互扩散、熔解和化合而连成整体的焊接方法。

钎焊接头的形成包括两个过程（图 2-20）：

① 钎料熔化和流入、填充接头间隙形成钎料充满焊缝的过程；

② 液态钎料与钎焊金属相互作用。

钎料的液相线温度高于 450℃而低于母材金属的熔点时，称为硬钎焊；低于 450℃时，称为软钎焊。

(a) 安置钎料　　　　(b) 钎料被吸入间隙中　　　　(c) 填满整个间隙

图 2-20　钎焊过程

2.2.5　焊接材料

2.2.5.1　电焊条

（1）焊芯

焊芯是指焊接用钢丝、硬质合金堆焊丝、铜及铜合金焊丝、铝及铝合金焊丝、铸铁焊丝等，用来作为焊接时的填充金属。

其他金属材料的焊丝牌号编制，是在"丝"字后面加三位顺序数字。第一位数字为焊丝的类型（1—堆焊硬质合金，2—铜及铜合金，3—铝及铝合金，4—铸铁）；第二、三位数字表示同一类型焊丝的不同牌号。例如：丝 221 即为铜及铜合金焊丝，编号 21。

（2）焊条的型号

焊条的构造如图 2-21 所示。

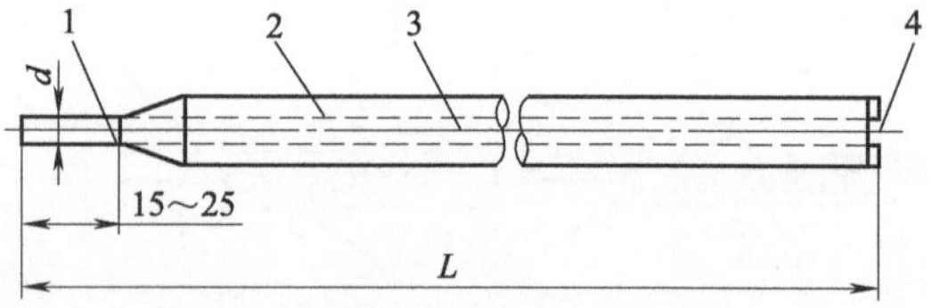

下面简述碳钢焊条、低合金钢焊条和不锈钢焊条型号的编制方法。

① 按 GB/T 5117—1995 规定，碳钢焊条型号编制方法如下：

图 2-21　焊条结构示意图

1—夹持端；2—药皮；3—焊芯；4—引弧端

a. 字母"E"表示焊条。

b. 前两位数字表示熔敷金属抗拉强度的最小值，单位为 MPa。

c. 第三位数字表示焊条的焊接位置，"0"及"1"表示焊条适用于全位置焊接（平、立、仰、横），"2"表示焊条适用于平焊及平角焊，"4"表示焊条适用于立向下焊。

d. 第三位和第四位数字组合时表示焊接电流种类及药皮类型。

e. 第四位数字后附加"R"表示耐吸潮焊条，附加"M"表示耐吸潮和力学性能有特殊规定的焊条，附加"-1"表示冲击性能有特殊规定的焊条。

② 按 GB/T 5117—1995 规定，低合金钢焊条型号编制方法如下：

a. 字母"E"表示焊条。

b. 前两位数字表示熔敷金属抗拉强度的最小值，单位为 MPa。

c. 第三位数字表示焊条的焊接位置，"0"及"1"表示焊条适用于全位置焊接（平、立、仰、横），"2"表示焊条适用于平焊及平角焊。

d. 第三位和第四位数字组合时表示焊接电流种类及药皮类型。

e. 后缀字母为熔敷金属的化学成分分类代号，并以短横"-"与前面数字分开。若还有附加化学成分时，附加化学成分直接用元素符号表示，并以短横"-"与前面后缀字母分开。分类后缀字母或化学成分后面加字母"R"时，表示耐吸潮焊条。

③ 按 GB/T 983—1995 规定，不锈钢焊条型号编制方法如下：

a. 字母"E"表示焊条。

b. "E"后面的数字表示熔敷金属化学成分分类代号，有特殊要求的化学成分，该化学成分用元素符号表示，放在数字的后面。

c. 短横"-"后面的两位数字表示焊条药皮类型、焊接位置及焊接电流种类。

(3) 焊条的牌号

对结构钢焊条来说，在牌号后面有时还可加注起主要作用的元素以及主要用途的汉字。如"J 507 CuP"，即为结构钢焊条，$\sigma_b \geqslant 500\mathrm{MPa}$，低氢型药皮，采用直流焊接电源，主要用于铜磷钢，有抗大气、硫化氢和海水腐蚀的特殊用途；又如"J 506 X"适用于立向下焊。另外，为提高焊接生产率，在焊条"J 506 Fe"的药皮中，加入了较多的铁粉。

(4) 焊条的保管与选用

焊条必须存放在通风良好的干燥的仓库内，相对湿度要求在 65％ 以下；焊条必须要按牌号存放，避免混乱。焊条的存放架应距地面和墙壁都在 0.3m 以上，以防受潮变质。

选用焊条时，除了根据对焊接接头的力学性能、工作条件的要求，由设计、工艺部门选定外，焊工还应根据工件板厚、接头形式、焊接位置等选择焊条直径及焊接电流。当板厚小于 4mm 时，焊条直径一般不超过焊件的厚度；焊管子的底焊道，推荐用 $\phi2.2mm$ 的焊条，然后用 $\phi4mm$ 以上的焊条；平焊单面坡口有垫板或双面坡口的对接接头，第一道焊缝可用 $\phi4mm$ 焊条，随后用 $\phi4mm$ 以上的焊条；立、仰焊一般用 $\phi4mm$ 的焊条。

2.2.5.2　焊丝

焊丝用作焊条芯，可作为电极与填充金属，还用作气焊、钨极氩弧焊、等离子弧焊的填充金属及埋弧自动焊、CO_2 焊、熔化极氩弧焊和电渣焊的电极与填充金属。

(1) 埋弧焊焊丝

埋弧焊时，焊剂对焊缝金属起保护和冶金处理作用，焊丝主要作为填充金属，同时向焊缝添加合金元素，并参与冶金反应。

① 低碳钢和低合金钢用焊丝。低碳钢和低合金钢埋弧焊常用焊丝有如下三类：

a. 低锰焊丝（如 H08A）：常配合高锰焊剂用于低碳钢及强度较低的低合金钢焊接。

b. 中锰焊丝（如 H08MnA、H10MnSi）：主要用于低合金钢焊接，也可配合低锰焊剂用于低碳钢焊接。

c. 高锰焊丝（如 H10Mn2、H08Mn2Si）：用于低合金钢焊接。

② 高强钢用焊丝。这类焊丝含 Mn 量 1％ 以上，含 Mo 量 0.3％～0.8％，如 H08MnMoA、H08Mn2MoA，用于强度较高的低合金高强钢焊接。此外，根据高强钢的成分及使用性能要求，还可在焊丝中加入 Ni、Cr、V 及 Re 等元素，提高焊缝性能。

③ 不锈钢用焊丝。采用的焊丝成分要与被焊接的不锈钢成分基本一致。焊接铬不锈钢时，可采用 H0Cr14、H1Cr13、H1Cr17 等焊丝；焊接铬-镍不锈钢时，可采用 H0Cr19Ni9、H0Cr19Ni9Ti 等焊丝；焊接超低碳不锈钢时，应采用相应的超低碳焊丝，如 H00Cr19Ni9 等。焊剂可采用熔炼型或烧结型，要求焊剂的氧化性要小，以减少合金元素的烧损。

(2) 气体保护焊焊丝

气体保护焊分为惰性气体保护焊（TIG 焊和 MIG 焊）、活性气体保护焊（MAG 焊）以及自保护焊接。TIG 焊接时采用纯 Ar，MIG 焊接时一般采用 $Ar＋2％O_2$ 或 $Ar＋5％CO_2$；MAG 焊接时主要采用 CO_2 气体。为了改善 CO_2 焊接的工艺性能，也可采用 $CO_2＋Ar$ 或 $CO_2＋Ar＋O_2$ 混合气体，或是采用药芯焊丝。

① TIG 焊焊丝。TIG 焊接有时不加填充焊丝，被焊母材加热熔化后直接连接起来；有时加填充焊丝。也有的采用母材成分作为焊丝成分，使焊缝成分与母材一致。TIG 焊时焊接线能量小，焊缝强度和塑性、韧性良好，容易满足使用性能要求。

② MIG 焊和 MAG 焊焊丝。MIG 焊主要用于焊接不锈钢等高合金钢。为了改善电弧特性，在 Ar 气中加入适量 O_2 或 CO_2，即成为 MAG 焊。焊接低合金钢时，采用 $Ar＋5％CO_2$ 可提高焊缝的抗气孔能力。但焊接超低碳不锈钢时不能采用 $Ar＋5％CO_2$ 混合气体，只可采用 $Ar＋2％O_2$ 混合气体，以防止焊缝增碳。

③ CO_2 焊焊丝。CO_2 是活性气体，具有较强的氧化性，因此 CO_2 焊所用焊丝必须含有较高的 Mn、Si 等脱氧元素。CO_2 焊通常采用 C-Mn-Si 系焊丝，如 H08MnSiA、H08Mn2SiA、H04Mn2SiTiA 等。CO_2 焊焊丝直径一般是（mm）：0.8、1.0、2.1、1.6、2.0 等。焊丝直径≤1.2mm 属于细丝 CO_2 焊，焊丝直径≥1.6mm 属于粗丝 CO_2 焊。

(3) 电渣焊焊丝

电渣焊适用于中厚板和厚板焊接。电渣焊焊丝主要起填充金属和合金化的作用。

(4) 有色金属及铸铁焊丝

牌号前两个字母"HS"表示有色金属及铸铁焊丝；牌号中第一位数字表示焊丝的化学组成类型；牌号中第二、三位数字表示同一类型焊丝的不同牌号。

① 堆焊焊丝。目前生产的堆焊用硬质合金焊丝主要有两类，即高铬合金铸铁（索尔玛依特）和钴基（司太立）合金。高铬合金铸铁具有良好的抗氧化性和耐气蚀性能，硬度高，耐磨性好。而钴基合金则在 650℃ 的高温下，亦能保持高的硬度和良好的耐蚀性能。其中，低碳、低钨的韧性好；高碳、高钨的硬度高，但抗冲击能力差。

② 铜及铜合金焊丝。铜及铜合金焊丝常用于焊接铜及铜合金，其中黄铜焊丝也广泛用于钎焊碳钢、铸铁及硬质合金刀具等。

③ 铝及铝合金焊丝。铝及铝合金焊丝广泛应用于铝合金氩弧焊及氧-乙炔气焊时作填充材料。

④ 铸铁焊丝。主要用于气焊焊补铸铁。目前气焊用球铁焊丝主要有加稀土镁合金和钇基重稀土的两种，由于钇的沸点高，抗球化衰退能力比镁强，更有利于保证焊缝球化，故近年来应用较多。

2.2.5.3　焊剂

（1）焊剂

焊剂是埋弧自动焊的主要焊接材料之一，相当于手弧焊焊条的药皮，与焊丝配合使用。焊剂按制造方法可分为熔炼焊剂、黏结焊剂和烧结焊剂三类，常用的是熔炼焊剂。

① 焊剂的牌号。焊剂的牌号是以汉字"焊剂"后面加上三个顺序数字组成，即焊剂×××。焊剂牌号的前两位数字与焊剂的主要成分和氧化锰、二氧化硅及氟化钙的平均含量相对应。

焊剂牌号的第三位数字表示同一类型焊剂的不同牌号，按0、 1、 2、……、 9顺序排列。对同一牌号焊剂生产两种颗粒度时，在细颗粒产品牌号后面加一"细"字。

② 焊剂的保管与使用。为了保证焊接质量，焊剂必须存放在干燥处，并防止焊剂包装袋在使用前破损，以免沾上油污和受潮。使用后回收的焊剂应经过筛、除灰后方可继续使用，如遇气候潮湿或隔天再用，必须重新烘干。

（2）气焊熔剂

气焊时，为了防止焊缝金属氧化及消除已经形成的氧化物，通常采用熔剂。气焊低碳钢时不必使用熔剂。气焊熔剂按照用途主要有四种（气焊熔剂101、 201、 301、 401）。

2.2.5.4　其他焊接材料

（1）焊接用电极

① 电阻焊用电极材料。电阻焊用电极的作用是导电、传递压力和使焊件表面散热，因此要求电阻焊用电极材料具有高的导电性和导热性，高的强度和硬度，尤其是在高温下的硬度应不下降或下降很少，并与母材不起作用。

② 熔焊用钨极材料。钨极气体保护焊时采用钨极作为电极。钨丝可分为纯钨丝、钍钨丝和铈钨丝三种。

（2）防飞溅涂料

焊接时产生的飞溅常常容易粘接在焊缝两旁的金属材料上，与金属粘接较牢固，不易清除。为此，可先在待焊的接缝两旁涂上一层防止飞溅粘接的涂料，使焊接过程中产生的飞溅金属不易粘接到母材上，即使粘接上了，也容易清除。

防止飞溅粘接的涂料配方为：

石英砂30％；水玻璃40％；白垩粉30％。

（3）焊接衬垫

背面施焊有困难而又要求焊透的接头，可采用焊接衬垫。使用焊接衬垫是为避免在施焊第一层熔敷金属时，该层熔化金属从接头根部穿漏。它的主要特点是：

① 省略了焊缝反面封底焊接工作；

② 改善了施工条件，并解决了狭窄部位焊缝反面施焊的困难；

③ 减少了焊件翻转吊装工作；

④ 能控制反面焊缝成形。

2.2.6　焊接接头形式和焊缝符号

2.2.6.1　焊接接头形式

焊接接头的形式主要可分为四种，即对接接头、角接接头、搭接接头、 T形接头，如

图 2-22 所示。

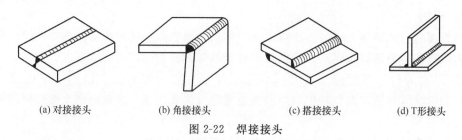

(a) 对接接头   (b) 角接接头   (c) 搭接接头   (d) T形接头

图 2-22　焊接接头

(1) 对接接头

两焊件端面相对平行的接头称为对接接头，如图 2-23 所示。这种接头能承受较大的载荷，是焊接结构中最常用的接头。

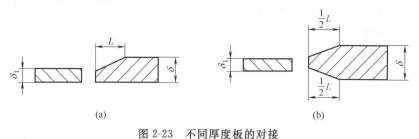

(a)   (b)

图 2-23　不同厚度板的对接

(2) 角接接头

两焊件端面间构成大于 30°、小于 135° 夹角的接头称为角接接头，如图 2-24 所示。角接接头多用于箱形构件，其焊缝的承载能力不高，所以一般用于不重要的焊接结构中。

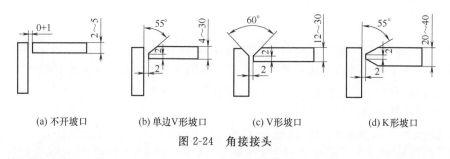

(a) 不开坡口   (b) 单边V形坡口   (c) V形坡口   (d) K形坡口

图 2-24　角接接头

(3) 搭接接头

两焊件重叠放置或两焊件表面之间的夹角不大于 30° 构成的端部接头称为搭接接头，如图 2-25 所示。搭接接头的应力分布不均匀，接头的承载能力低，在结构设计中应尽量避免

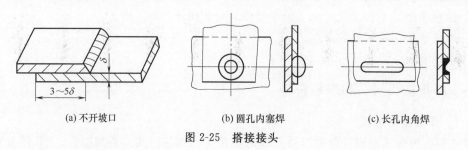

(a) 不开坡口   (b) 圆孔内塞焊   (c) 长孔内角焊

图 2-25　搭接接头

采用搭接接头。

（4）T 形接头

一焊件端面与另一焊件表面构成直角或近似直角的接头称为 T 形接头，如图 2-26 所示。这种接头在焊接结构中是较常用的，整个接头承受载荷，特别是承受动载荷的能力较强。

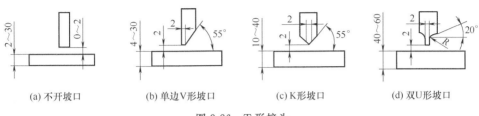

(a) 不开坡口　　　　　(b) 单边 V 形坡口　　　　　(c) K 形坡口　　　　　(d) 双 U 形坡口

图 2-26　T 形接头

2.2.6.2　焊缝形式及代号

（1）焊缝形式

焊缝就是焊件经焊接后形成的结合部分。焊缝可按不同方法进行分类。按照焊缝结合形式可分为对接焊缝和角焊缝；按照焊缝的断续情况可分为定位焊缝、断续焊缝、连续焊缝。按焊缝在空间位置的不同可分为平焊、横焊、立焊、仰焊 4 种。

① 平焊缝。焊缝倾角在 $0°\sim5°$、焊缝转角在 $0°\sim10°$ 的水平位置施焊的焊缝，称为平焊缝，见图 2-27。

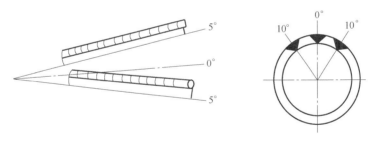

图 2-27　平焊缝

② 立焊缝。焊缝倾角在 $80°\sim90°$、焊缝转角在 $0°\sim180°$ 的立向位置施焊的焊缝，称为立焊缝。见图 2-28。

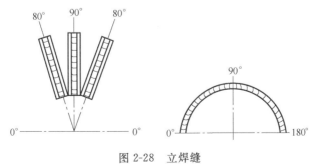

图 2-28　立焊缝

③ 横焊缝。焊缝倾角在 $0°\sim5°$、焊缝转角在 $70°\sim90°$ 的横向位置施焊的焊缝，称为横焊

缝，见图2-29。

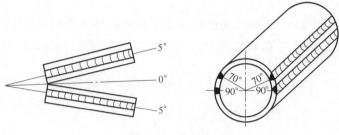

图2-29 横焊缝

④ 仰焊缝。焊缝倾角在0°~15°、焊缝转角在165°~180°仰脸位置施焊的焊缝，称为仰焊缝，见图2-30。

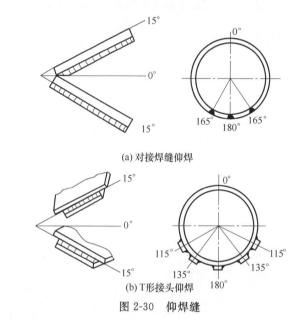

(a)对接焊缝仰焊

(b)T形接头仰焊

图2-30 仰焊缝

(2) 焊缝符号的组成

焊缝符号的国家标准为GB/T 324—2008。焊缝符号主要由基本符号、补充符号、指引线和尺寸符号及数据等组成。

① 基本符号。基本符号是表示焊缝横截面形状的符号，见表2-2。

表2-2 基本符号

序号	名称	示意图	符号
1	卷边焊缝[①] （卷边完全熔化）		八
2	I形焊缝		‖
3	V形焊缝		∨

序号	名称	示意图	符号
4	单边 V 形焊缝		$\bigvee$
5	带钝边 V 形焊缝		Y
6	带钝边单边 V 形焊缝		Y
7	带钝边 U 形焊缝		Y
8	带钝边 J 形焊缝		Y
9	封底焊缝		$\smile$
10	角焊缝		$\triangle$
11	塞焊缝或槽焊缝		$\sqcap$
12	点焊缝		$\bigcirc$
13	缝焊缝		$\ominus$

① 不完全熔化的卷边焊缝用 I 形焊缝符号表示，并加注焊缝有效厚度。

② 补充符号。补充符号是为了补充说明焊缝或接头的某些特征而采用的符号，见表 2-3。

表 2-3　补充符号

序号	名称	符号	说明
1	平面	——	焊缝表面通常经过加工后平整
2	凹面	$\smile$	焊缝表面凹陷
3	凸面	$\frown$	焊缝表面凸起
4	圆滑过渡	J	焊趾处过渡圆滑
5	永久衬垫	$\boxed{M}$	衬垫永久保留
6	临时衬垫	$\boxed{MR}$	衬垫在焊接完成后拆除
7	三面焊缝	$\sqsubset$	三面带有焊缝
8	周围焊缝	$\bigcirc$	沿着工件周边施焊的焊缝 标注位置为基准线与箭头线的交点处

序号	名称	符号	说明
9	现场焊缝	⚑	在现场焊接的焊缝
10	尾部	＜	可以表示所需的信息

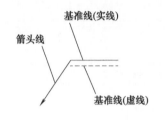

图 2-31　指引线

a. 接头的箭头侧；

b. 接头的非箭头侧。

(3) 符号在图样上的位置

① 基本要求。完整的焊缝表示方法除了上述基本符号、补充符号以外，还包括指引线、一些尺寸符号及数据。

指引线一般由带有箭头的指引线（简称箭头线）和两条基准线（一条为实线，另一条为虚线）两部分组成（图 2-31）。

② 箭头线和接头的关系。用图 2-32 和图 2-33 给出的示例说明下列术语的含义：

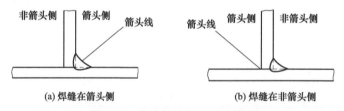

(a) 焊缝在箭头侧　　(b) 焊缝在非箭头侧

图 2-32　带单角焊缝的 T 形接头

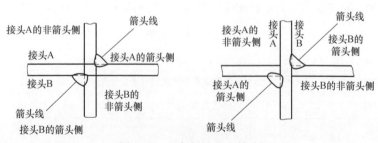

图 2-33　双角焊缝十字接头

③ 箭头线的位置。箭头线相对焊缝的位置一般没有特殊要求，见图 2-34 (a)、(b)。但是在标注 V、Y、J 形焊缝时，箭头线应指向带有坡口一侧的工件，见图 2-34 (c)、(d)。必要时，允许箭头线弯折一次，见图 2-35。

④ 基准线的位置。基准线的虚线可以画在基准线的实线下侧或上侧。

基准线一般应与图样的底边相平行，但在特殊条件下亦可与底边相垂直。

⑤ 基本符号相对基准线的位置。为了能在图样上确切地表示焊缝的位置，特将基本符

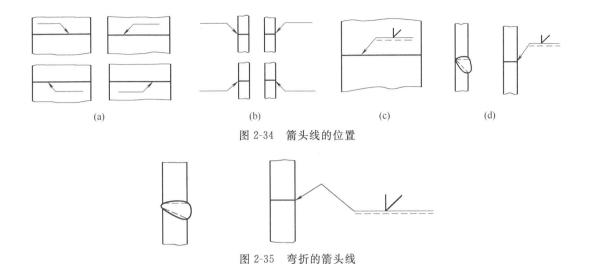

图 2-34　箭头线的位置

图 2-35　弯折的箭头线

号相对基准线的位置作如下规定:

　　a. 如果焊缝在接头的箭头侧,则将基本符号标在基准线的实线侧,见图 2-36 (a)。

　　b. 如果焊缝在接头的非箭头侧,则将基本符号标在基准线的虚线侧,见图 2-36 (b)。

　　c. 对称焊缝及双面焊缝的标注方式见图 2-36 (c) 和图 2-36 (d)。

(a) 焊缝在接头的箭头侧　　(b) 焊缝在接头的非箭头侧　　(c) 对称焊缝　　(d) 双面焊缝

图 2-36　基本符号相对基准线的位置

⑥ 焊缝尺寸符号及其标注位置。

a. 基本符号必要时可附带尺寸符号及数据,这些尺寸符号见表 2-4。

表 2-4　焊缝尺寸符号

符号	名称	示意图	符号	名称	示意图
δ	工件厚度		e	焊缝间距	
a	坡口角度		K	焊脚尺寸	
b	根部间隙		d	熔核直径	
p	钝边		S	焊缝有效厚度	

符号	名称	示意图	符号	名称	示意图
c	焊缝宽度		N	相同焊缝数量	$N=3$
R	根部半径		H	坡口深度	
l	焊缝长度		h	余高	
n	焊缝段数	$n=2$	β	坡口面角度	

b. 焊缝尺寸符号及数据的标注原则如图 2-37 所示。

a) 焊缝截面上的尺寸标在基本符号的左侧。

b) 焊缝长度方向尺寸标在基本符号的右侧。

c) 坡口角度、坡口面角度、根部间隙等尺寸标在基本符号的上侧或下侧。

d) 相同焊缝数量符号标在尾部。

e) 当需要标注的尺寸数据较多又不易分解时，可在数据前面增加相应的尺寸符号。

当箭头线方向变化时，上述原则不变。

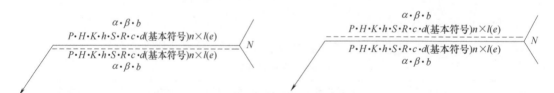

图 2-37　焊缝尺寸的标注原则

焊缝尺寸的标注示例见表 2-5。

表 2-5　焊缝尺寸的标注示例

序号	名称	示意图	焊缝尺寸符号	示例
1	对接焊缝		S—焊缝有效厚度	S

序号	名称	示意图	焊缝尺寸符号	示例
2	卷边焊缝		S—焊缝有效厚度	S ‖ S 八
3	连续角焊缝		K—焊脚尺寸	K
4	断续角焊缝		l—焊缝长度 e—焊缝间距 n—焊缝段数	K　$n \times l(e)$
5	交错断续角焊缝		l、e、n 含义见序号 4 K 含义见序号 3	K　$n \times l$ ⌐(e) K　$n \times l$ ⌐(e)
6	塞焊缝或槽焊缝		l、e、n 含义见序号 4 c—槽宽 e、n 含义见序号 4 d—孔的直径	c □ $n \times l(e)$ d □ $n \times (e)$
7	缝焊缝		l、e、n 含义见序号 4 c—焊缝宽度	c ⊖ $n \times l(e)$
8	点焊缝		n 含义见序号 4 e—间距 d—焊点直径	d ○ $n \times (e)$

2.3 钳工基本知识

2.3.1 平面划线

(1) 划线用的工、量具及其使用

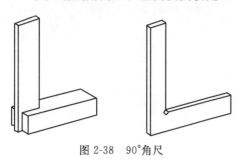

图 2-38 90°角尺

① 角尺。常用作划垂直线和平行线的导向工具 (见图 2-38)。使用时,首先应清除工件棱边上的毛刺,并将工件及角尺擦净,然后将角尺的一个工作面紧靠基准面或对齐基准线划线。

② 划针。直接在工作面上刻线条的工具 (见图 2-39),划针一般用直径 3～5mm 的弹簧钢制成。

使用时针尖要紧靠导向工具 (如角尺、钢尺) 的边缘划线,划出的线条应清晰准确,要做到一次划成。

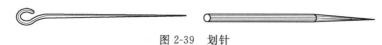

图 2-39 划针

③ 圆规。如图 2-40 所示,圆规常用来划圆、圆弧,等分线段,分角度以及量取尺寸等,圆规的脚尖要保持尖锐,两脚合拢时脚尖应能靠紧。

使用时,作旋转中心的一脚应加以较大的压力,另一脚则以较轻的压力在工作表面上划出圆或圆弧。

④ 样冲。如图 2-41 所示,用样冲在已划好的线上冲眼,以固定所划的线条,使其保持明显的标记,在划圆时也可用样冲定中心。

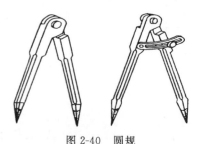

图 2-40 圆规

样冲顶角角度 α 在用于加强划线标志时为 40°,用于定中心时为 60°。

使用样冲时,先将样冲倾斜,使尖端对准线的正中,然后再将样冲立直冲眼。

图 2-41 样冲

⑤ 钢尺。俗称钢板尺,在尺面上有尺寸刻度,最小刻度为 0.5mm,常用钢尺的规格有 150mm、300mm、500mm 和 1000mm 四种。

钢尺主要用来量取尺寸,也可用来作划线时的导向工具。

⑥ 游标卡尺。它是一种适合测量中等精度尺寸的量具,可以直接测量出工件的外尺寸、内尺寸和深度尺寸。

测量时,应将两量爪张开到略大于被测尺寸,将固定量爪的测量面紧靠工件,然后轻轻用力移动副尺,使活动量爪的测量面也紧靠工件。把制动螺钉拧紧,然后读数。读数时应水

平拿着卡尺，把卡尺对着光线明亮的地方，使视线垂直于刻度表面，避免因斜视角造成的读数误差。

(2) 平面划线的基本操作方法

① 平行线的划法

a. 用钢尺或圆规量好尺寸后，在线的两端划两线痕或圆弧，用钢尺连接两线痕或作两圆弧的切线，如图 2-42（a）所示。

b. 用钢尺和角尺配合划平行线，如图 2-42（b）所示。

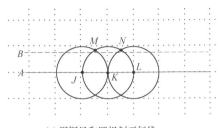
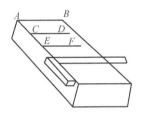

(a) 用钢尺和圆规划平行线　　　　　　　　(b) 用钢尺和角尺配合划平行线

图 2-42　平行线划法

② 垂直线的划法。将 90°角尺的一边平行于划好的线放置，用另一边即可划出垂直线。

③ 圆弧线的划法。首先划出中心线，确定中心点，在中心点上打样冲眼，再用圆规按所要求的半径划出圆弧。

④ 平行线与圆弧相切的划法。首先划出中心线，确定圆弧的中心点，以所要求的半径划圆弧，用钢尺作两圆弧的切线，如图 2-43 所示。

图 2-43　平行线与圆弧相切的划法

2.3.2　錾削

錾削是用锤子敲击錾子对工件进行切削加工的一种操作方法。

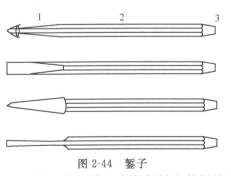

图 2-44　錾子

(1) 常用錾削工具

① 錾子。常用的錾子有扁錾和窄錾两种，见图 2-44。扁錾用于錾削平面，錾断金属和去除毛刺，窄錾用于开槽。錾削低碳钢时，錾刃楔角为 30°~50°。

② 锤子。锤子由锤头和木柄组成，其规格用锤头的质量表示，常用的有 0.5kg 和 1kg 两种。

(2) 錾削操作方法

① 錾削姿势。

a. 锤子的握法。有紧握法和松握法两种。

b. 挥锤的方法。有腕挥、肘挥和臂挥三种。

c. 錾子的握法。有正握和反握两种方法，如图 2-45 所示。

d. 站立姿势。操作时站立位置如图 2-46 所示。

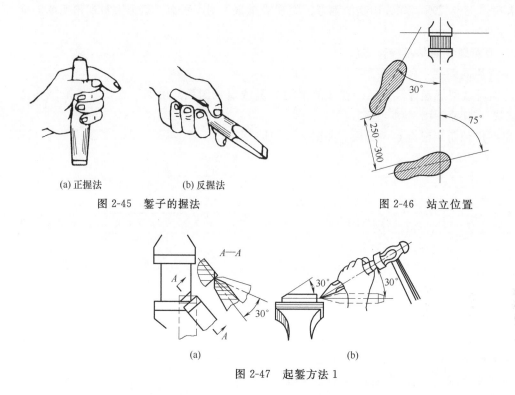

(a) 正握法　　　(b) 反握法

图 2-45　錾子的握法

图 2-46　站立位置

图 2-47　起錾方法 1

② 錾削平面。起錾方法如图 2-47～图 2-49 所示。起錾时，从工件边缘或其尖角处着手，錾子头部下倾至水平位置，轻打錾子，待錾削一个小平面后，錾子恢复到正常錾削位置。

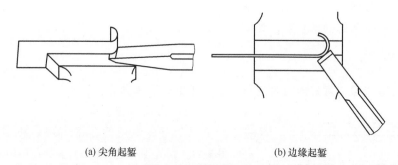

(a) 尖角起錾　　　　　　　　　　　　　(b) 边缘起錾

图 2-48　起錾方法 2

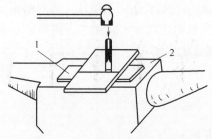

图 2-49　较大钢板的錾削切断

1—垫板；2—铁砧

2.3.3　锯削

用手锯把工件切断或锯出沟槽的操作称作锯削。

(1) 手锯

① 手锯的构造。手锯是由锯弓和锯条组成，分固定式和可调式两种。

② 锯条的安装。由于手锯在向前推进时方起切削作用，因此锯条的锯齿应向前，不能反装。锯条的

安装不应过松或过紧，否则易锯偏或折断。

（2）锯削的操作方法

① 锯削的操作姿势：

a. 手锯握法。右手满握锯柄，左手轻扶锯弓前端。

b. 姿势动作。姿势要自然，推锯时身体上部略向前倾斜，给手锯以适当的均匀压力，回锯时不加压力，自然拉回。

② 起锯方法。起锯有远起锯和近起锯两种。起锯时，将锯条对准锯削的起点，用左手拇指靠紧锯条侧面做引导，起锯角 α 约 15°，行程要短，压力要小，速度要慢，锯成锯口后逐渐将锯弓改成水平方向。

2.3.4　锉削

用锉刀对工件表面进行加工的操作称为锉削。

（1）锉削工具

通常所使用的锉刀是由锉刀和锉刀柄两部分组成。

锉刀根据截面形状不同分为：平锉、半圆锉、方锉、三角锉和圆锉。其中平锉应用最多。

（2）锉削的操作方法

① 锉削操作姿势。

a. 锉刀的握法。根据锉刀的大小和形状的不同，采用的握法也不同。

b. 锉削的姿势。锉削时站立位置和姿势如图 2-50 所示。操作时锉刀不应在施加压力的情况下抽回。

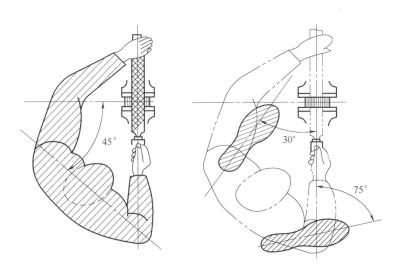

图 2-50　锉削姿势和站立位置

② 平面锉削。

a. 工件的夹持。最好夹在台虎钳中间，夹持要牢固，但不能使工件变形；工件伸出钳口不应过高，以免锉削时产生振动。

b. 锉削方法。锉削方法有顺向锉法和交叉锉法两种。

2.3.5 放样与号料

2.3.5.1 放样

根据构件图样,用1∶1的比例(或一定的比例)在放样台(或平板)上划出所需图形的过程称为放样。

放样的方法有多种,如实尺放样、光学放样、电子计算机放样。但目前广泛应用的,仍然是实尺放样。

2.3.5.2 实尺放样

实尺放样就是根据图样的形状和尺寸,用基本的作图方法,以产品的实际大小,划到放样台上的工作。由于实尺放样是手工操作,所以要求工作细致认真。

(1) 放样基准

放样时,首先要确定放样基准。

在零件图上用来确定其他点、线、面位置的基准称为设计基准。**基准**就是零件上用来确定其他点、线、面位置的依据。可以线为基准,也可以面作为基准。在放样时,通常放样基准与设计基准是一致的。

放样基准一般有以下三种类型:

① 以两个互相垂直的平面(或线)作为基准,如图 2-51 所示的工件。

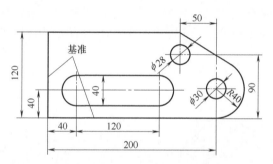

图 2-51 以两个垂直平面作为基准

② 以两条中心线作为基准,如图 2-52 所示的工件。

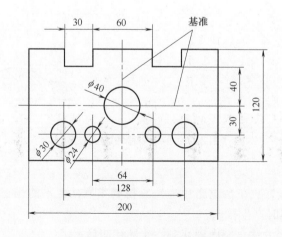

图 2-52 以两条中心线作为基准

③ 以一个平面和一条中心线作为基准，如图 2-53 所示的工件。

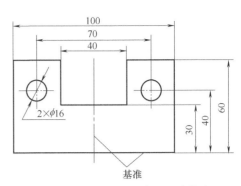

图 2-53　以一个平面和一条中心线作为基准

(2) 放样程序

放样程序又称为放样步骤，一般包括结构处理、划基本线型和展开三部分。

① 结构处理。结构处理就是根据图样要求进行工艺性处理的过程。

② 划基本线型。划基本线型是在结构处理的基础上，确定放样基准和划出工件的结构轮廓线。

③ 展开。展开是在划基本线型的基础上，对工件不能反映实形的立体部分，运用展开的基本方法，将构件的表面摊开在平面上求出其实形的过程。

2.3.5.3　号料

利用样板、样杆、号料草图放样得出的数据，在板料或型钢上划出零件的真实轮廓和孔口的真实形状，以及与之连接构件的位置线、加工线等，并注出加工符号，这一工作过程称为号料。

(1) 号料的一般技术要求

① 熟悉施工图样和产品制造工艺，合理安排各零件号料的先后次序，而且零件在材料上位置的排布，应符合制造工艺的要求。

例如：某些需经弯曲加工的零件，要求弯曲线与材料的压延方向垂直。需要在剪床上剪切的零件，其零件位置的排布应保证剪切加工的可能性。

② 根据施工图样，验明样板、样杆、草图及号料数据；核对钢材牌号、规格，保证图样、样板、材料三者的一致。对重要产品所用的材料，应有检验合格证书。

③ 检查材料有无裂缝、夹层、表面疤痕或厚度不均匀等缺陷，并根据产品的技术要求酌情处理。当材料有较大变形，影响号料精度时，应先进行矫正。

④ 号料前应将材料垫放平整、稳妥，既要利于号料划线和保证精度，又要保证安全和不影响他人工作。

⑤ 正确使用号料工具、量具、样板和样杆，尽量减小操作引起的号料偏差。例如弹划粉线时，拽起的粉线应在欲划之线的垂直平面内，不得偏斜。

⑥ 号料划线后，在零件的加工线、接缝线以及孔的中心位置等处，应根据加工需要打上錾印或样冲眼。同时，按样板上的技术说明，用白铅油或磁漆标注清楚，为下道工序提供方便。文字、符号、线条应端正、清晰。

(2) 合理用料

利用各种方法、技巧，合理铺排零件在材料上的位置，最大限度地提高原材料的利用率，是号料的一项重要内容。

① 集中套排。由于材料的规格多种多样，而号料的零件也是多种多样的，为了做到合理使用原材料，在零件数量较多时，将使用相同牌号、相同厚度的零件集中在一起，统筹安排，长短搭配，凸凹相间。这样便可充分利用原材料，提高材料的利用率，见图 2-54。

② 余料利用。由于每一张钢板或每一根型钢号料后，经常会出现一些形状和长度不同

的余料。将这些余料按牌号、规格集中在一起，用于小型零件的号料，可使材料的利用率达到最大限度。

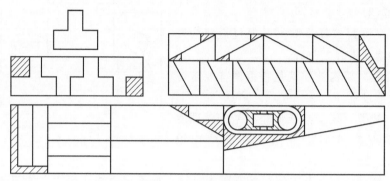

图 2-54　集中套排号料

(3) 型钢号料

① 整齐端口长度号料。一般采用样杆或卷尺确定长度大小，再利用过线板划出端线，见图 2-55 (a)。

② 中间切口或异型端口号料。有中间切口或异型端口的型钢号料时，首先利用样杆或卷尺确定切口位置，然后利用切口处形状样板划出切口线，如图 2-55 (b) 所示。

③ 型钢上号孔的位置。一般先用线勒子划出中心线，再利用样杆确定长度方向上孔的位置，然后利用过线板划线。有时也用号孔样板来确定号孔的位置。

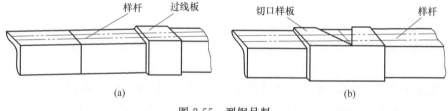

(a)　　　　　　　　　　　　　(b)

图 2-55　型钢号料

(4) 号料允许误差

号料划线，为加工提供直接依据。为保证产品质量，号料划线偏差要加以限制。常用的号料划线允许误差值见表 2-6。

表 2-6　号料划线允许误差

序号	名称	允许误差	序号	名称	允许误差
1	直线	±0.5	6	料宽和长	±1
2	曲线	±(0.5~1)	7	两孔(钻孔)距离	±(0.5~1)
3	结构线	±1	8	铆接孔距	±0.5
4	钻孔	±0.5	9	样冲眼和所划线间	±0.5
5	减轻孔	±(2~5)	10	扁铲(主印)	±0.5

第3章

焊条电弧焊

焊条电弧焊是一种最常见、最基本的焊接方法，也是用途最广泛的一种焊接方法，是起重机械制造行业电焊工必须掌握的一种基础焊接方法。本章着重介绍焊接电弧、焊条电弧焊电源、操作工艺及起重机械制造过程中典型堆焊零件焊接工艺等内容。

3.1 焊接电弧

电弧具有两个特性：一是产生高热；二是产生强光。

电弧焊就是利用它的热能来熔化填充金属和母材金属的。因此，焊接时电弧的稳定性及热特性等各种性质对焊接的质量都有直接的影响。

3.1.1 焊接电弧的产生

（1）焊接电弧的基本知识

焊接电弧是由焊接电源供给的，具有一定电压的两电极间或电极与母材间的气体介质中产生的强烈而持久的放电现象。

① 气体电离。使气体导电的方法是把气体电离，即使中性的气体分子或原子释放电子变成能导电的离子。

焊接时能引起气体电离的方式有碰撞电离、热电离、光电离三种。

② 阴极电子发射。阴极电子发射是阴极的金属表面连续地向外发射出电子的现象。

焊接时，根据阴极所吸收的能量不同，所产生的电子发射有三种：热电子发射、强电场电子发射和撞击电子发射。

（2）焊接电弧的产生过程

不同的焊接方法其引燃电弧的方法并不相同，有以下两种。

① 高频高压引弧法。这种方法是将两电极互相靠近 $2\sim5mm$，然后加上 $2000\sim3000V$ 的空载电压，利用高电压将空气击穿，引燃电弧。通常将其频率提高到 $150\sim260kHz$，利用高频电强烈的集肤效应，减少对人身的危害性。这种引弧方法主要用于钨极惰性气体保护焊中。

② 接触短路引弧法。焊条电弧焊采用这种方法引弧。这种引弧方法包括两个过程：一是先将两电极互相接触短路；二是在短路后迅速将电极拉开，电弧瞬间引燃。如图 3-1 所示。

引弧过程中，当焊条与焊件表面互相接触时，焊接回路短路，短路电流增大到最大值，在电阻热的作用下，接触部分的金属温度剧烈地升高而熔化，当快速提起焊条时，大量的电流只

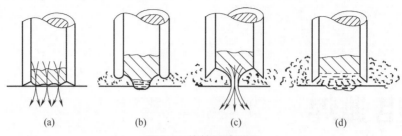

图 3-1　接触短路引弧

能从熔化金属的细颈通过［图 3-1（c）］，产生的热作用也突然增大，使细颈部分液态金属的温度猛烈升高，产生爆断，从而使焊条与焊件之间的液态金属迅速分开［图 3-1（d）］。这时在热电离场的作用下，焊条与焊件间的高温气体就会引起热电离、碰撞电离等复杂的电离过程。

③ 接触短路引弧的影响因素。影响引弧的因素有：焊接电流强度、气体中的电离物质、弧焊电源的空载电压及其特性等。

3.1.2　焊接电弧的组成

焊接电弧是由阴极区、阳极区和弧柱区三部分组成的，如图 3-2 所示。

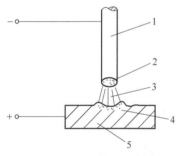

图 3-2　焊接电弧的组成
1—焊条；2—阴极区；3—弧柱区；
4—阳极区；5—焊件

（1）阴极区

阴极区靠近阴极处（电源负极），区域很窄，大约只有 10^{-4}mm。在阴极表面上有一个明显光亮的斑点，称为阴极斑点。阴极斑点是电子发射的发源地。

（2）阳极区

阳极区在靠近阳极处（电源正极），区域比阴极区宽些，大约有 $10^{-3}\sim10^{-2}$mm。在阳极表面上也有一个明亮的斑点，称为阳极斑点。

（3）弧柱区

弧柱区是处于阴极区与阳极区之间的区域。由于阴极区和阳极区都很窄，电弧的主要部分是弧柱区，弧柱长度基本等于电弧长度。

3.1.3　焊接电源的极性及应用

（1）焊接电源的极性

焊条电弧焊在焊接过程中，焊接电源的两个输出电极分别接到焊钳（焊条）和焊件上，形成一个完整的焊接回路。对直流弧焊电源来说，一个极为正极，一个极为负极。焊件接电源正极，焊钳（焊条）接电源负极的接线法叫正接，反之叫反接，如图 3-3 所示。

对于交流弧焊电源来说，由于电流是交变的，所以不存在正接与反接。

（2）极性的应用

焊条电弧焊采用酸性焊条直流弧焊电源焊接时，正接法的焊件（接正极）温度较高，熔深大，用来焊厚板；而在焊接薄板时，为了防止烧穿，可采用反接法。

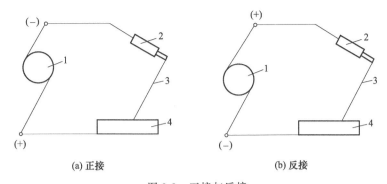

(a) 正接   (b) 反接

图 3-3 正接与反接

1—直流弧焊电源；2—焊钳；3—焊条；4—焊件

若用低氢型碱性焊条，必须使用直流反接法。

(3) 直流电源极性的鉴别方法

在实际生产中，因某种原因使直流电源上的极性分不清时，可用下述方法之一鉴别：

① 试焊法。试焊法有两种：

a. 采用低氢型碱性焊条（如 E5016）试焊，若电弧稳定，飞溅小，声音正常，则表明是反接；否则为正接。

b. 用碳棒试焊，若碳弧燃烧稳定，电弧拉起很长仍不熄弧，断弧后碳棒端面光滑，则是正接；反之为反接。

② 直流电压表鉴别法。将直流电压表的正负极分别接在直流电源的两个电极上，若电压表的指针向正方向偏转时，则与电压表正极相接的是直流电源的正极，反之是负极。

3.2 电弧焊机特性及其应用

3.2.1 焊条电弧焊机

焊条电弧焊机具有设备构成简单，操作方便、灵活，维修费用低的优点。配用相应的焊条可用于大多数工业用碳钢、低合金钢、不锈钢等材料的焊接。

市售常见的机型有：交流弧焊机 BX1（动铁式）系列、 BX3（动圈式）系列，直流弧焊机 ZXG（硅整流）系列、 ZX5（晶闸管）系列以及 ZX7（逆变式）系列。用于焊条电弧焊时，其常用规格在 500A 及 500A 以下。

采用交流电弧焊机焊接时，电弧稳定性差。采用直流电焊机焊接时，电弧稳定、柔和、飞溅小，但磁偏吹较交流严重。低氢型焊条稳弧性差，通常须用直流电源。用小电流焊接薄板时也常用直流电源，电弧引燃容易且稳定。

低氢型焊条直流焊接时，一般要采用直流反接（反接时的电弧稳定性要高于正接）。不论用碱性焊条还是酸性焊条，都可选用直流反接。

3.2.2 ZX5 系列晶闸管整流弧焊机的特点及使用

ZX5 系列晶闸管整流弧焊机是淘汰直流弧焊发电机（旋转式直流电焊机）的主要机

型，也是目前使用较多的直流机型之一。下面以 ZX5 系列焊机为例，介绍其特点、使用功能以及 ZX5-400 型焊机的相关技术参数。

ZX5 系列晶闸管整流弧焊机具有响应速度快、动特性好、焊接过程稳定、飞溅小、成形好以及具有电网波形补偿能力的特点。其可用于大多数焊条的焊接，特别适用于碱性低氢型焊条焊接重要的低碳钢、中碳钢以及普通低合金钢构件。除了基本的焊接电流调节功能外，还具有"引弧电流"调节功能和"推力电流"调节功能以及远距离调节功能。

(1) "引弧电流"调节装置的功能及选择

"引弧电流"调节装置可以调节引弧（从空载到短路）时的附加输入热量，即在正常焊接电流基础上叠加一个引弧电流，使总的电源输出电流瞬时增加，引弧过程结束后，焊接电流恢复正常值。厚板焊接时，可以根据实际需要调节其大小；薄板焊接时，过大的引弧电流易使焊件烧穿，使用时宜不加或少加引弧电流。

(2) "推力电流"调节装置的功能及选择

"推力电流"调节装置在熔滴短路时使焊机的陡降特性产生外拖，从而使其短路电流增加。由于"推力电流"调节装置是在输出电压低于 15V 时，才使焊机特性外拖，所以既不影响原有的"电弧弹性"，又可使短路电流适度增加。该"推力电流"的施加，既有利于焊接熔滴的过渡，又可使焊件的熔深增加。

特别是采用立焊、横焊等位置焊接时（此时采用的焊接电流要小于正常位置焊时的电流），可避免焊条粘住。需要注意的是"推力电流"增加，则短路电流增加，同时也使焊接飞溅增加，故"推力电流"的大小应适度。

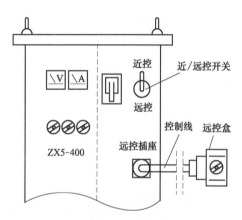

图 3-4　ZX5-400 电焊机远控调节装置

(3) 焊接电流远距离调节装置的应用

图 3-4 所示为 ZX5-400 电焊机远控调节装置。使用时，将"远控"调节装置按图 3-4 连接，且将"近/远控"开关拨向"远控"位置，此时就可在远控盒上对焊接电流进行调节和选择。

(4) ZX5-400 晶闸管整流弧焊机技术参数

其主要技术参数如下：

电源电压：	3～380V　50Hz
额定输入容量：	24kVA
额定焊接电流：	400A
额定负载持续率：	60%
空载电压：	62V
额定输入电流：	37A
电流调节范围：	40～400A
电网补偿度：	电压波动±10%、电流波动±4%
效率：	0.75
功率因数：	0.75

"推力电流"调节范围：0~60A（以短路电流值计算）

"引弧电流"调节范围：0~100A（以焊接电流值计算）

3.2.3　ZX5-400 晶闸管整流弧焊机维护注意事项

（1）电焊机正常状态的判定方法

① 焊机基本功能的检验方法。首先将"近/远控"开关置于"近控"位置，然后将焊机面板上的"焊接电流"旋钮从刻度"0"调至"max"。此时若面板上的电压表指示值从 30V 变化至 62V 左右（网压不同此范围略有不同），则可判定该焊机基本功能正常。

② "推力电流"功能的检验方法。先将"焊接电流"旋钮旋至刻度 100A 处，"推力电流"旋钮旋至刻度"0"处，然后使焊条与工件短路。此时电流表上的指示值为短路电流值 I_{hd1}。随后调节"推力电流"旋钮，从"0"调至"max"处，此时相应的短路电流值从 I_{hd1} 增至 I_{hd2}。若 $I_{hd2}-I_{hd1} \geqslant 60A$ 时，则可判定"推力电流"功能正常。

③ "引弧电流"功能的检验方法。将"焊接电流"旋钮旋至刻度 100A 处，"引弧电流"旋钮顺时针旋至最大，然后进行正常引弧—焊接。在引弧初期，电流表指针应有一短时的电流过冲（此时的电流指示值应在 200A 左右），引弧过程结束后，电流表指示值回落至正常焊接电流值（约等于刻度指示值）。若引弧期间存在上述过程，即可判定"引弧电流"功能正常。

（2）电焊机异常状态时的处置方法

① 电压表指示值为 30V 且不可调。常见的情况是"近/远控"开关位置不正确，恢复正确位置后，焊机即正常。

② 焊机合闸后立即跳闸。焊机跳闸通常是由于机内的晶闸管组中只要有一只击穿，就会形成变压器次级短路，进而引起变压器一次电流的急剧增加，致使空气断路器跳闸。更换击穿的晶闸管后，此跳闸现象即可排除。

③ 焊机无输出电压或输出电压为最大值且不可调节。焊机面板上的三路熔断器（A、B、C）中，当 B 相熔断器熔断或接触不良时，会使焊机无输出电压；当 A 相或 C 相熔断器熔断或接触不良时，会使焊机输出电压呈最高值（62V 左右）且不可调节。更换相应的熔断器或进行相应处置后，上述现象即可排除。类似的故障现象其故障点还会出现在： a. 三相输入电源缺相； b. 外部配置的熔断器熔断（其中一相）或空气断路器接触不良（其中一相）。

（3）其他故障

ZX5 系列焊机其主电路一般不易出现故障（仅晶闸管失效概率相对较高些），故障相对较多的失效点往往出现在焊机的控制电路中。当怀疑控制电路有故障时，可以打开焊机的面板取出原控制箱，用同型号/规格的控制箱进行替换。若替换后焊机正常，即可判定原控制箱有故障；若更换后故障现象依然存在，则可判定为焊机内部故障，或自行处置，或要求供应商和生产厂家进行维修。

3.3　手工电弧焊工艺及其基本操作

3.3.1　焊条电弧焊的焊接接头形式和焊接位置

焊接接头即用焊接方法连接的接头，它是由两个或两个以上零件用焊接组合或已经焊合的接点，由焊缝、熔合区和热影响区组成。

（1）焊接接头形式

在焊条电弧焊中，由于焊件厚度、结构形状以及对质量要求的不同，其接头形式也不相同。焊接接头的基本形式有四种：对接接头、角接接头、搭接接头和 T 形接头。如图 3-5 所示。

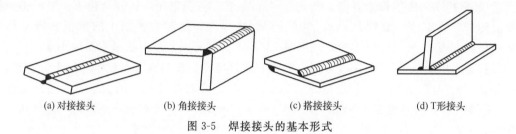

(a) 对接接头   (b) 角接接头   (c) 搭接接头   (d) T形接头

图 3-5　焊接接头的基本形式

（2）坡口形式

根据设计或工艺的需要，在焊件的待焊部位加工并装配成的具有一定几何形状的沟槽称为坡口。

① 坡口的基本形式。按照焊件的厚度和坡口准备的不同，坡口可分为 I 形坡口、 V 形坡口、 X 形坡口、 U 形坡口和双 U 形坡口等五种基本形式，如图 3-6 所示。

② 坡口的作用。坡口的主要作用是保证电弧能深入根部，使焊缝根部能焊透，便于清除焊渣，获得较好的焊缝成形。

③ 坡口的选择。坡口的选择一般遵循以下原则：

a. 能够保证焊件焊透，焊条电弧焊熔深一般为 2～4mm，且便于焊接操作。

b. 坡口形状容易加工。

c. 尽可能提高焊接生产率和节省焊条。

d. 尽可能减少焊后工件变形。

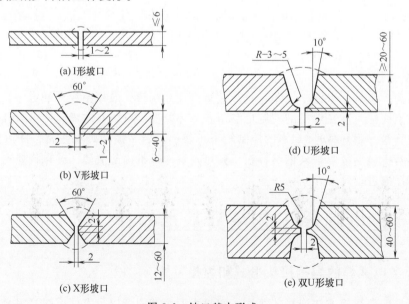

(a) I形坡口

(b) V形坡口

(c) X形坡口

(d) U形坡口

(e) 双U形坡口

图 3-6　坡口基本形式

(3) 焊接位置

熔焊时，焊缝所处的空间位置称焊接位置。图 3-7 表示了焊条电弧焊焊接对接和角接接头的几种焊接位置。

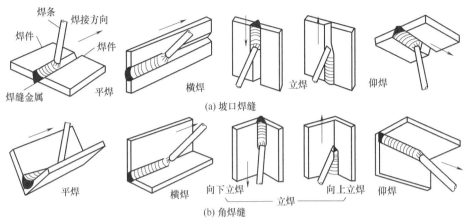

图 3-7　焊条电弧焊的焊接位置

3.3.2　焊条电弧焊焊接参数的选择

焊接参数就是焊接时，为保证焊接质量而选定的各项参数的总称。焊条电弧焊的主要焊接参数包括：焊条直径、焊接电流、电弧电压、焊接速度和焊层数等。选择合适的焊接参数，对提高焊接质量和生产效率是十分重要的。

由于焊接结构件的材质、工作条件、尺寸形状及装配质量不同，所选择的焊接参数也有所不同。焊条电弧焊的焊接参数，只能介绍其选择原则，焊接时可根据具体情况灵活掌握。

(1) 焊条直径的选择

焊条直径的选择与下列因素有关。

① 焊件厚度。选用焊条直径时，主要考虑焊件的厚度。厚度较大的焊件应选用直径较大的焊条；反之，薄件应选用直径较小的焊条。

② 焊接位置。在焊件厚度相同的情况下，平焊位置焊接用的焊条直径比其他位置要大一些；立焊所用焊条直径最大不超过 5mm；仰焊及横焊时，焊条直径不应超过 4mm，以获得较小熔池，减少熔化金属的下淌。

③ 焊接层次。在进行多层焊时，第一层焊道应采用直径 3～4mm 的焊条。以后各层可根据焊件厚度，选用较大直径的焊条。

(2) 焊接电流的选择

焊接电流是焊条电弧焊最重要的焊接参数，选择焊接电流时，要考虑的因素很多，如焊条直径、药皮类型、焊件厚度、接头形式、焊接位置和焊道、焊层等。主要由焊条直径、焊接位置和焊道、焊层决定。

① 焊条直径。焊条直径越大，熔化焊条所需要的热量越大，必须增大焊接电流。

② 焊接位置。其他条件（板厚、结构形式、焊条直径等）相同的情况下，在平焊位置焊接时，可选择偏大些的焊接电流。在横焊、立焊、仰焊位置焊接时，焊接电流应比平焊位置的小 10％～20％。

③ 焊道。通常焊接打底焊道时，使用的焊接电流较小，有利于操作和保证焊接质量；焊填充焊道时，为提高效率，保证熔合良好，通常都使用较大的焊接电流；而焊盖面焊道时，为防止咬边和获得较美观的焊缝成形，使用的焊接电流稍小些。

（3）电弧电压的选择

焊条电弧焊的电弧电压是由电弧长度决定的。电弧长，电弧电压高；电弧短，电弧电压低。在焊接过程中，电弧不宜过长，否则会出现电弧燃烧不稳定，飞溅大，容易产生咬边、气孔等缺陷；若电弧太短，容易粘焊条。一般情况下，电弧长度等于焊条直径的 1/2～1 为好，相应的电弧电压为 16～25V。

（4）焊接速度

焊接速度就是单位时间内完成的焊缝长度。焊条电弧焊时，在保证焊缝具有所要求的尺寸和外形，保证熔合良好的原则下，焊接速度由焊工根据具体情况灵活掌握。

（5）焊层的选择

在厚板焊接时，必须采用多层焊或多层多道焊。多层焊的前一层焊道对后一层焊道起预热作用，而后一层焊道对前一层焊道起热处理作用，有利于提高焊缝金属的塑性和韧性。因此，每层焊道的厚度不应大于 4～5mm。

3.3.3　焊条电弧焊的基本操作技术

（1）平焊的操作姿势

焊工在平焊时，一般采用蹲式操作，如图 3-8（a）所示。蹲式操作姿势要自然，两脚夹角为 70°～85°，距离约 240～260mm，如图 3-8（b）所示。持焊钳的胳膊半伸开，悬空操作。

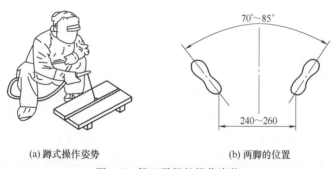

(a) 蹲式操作姿势　　　　　　　　(b) 两脚的位置

图 3-8　焊工平焊的操作姿势

（2）焊条的夹持

夹持焊条时，要将焊条的夹持端夹在焊钳的钳口夹持槽内，不得夹在槽外或夹在焊条的药皮上，防止夹持不牢或接触不良而影响正常焊接。

（3）引弧与稳弧

① 引弧。弧焊时，引燃焊接电弧的过程叫引弧。焊条电弧焊的引弧方法有两种：直击法和划擦法。

a. 直击法。先将焊条末端对准引弧处，然后使焊条末端与焊件表面轻轻一碰，便迅速提起焊条，并保持一定的距离，电弧随之引燃，如图 3-9 所示。操作时必须掌握好手腕上下动作的速度和距离。

b. 划擦法。这种方法与划火柴有些相似，先将焊条末端对准引弧处，然后将手腕扭动一下，使焊条在引弧处轻微划擦一下，划动长度约为 20mm，电弧引燃后应立即使弧长保持在与所用焊条直径相适应的范围内（约 3～4mm），如图 3-10 所示。

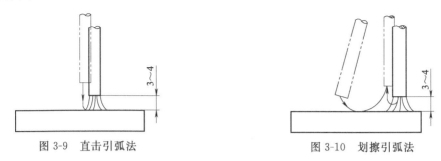

图 3-9　直击引弧法　　　　　　　　图 3-10　划擦引弧法

② 稳弧。焊接过程中要保持电弧稳定，否则将产生飞溅、气孔、咬边等缺陷，同时影响到焊缝的表面成形。

电弧的稳定性取决于合适的弧长。稳定电弧的方法是：焊接过程中运条要平稳，手不能抖动，焊条要随其不断熔化而均匀地送进，并保证焊条的送进速度与熔化速度基本一致，防止因电弧突然拉长或缩短而造成电弧不稳定，甚至使电弧熄灭。

（4）运条的基本动作及方法

焊接过程中，焊条相对焊件接头所做的各种动作总称为运条。

① 运条的基本动作。当电弧引燃后，焊条要有三个基本方向的运动才能使焊缝成形良好。这三个基本运动是：朝着熔池方向逐渐送进；横向摆动；沿着焊接方向移动。如图 3-11 所示。

a. 朝着熔池方向逐渐送进。该动作主要使焊条熔化后，能继续保持电弧长度不变，因此要求焊条向熔池方向送进的速度与焊条熔化的速度相等。

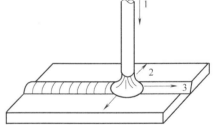

b. 焊条沿焊接方向的移动。该动作使焊条熔敷金属与熔化的母材金属形成焊缝。焊条移动速度对焊接质量、焊接生产率有很大影响。

图 3-11　运条的基本动作
1—焊条送进；2—焊条摆动；
3—沿焊接方向移动

c. 焊条的横向摆动。横向摆动的作用是为获得一定宽度的焊缝，并保证焊缝两侧熔合良好。其摆动幅度应根据焊缝宽度要求和焊条直径来决定。

② 运条方法。在焊接生产中，运条的方法很多，如图 3-12 所示，选用时应根据接头的

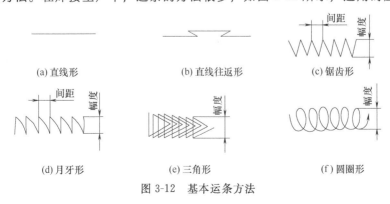

(a) 直线形　　　　　　　(b) 直线往返形　　　　　　(c) 锯齿形

(d) 月牙形　　　　　　　(e) 三角形　　　　　　　　(f) 圆圈形

图 3-12　基本运条方法

形式、焊接位置、装配间隙、焊条直径、焊接电流及焊工的技术水平等方面而定。

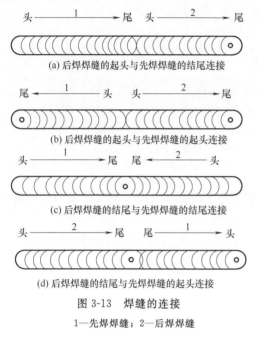

(a) 后焊焊缝的起头与先焊焊缝的结尾连接

(b) 后焊焊缝的起头与先焊焊缝的起头连接

(c) 后焊焊缝的结尾与先焊焊缝的结尾连接

(d) 后焊焊缝的结尾与先焊焊缝的起头连接

图 3-13　焊缝的连接

1—先焊焊缝；2—后焊焊缝

(5) 焊缝的连接

焊条电弧焊时，由于受焊条长度的限制，不可能一根焊条完成一条焊缝，因而出现了焊缝前后两段连接的问题。焊缝连接处的好坏不仅影响焊缝的外观，而且对整个焊缝质量影响也较大。焊缝的连接方法一般有四种，如图 3-13 所示。

(6) 焊缝的收尾方法

焊缝的收尾是指一条焊缝焊好后如何收弧。焊接结束时，如果将电弧突然熄灭，则焊缝表面留有凹陷较深的弧坑，会降低焊缝收尾处的强度，并容易引起弧坑裂纹。过快拉断电弧，液体金属中的气体来不及逸出，还容易产生气孔等缺陷。为克服弧坑缺陷，可采用下述方法收尾。

① 反复断弧法。焊条移到焊缝终端时，在弧坑处反复熄弧、引弧数次，直到填满弧坑为止，如图 3-14 所示。此方法一般适用于薄板和大电流焊接，但碱性焊条不宜采用此法。

② 画圈收尾法。焊条移到焊缝终端时做圆圈运动，直到填满弧坑再熄灭电弧，如图 3-15 所示。此法适用于厚板焊接时焊缝的收尾。

③ 回焊收尾法。当焊条移至焊缝收尾位置时，随即改变焊条角度回焊一小段，如图 3-16 所示。此法适用于碱性焊条。

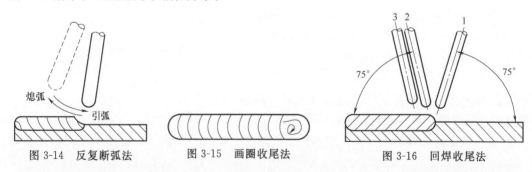

图 3-14　反复断弧法　　　图 3-15　画圈收尾法　　　图 3-16　回焊收尾法

④ 转移收尾法。焊条移到焊缝终端时，在弧坑处稍作停留，然后将电弧慢慢抬起，引到焊缝边缘的母材坡口内，这时熔池会逐渐缩小，凝固后一般不出现缺陷。此方法适用于换焊条或临时停弧时的收尾。

3.3.4　不同焊接位置焊条电弧焊的基本操作方法

3.3.4.1　平焊

平焊时，由于焊缝处在水平位置，熔滴主要靠自重过渡，所以操作技术比较容易掌握，可以选用较大直径焊条和较大焊接电流，生产效率高。如果焊接参数选择或操作不当，容易在根部未焊透或形成焊瘤。运条及焊条角度不正确时，也容易出现熔渣与熔化金属混杂不清或熔渣超前而引起夹渣。

平焊又分为对接平焊、船形焊和平角焊。

（1）对接平焊

① 薄板对接平焊。板厚小于 6mm 的板对接接头，一般采用 I 形坡口双面双道焊。

焊接正面焊缝时，采用短弧焊接，使熔深为焊件厚度的 2/3，焊缝宽 5～8mm，余高应小于 1.5mm，如图 3-17 所示。焊接背面焊缝时，除重要构件外，不必清焊根，但要将正面焊缝背部的焊渣清除干净，然后再焊接，焊接电流可稍大些。

焊接时所用的运条方法均为直线形，焊条角度如图 3-18 所示。在焊接正面焊缝时，焊接速度应慢些，以获得较大熔深。封底焊时，焊接速度稍快些以获得较小的焊缝宽度。

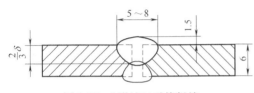

图 3-17　I 形坡口对接焊缝

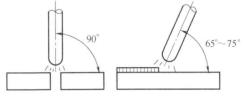

图 3-18　对接平焊的焊接角度

运条时，若发现熔渣和液态金属混杂不清，可把电弧稍微拉长些。同时将焊条前倾，并做往熔池后面推送熔渣的动作，即可把熔渣推送到熔池后面去，如图 3-19 所示。

② 厚板对接平焊。当板厚超过 6mm 时，由于电弧的热量较难深入到 I 形坡口根部，必须开 V 形坡口或 X 形坡口，可采用多层焊或多层多道焊，如图 3-20 和图 3-21 所示。

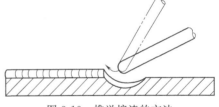

图 3-19　推送熔渣的方法

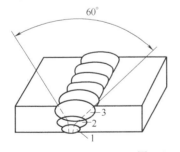

图 3-20　多层焊

1～6—焊层顺序

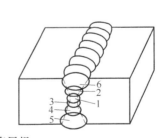

多层焊时，第一层应选用直径较小的焊条。运条方法应根据焊条直径与坡口间隙而定。间隙小时采用直线形，间隙大时可采用直线往返形运条法，但要注意边缘熔合情况并避免烧穿。

其他各层焊接时，应先将前一层焊渣清除干净，然后选用直径较大的焊条和较大的焊接电流进行施焊。采用锯齿形运条法，并应用短弧焊接，但每层不宜过厚，运条时应注意在坡口两边稍作停留，以防止产生夹渣等缺陷。为了保证焊接质量和防止变形，应使层与层之间

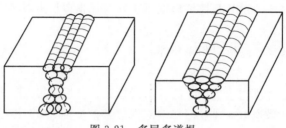

图 3-21　多层多道焊

的焊接方向相反，每层的焊缝接头必须错开。

（2）船形焊

船形焊如图 3-22 所示。船形焊时，采用月牙形或锯齿形运条法，并在焊缝两侧稍作停留，防止产生咬边。焊第一层时宜采用小直径焊条及稍大焊接电流，以防止未焊透。

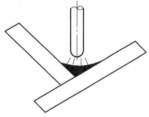

图 3-22　船形焊

（3）T形接头平角焊

平角焊焊脚尺寸小于 6mm 的焊缝通常用单层焊；焊脚尺寸为 6～8mm 时，用二层焊；焊脚尺寸大于 8mm 时宜采用多层多道焊。焊接第一道焊缝时宜选用较大的焊接电流，以获得大的熔深。焊接其他焊道时，由于焊件温度升高，宜选用较小的焊接电流和较快的焊接速度，以防止产生咬边、下偏、表面成形不良等缺陷。

① 单层焊。单层焊采用直线形运条法，焊条角度如图 3-23 所示。

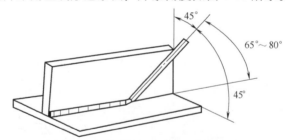

图 3-23　T形接头单层焊的焊条角度

焊接时要采用短弧，运条速度要均匀，焊条角度要保持基本不变。如果焊条角度过小，会造成根部熔深不够；焊条角度过大，熔渣容易超前而造成夹渣。

焊缝的连接与收尾方法与对接平焊相似。

② 多层焊（二层二道焊）。焊接第一层焊缝的运条方法和焊条角度等与单层焊相同，但焊缝的连接处不能过高，防止表面层焊缝成形不良。收尾时应把弧坑填满或略高些，这样在焊第二层收尾时不会因焊件温度过高而产生弧坑过低的现象。焊接第二层焊缝可采用斜锯齿形成斜圆圈形运条方法，如图 3-24 所示。焊条角度与单层焊相同。焊接时，运条幅度要一致，a 至 b 点运条速度要稍快，防止熔化金属下淌。在 b

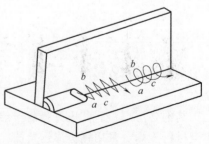

图 3-24　T形接头多层焊的运条方法

点稍作停留，保证熔化金属与立板熔合良好，防止产生咬边。b 至 c 点运条速度要稍慢些，避免产生夹渣。

③ 多层多道焊。焊脚尺寸为 8～12mm 时宜采用二层三道焊，焊第一层的焊接方法同单层焊，第二层的二、三道焊缝都采用直线形运条法，焊条角度如图 3-25 所示。焊接的第二道焊缝要覆盖第一层焊缝 2/3 左右，焊接时运条要平稳，使焊缝与底板之间熔合良好，边缘整齐。焊接的第三道焊缝要覆盖第一道焊缝 1/3～1/2 左右，焊接速度要均匀，不宜太慢，否则易产生焊瘤，使焊缝成形不美观。

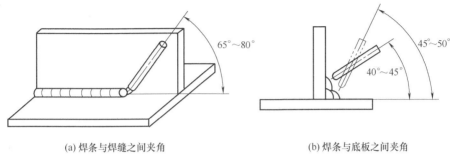

(a) 焊条与焊缝之间夹角　　　　　　　　(b) 焊条与底板之间夹角

图 3-25　T 形接头多层焊的焊条角度

如果焊脚尺寸大于 12mm 时，可采用三层六道、四层十道来完成，焊脚尺寸越大，焊层数和焊道数就越多，其排列顺序如图 3-26 所示。焊接方法与二层三道焊基本相同。其他各层与厚板开坡口对接平焊相似。

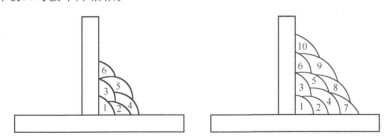

图 3-26　多层多道焊的焊道排列顺序

1～10—焊层顺序

3.3.4.2　立焊

立焊是在垂直方向进行焊接的一种操作方法。

立焊有两种操作方法：一种是向上立焊，另一种是向下立焊。向下立焊要有专用的焊条才能保证焊缝成形。目前生产中应用最广泛的仍是向上立焊。下面介绍的就是这种立焊法。

（1）对接立焊

对接立焊有两种：一种是 I 形坡口对接立焊，另一种是 V 形坡口对接立焊。

① I 形坡口对接立焊。I 形坡口对接立焊，常用于薄板的焊接。施焊过程中，容易产生焊穿、咬边、熔化金属受重力作用下淌等问题，给焊接带来很大困难。因此，焊接时，为防止焊穿和产生焊瘤，可采用跳弧法和灭弧法。焊条与焊件的角度左右方向各为 90°，向下与焊缝成 60°～80° 的夹角，如图 3-27 所示。

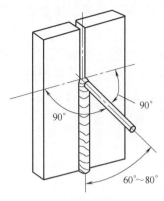

图 3-27　I 形坡口对接
立焊的焊条角度

a. 跳弧法。焊接时当熔滴脱离焊条末端过渡到熔池后，立即将电弧向上提起，使熔池冷却，当熔池冷却缩小到焊条直径的 1～1.5 倍时，再将电弧拉回到熔池上。跳弧法即如此不断地进行熔化—冷却—再熔化的过程，如图 3-28 所示。

b. 断弧法。焊接时当熔滴脱离焊条末端过渡到熔池后，立即将电弧熄灭，当熔池冷却缩小后，再重新在熔池上引弧焊接，如此引弧熔化—断弧冷却—再引弧熔化交替进行。

焊缝的连接，要尽量采用热接法连接。如采用冷接法，引弧时要将电弧拉长并延长在连接处的停留时间，同时使焊条与焊缝之间夹角增大到 90°，以便消除混渣现象，防止接头产生夹渣、过高等缺陷。

收尾时，要采用断弧法收尾，待填满弧坑后熄弧。

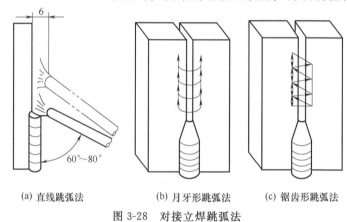

(a) 直线跳弧法　　　　(b) 月牙形跳弧法　　　　(c) 锯齿形跳弧法

图 3-28　对接立焊跳弧法

② V 形坡口对接立焊。板厚大于 4mm 时，为了保证熔透，一般都要开 V 形坡口。施焊时采用多层焊，其焊层数多少，可根据焊件厚度来决定。

a. 根部焊法。根部焊接是一个关键，要求熔深均匀，保证焊透并没有其他缺陷。因此，应选用小直径焊条和较小的焊接电流焊接。焊接时，焊条角度和运条方法如图 3-29 所示。

施焊过程中，要严格保持短弧，运条速度要均匀，焊条在坡口两侧要稍有停顿，以保持熔合良好，运条间距 A 不宜过大，焊缝表面要求平整，避免呈凸形（图 3-30），否则在焊第二层焊缝时，易产生夹渣和熔合不良等缺陷。

b. 其他焊层焊法。在焊第二层焊缝之前，应将前一层焊缝的焊渣清除干净，并检查焊接质量，如有焊瘤应铲平。焊接时运条方法和焊条角度如图 3-31 所示。

(2) T 形接头立焊

T 形接头立焊容易产生的缺陷是根部焊缝未焊透，而且焊缝两边容易咬边，因此，施焊过程中为了使两块

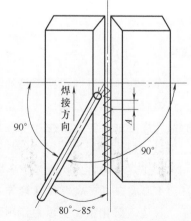

图 3-29　V 形坡口对接立焊的根部焊接时焊条角度和运条方法

(a) 根部焊缝成形不良　　　　　　　(b) 根部焊缝成形良好

图 3-30　V 形坡口对接立焊的根部焊缝

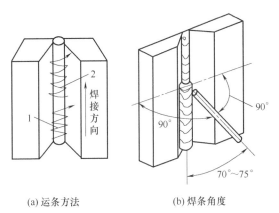

(a) 运条方法　　　　　　　　　　(b) 焊条角度

图 3-31　V 形坡口对接立焊的其他焊层运条方法和焊条角度

1—锯齿形；2—月牙形

钢板均匀受热，保证熔深，防止液态金属下淌，焊条与两块钢板的夹角应等于 45°，与焊缝中心线的夹角为 60°～80°，如图 3-32 所示。

　　根部焊缝可采用跳弧或小三角形运条法焊接，其余层可采用月牙形或锯齿形运条法焊接，如图 3-33 所示。运条要平稳均匀，并在焊缝两侧稍作停留，防止产生咬边、焊脚不齐和焊波不均等缺陷。

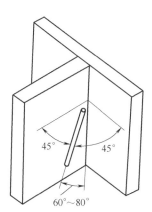

图 3-32　T 形接头立焊的焊条角度

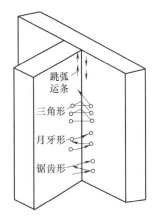

图 3-33　T 形接头立焊的运条方法

　　焊接过程中要控制熔池温度和熔池形状，发现熔池温度过高，液态金属要下淌时立即挑起或熄灭电弧，使熔池温度降低，当看到熔池瞬间冷却成一个暗红点时，迅速在原熔池 2/3 处引弧焊接。但是引弧速度过慢时，会造成熔合不良；引弧位置不正确时，会使焊波脱节，影响焊缝的美观和焊接质量。

3.4 金属材料的堆焊

3.4.1 概述

堆焊是为了增大或恢复焊件尺寸，或是使焊件表面获得具有特殊性能的熔敷金属层而进行的焊接。它的最大优点是充分发挥金属材料的优越性能，达到节约用材和延长机件使用寿命等目的。在起重机行业主要应用于防爆起重机车轮的堆焊以及其他金属结构件的缺陷修复、焊补等。

应用堆焊技术，必须解决好下面两个主要问题：

① 正确选用堆焊金属（或合金），必须弄清被焊接件的材质、工作条件及对堆焊金属使用性能的要求，同时又要熟悉现有的堆焊金属的种类、性能及其适用范围。

② 选定合适的堆焊方法及相应的堆焊工艺。为此，需掌握所选堆焊方法的工艺特点及其在堆焊时可能出现的技术问题，尤其要解决好堆焊金属与母材之间异种金属焊接的问题。

（1）堆焊的主要用途

① 零件的修复。机器零件经过一段时间运行后总会发生磨损、腐蚀等，使其工作性能和效率下降，甚至失效。利用堆焊方法能很快地修复起来继续使用，起到延长机件使用寿命的作用。

② 零件的制造。利用堆焊工艺作为生产手段去制造具有综合性能的双金属机器零件。例如：水轮机的叶片，用碳素钢制成基体，在可能发生气蚀部位（多在叶片背面下半段）堆焊一层不锈钢，使之成为耐气蚀的双金属叶片；在金属切削刀具的制造中，刀体要求强韧，用来源广泛、价格便宜的碳钢制造，而刀刃要求坚硬锋利，使用硬质合金，用堆焊方法把这种硬质合金焊到刀体刃口部位上。

（2）堆焊的类型

按使用目的分，堆焊有下列类型：

① 耐蚀堆焊。或称包层堆焊，是为了防止腐蚀而在工作表面上熔敷一定厚度的具有耐腐蚀性能金属层的焊接方法。

② 耐磨堆焊。为了减轻工作表面磨损和延长其使用寿命而进行的堆焊。

③ 增厚堆焊。为了恢复或达到工件所要求的尺寸，需熔敷一定厚度金属的焊接方法。多属于同质材料之间的焊接。

④ 隔离层堆焊。在焊接异种金属材料或有特殊性能要求的材料时，为了防止母材成分对焊缝金属的不利影响，以保证接头性能和质量，而预先在母材表面（或接头的坡口面上）熔敷一定成分的金属层（称隔离层）。熔敷隔离层的工艺过程，称隔离层堆焊。

（3）堆焊的特点

堆焊是以获得具有特殊性能的表面层为目的，因此，须注意堆焊过程中可能影响达到这个目的的一些特点：

① 堆焊时，熔敷金属因母材的溶入而被稀释。因此，在选择堆焊金属时，既要考虑与母材之间相溶性问题，又要充分估计这种稀释给堆焊层的性能带来的影响。在选择堆焊方法和制订堆焊工艺时，应以减小稀释率为主要选择原则。

② 由于基体与堆焊层合金成分和物理性能存在差别，焊接过程或焊后使用过程中将会出现类似异种金属焊接的特殊现象。因此，在选择堆焊金属时，尽量选择与母材金属有相近性能的材料。不然，就须考虑预制中间（过渡）层，以减小化学成分和物理性能上的差别。

③ 当多道或多层堆焊时，先焊焊道受多次热循环作用，其化学成分、金相组织变得不均匀，晶粒可能粗化，碳化物或 σ 相可能析出，由于热应力作用而引起热疲劳、应变时效等。这些均影响堆焊层的工作性能。

④ 在制造业中，当工件采用堆焊结构时，母材（即基体）是可以选择的。选择时，除须满足结构设计（通常是强度和刚度）和成形方式的要求外，还需考虑与堆焊金属的焊接性和匹配性问题。

(4) 堆焊金属的使用性能

堆焊金属（又称堆焊合金）必须能满足机件工作表面使用性能的要求，这些要求主要是耐磨、耐蚀、耐冲击和耐高温等。

(5) 堆焊金属的耐磨性及其磨损类型

① 堆焊金属的耐磨性。堆焊金属的耐磨性是指堆焊金属表面抵抗各种磨损的能力。磨损主要有四种类型：黏着磨损（摩擦副相对运动时，由于黏着作用使材料由一表面转移至另一表面所引起的磨损，又称金属间磨损）、磨料磨损（由外来的金属或非金属磨料粒子的切削造成的磨损）、冲击浸蚀和微动磨损（机械零件配合较紧的部位，在载荷和一定频率振动条件下，使零件表面产生微小滑动而引起的磨损）。

堆焊金属的耐蚀性金属受周围介质作用而引起的损坏称腐蚀。按腐蚀机理可分为化学腐蚀和电化学腐蚀。化学腐蚀是金属与介质发生化学反应而引起的损坏。腐蚀产物在金属表面形成表面膜。如果该表面膜致密、完整，强度和塑性好，线胀系数与金属相近，膜与金属的黏着力强等，则表面膜就能对金属提供有效的保护。铝、铬、锌、硅等能生成这样的氧化膜，因而能减缓金属的腐蚀。

② 堆焊金属的冲击性。金属表面由于外来物体连续高速地冲击而引起的磨损称冲击磨损。一般表现为表面变形、开裂或剥落。常和磨料磨损同时出现。

堆焊金属的耐冲击性与它的抗压强度、延性和韧性有关。一种材料的耐冲击性和耐磨性有矛盾，往往两者不可兼得。

③ 堆焊金属的耐气蚀性。气蚀发生在零件与液体接触并有相对运动的条件下，在表面上不断发生气穴，在气穴随后的破灭过程中，液体对金属表面产生强烈的冲击力，如此反复作用，使金属表面产生疲劳而脱落，形成许多小坑（麻点）。水轮机转轮叶片、船舶螺旋桨、水泵等常发生气蚀。气蚀成因复杂，既有冲击磨损、磨料磨损，又有腐蚀问题，因此宜选用既有较好抗腐蚀性又有较高强度和韧性的堆焊金属。

④ 堆焊金属的耐高温性能。金属在高温下工作，可能引起氧化或起皮，组织因回火或相变而软化，高温长期工作而产生蠕变破坏，承受反复加热和冷却而导致热疲劳破坏，等等。在高温下也会加剧磨损和腐蚀的破坏。因此，在高温下工作的堆焊金属应具有抗氧化性、热强性、热硬性、抗热疲劳性、抗高温磨损和耐高温腐蚀等性能，像镍基合金、钴基合金和高铬合金铸铁等都是典型的高温堆焊材料。

(6) 堆焊金属的类型

① 根据焊接材料的形状分为丝状、铸条状、带状和粉粒状等。它们是根据材料的可加

工性及堆焊方法的工艺特点来决定的。

a. 丝状和带状。由可轧制和拉拔的堆焊材料制成。丝状堆焊材料可供气焊、埋弧焊、气体保护焊和电渣堆焊用；带状主要用于埋弧堆焊和电渣堆焊，其熔敷率高。

b. 铸条状。当材料的轧、拔加工性不好时，如钴基、镍基合金和合金铸铁等，一般做成铸条状。可以直接供气焊、TIG 焊和等离子弧焊使用。由于适用性强、灵活方便，可以全位置焊接，所以应用很广。

c. 粉状。把所需的各种合金制成粉末，按一定配比混合成合金粉末，供等离子弧、氧-乙炔火焰堆焊和喷熔使用。其最大优点是方便对堆焊层成分的调整，拓宽了堆焊材料的适用范围。

② 按堆焊层的化学成分和组织结构分类，有下列类型：

a. 铁基堆焊金属。又分成珠光体类堆焊金属、马氏体类堆焊金属以及奥氏体类堆焊金属。

b. 合金铸铁类堆焊金属。包括马氏体合金铸铁、奥氏体合金铸铁、高铬合金铸铁三大类。

c. 镍基堆焊金属。按其强化相不同可分为含硼化物合金、含碳化物合金和金属间化合物三大类。

d. 钴基堆焊金属。主要是钴铬钨合金，即所谓司太立（stellite）合金，其堆焊层的金相组织是奥氏体＋共晶组织。

e. 铜基堆焊金属。包括纯铜、黄铜、青铜和白铜四类。

f. 碳化钨堆焊合金。堆焊用的碳化钨有铸造碳化钨和以钴为黏结金属的烧结碳化钨两类。

（7）堆焊金属的主要成分与性能特征

选用堆焊金属时，需全面了解它的性能特点和适用范围。一般应注意：所选堆焊金属主要含有什么合金元素，其含量大约有多少；堆焊层的金相组织；它的硬度、塑性和韧性，耐磨、耐蚀和耐热性能；它的焊接性、冷加工性和热处理性；适用何种堆焊方法；堆焊金属的主要用途；等。

① 堆焊金属的选择。

a. 满足零件在工作条件下使用的性能要求，这是首要的，保证了零件能正常使用和耐用。为此，首先了解被焊零件的工作条件（温度、介质、载荷等），明确在运行过程中损伤的类型，然后选取最适于抵抗这种损伤类型的堆焊合金。

b. 具有良好的焊接性。所选堆焊材料在现场条件下应易于施焊并获得与基体结合良好而无缺陷的堆焊层。需注意堆焊合金与基体的相溶性，尤其是在修复工作中，基体很可能原先就是堆焊层，应对其成分、组织状态和性能有所了解，充分估计到基体稀释对堆焊层性能的影响。当基体碳当量较高时，为防止裂纹，可考虑预热、保温缓冷的工艺。不可行时，可考虑利用过渡层去解决。

c. 考虑堆焊的经济性。选择堆焊金属时要综合全面地考虑其经济性。所选的堆焊合金不仅在性能相同的多种堆焊合金中是价格最低廉的一种，同时也应当是焊接工艺最简单、加工费用最少的一种。此外，还必须从堆焊件投入使用后的经济效益考虑。

② 选择的方法和步骤。正确选择堆焊金属的方法是经验与试验相结合。一般选样步骤

如下：

    a. 分析工作条件，确定可能的破坏类型及对堆焊金属的要求。

    b. 分析待选材料和基体的相溶性，初步选定堆焊材料的形状和拟订堆焊工艺。

    c. 进行样品堆焊，焊后工件在模拟工作条件下做运行试验，并进行评定。

    d. 综合考虑使用寿命和成本，最后选定堆焊金属。

    e. 确定堆焊方法和制订堆焊工艺。

3.4.2　堆焊方法与工艺

（1）堆焊方法的选择

熔焊、钎焊、热喷涂和喷熔等方法均可用于堆焊，常用的堆焊方法有焊条电弧堆焊、氧-乙炔焰堆焊、埋弧堆焊、钨极氩弧堆焊、熔化极气体保护和自保护电弧堆焊、等离子弧堆焊（又可分为填丝等离子弧堆焊和粉末等离子弧堆焊）、电渣堆焊以及喷熔等；其中熔焊在堆焊工作中用得最多，而在熔焊方法中焊条电弧堆焊又最为常用。选择堆焊方法时，应着重考虑下列因素：

    ① 有低的稀释率；

    ② 有高的熔敷速度和效率；

    ③ 工件尺寸、形状复杂程度和批量大小；

    ④ 与堆焊材料形状相适应；

    ⑤ 低的综合成本。

（2）焊条电弧堆焊

① 特点。焊条电弧堆焊是目前主要的堆焊方法。其优点是：设备简单、轻便和机动灵活，适于现场堆焊；适应性强，可以在任何位置焊接；可达性好，小型或形状不规则零件尤为适合。其缺点是生产率低，稀释率较高，不易得到薄而均匀的堆焊层，劳动条件差。焊条电弧堆焊用的堆焊焊条多以冷拔焊丝作焊芯，也可用铸芯或管芯。药皮主要有钛钙型、低氢型和石墨型三种。为了减少合金元素烧损和提高堆焊金属抗裂性，多采用低氢型药皮。我国表面耐磨堆焊用的焊条已经有国家标准，即 GB/T 984—2001《堆焊焊条》规定了各种用途焊条堆焊层的化学成分和硬度。

② 堆焊工艺要点。应尽量减小稀释率和保持电弧稳定，使堆焊层质量均匀。常通过调节焊接电流、电弧电压、焊接速度、运条方式和弧长等工艺参数控制熔深以降低稀释率。推荐采用直流反接，这样稀释率低，电弧较稳定。电流不宜大，否则熔深增加，稀释率高。弧长不能太大，因合金元素易烧损。大面积堆焊时，注意调整堆焊顺序，以控制焊件变形。

由于焊条电弧堆焊熔深较大，稀释率较高，其堆焊层硬度和耐磨性下降，所以一般需焊2～3层。但层数多时，易导致开裂和剥离。为此，常对工件预热和缓冷。预热温度由堆焊金属的成分、基体材质、堆焊面积大小及堆焊部位的刚件等因素来确定。堆焊金属为珠光体钢时，工件预热温度常按碳当量来估算。

3.4.3　实例说明

在起重机械制作过程中，堆焊技术的应用在防爆起重机车轮制作时应用最广，在其他出现缺陷的金属结构件中也可以进行修补，例如铸造车轮中出现的缺陷，以下以车轮堆焊工艺和铸造车轮缺陷修补工艺为例进行说明。

3.4.3.1 防爆桥式起重机车轮不锈钢堆焊工艺

防爆桥式起重机标准中对防爆等级较高的起重机，为防止因机械摩擦或碰撞产生火花造成危险，要对车轮部分进行异种材料的堆焊，主要为奥氏体不锈钢的焊条堆焊。

(1) 车轮的主要材质

优质碳素结构钢：45 钢。合金钢：40Cr、42CrMo。碳素铸钢：ZG340～640、ZG50SiMn 等。

(2) 化学成分

车轮的主要材质化学成分见表 3-1。

表 3-1 车轮的主要材质化学成分

钢号	化学成分/%								
	C	Si	Mn	P	S	Cr	Ni	Mo	其他
45	0.42～0.50	0.17～0.37	0.5～0.8	≤0.04	≤0.04	≤0.25	≤0.25	—	—
40Cr	0.37～0.45	0.20～0.40	0.5～0.8	≤0.04	≤0.04	0.80～1.10	≤0.35	—	—
42CrMo	0.38～0.45	0.20～0.40	0.5～0.8	≤0.04	≤0.04	0.90～1.20	≤0.35	0.15～0.25	—
ZG340～360	0.42～0.50	0.17～0.37	0.5～0.8	≤0.04	≤0.04	≤0.25	≤0.25	—	—

(3) 几种堆焊方法的稀释率和熔敷率对比

见表 3-2。

表 3-2 几种堆焊方法的稀释率和熔敷率对比

堆焊方法	稀释率/%	熔敷速度/kg·h^{-1}	最小堆焊厚度/mm	熔敷率/%
焊条电弧堆焊	10～20	0.5～4.4	3.2	65
熔化极气保焊	10～40	0.9～4.4	3.2	90～95
埋弧堆焊(单带极)	10～20	12～36	3.0	95

(4) 关于工件尺寸、形状复杂程度和批量大小的分析

车轮为圆形（标准车轮），简图如图 3-34 所示，形状简单。车轮堆焊主要在防爆桥机

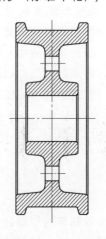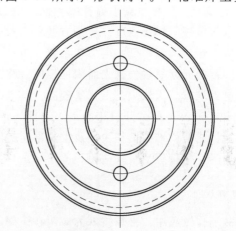

图 3-34　车轮简图

中使用，批量不太大，对比焊条电弧堆焊、熔化极气保焊、埋弧堆焊（单带极），在能够保证堆焊质量的前提下，考虑成本问题后，选择采用焊条电弧堆焊对车轮堆焊不锈钢。

（5）相关具体工艺介绍

① 焊前准备。

a. 被堆焊件（车轮）的材料及质量要求。

a）车轮基体的材料牌号：ZG230-450。

b）堆焊前，要对车轮内外观质量进行检验，如车轮毛坯表面不得有裂纹、气孔、砂眼、疏松等任何铸造缺陷，应有化学成分分析报告单，并要进行无损检验等。

c）车轮堆焊表面为粗加工面。要进行焊前清理：堆焊表面不得有铁锈、油污、水分、杂质、灰尘等。

d）车轮堆焊的部位见图 3-35 的涂黑处。其中 A 面为车轮的踏面，B 面为车轮的轮缘部分，5mm 为机加工后厚度。有图 3-35 中 (a)、(b) 两种车轮表面形式。

b. 堆焊材料的要求。

a）堆焊层的焊条型号为 E307-16（牌号：A102）。

b）焊条直径：4.0mm。

② 焊接。

a. 堆焊工艺要点。

a）要控制焊接热输入。采用小电流、低

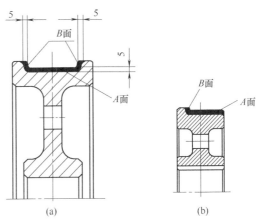

图 3-35　车轮堆焊部位示意图

电压（短弧焊的弧长 2mm 左右）、窄焊道（运条时不准做横向摆动）、快速焊。

b）焊前、焊中，每道（每层）之间必须彻底清渣。发现裂纹、气孔、夹渣等缺陷要用砂轮打磨去除后，再继续进行堆焊。

c）必须控制层间温度，不宜过高，要小于 150℃。

b. 堆焊工艺要求。

a）堆焊顺序：为避免多层连续焊，相同直径的车轮可交叉焊；而每个车轮又要对称焊（或跳焊）。

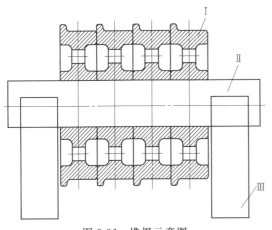

图 3-36　堆焊示意图

具体措施是：A 面堆焊时，相同直径的可交叉堆焊。将几个车轮 Ⅰ 用小于轮轴内径尺寸（粗加工尺寸）的厚壁管 Ⅱ 串在一起（大直径可两个同时堆焊，小直径的可多个同时堆焊）。堆焊时，厚壁管两端放在高于车轮半径的 V 形架 Ⅲ 上，能随意转动，可方便各轮的交叉对称焊，又可使被堆焊面始终保持在水平位置上，见图 3-36。

车轮 B 面堆焊时，可把各件平放在平台上，在车轮的圆周方向分段，且对称进行堆焊。工艺要求与 A 面相同。

b）车轮堆焊时层间温度的控制：最好是等前一道的焊缝冷却到 60℃ 左右时（以手可触摸为准）再焊下一道（层）。

c）车轮堆焊时的每道（每层）间，必须严格清除掉前一道（层）的焊缝熔渣，如有裂纹或气孔，也要去除后再焊下一道（层）。

d）堆焊的施焊方向：轮面（A 面）为平行于车轮的轴线方向；轮缘内侧（B 面）可按其圆周方向（车轮水平放置）。

c. 工艺规范。

a）车轮堆焊厚度的要求：依据图纸技术要求（加工后不锈钢层应有 5mm）和满足加工要求，同时又要节约堆焊材料，车轮堆焊厚度应小于 8mm，且要求堆焊表面平整、厚度均匀。

b）车轮堆焊的方法：

Ⅰ．每层堆焊厚度不要大于 2mm。

Ⅱ．先打底堆焊过渡层，约厚 2mm。焊接电流略小。

Ⅲ．再进行堆焊，约三层，厚 6mm 左右。电流比过渡层稍大。

Ⅳ．每道堆焊焊缝之间的搭边量约为 1/2mm。

Ⅴ．不要在非堆焊区处引弧。每条焊缝的收弧处必须填满，不允许有弧坑。

c）车轮的堆焊工艺规范参数见表 3-3。还要注意：

Ⅰ．控制层间温度。在保证熔合良好的条件下，采用小电流，并要快速、交叉、对称焊。使焊接受热区域尽可能小。如层间温度高，焊后可以采取强制冷却措施（用水冷，但堆焊区不能浇水，可浇在工件表面或其表面用压缩空气吹等）。

表 3-3　车轮堆焊工艺参数

堆焊区域	焊条直径/mm	焊接电流/A
打底（过渡层）	4.0	100～110
堆焊层	4.0	110～120

Ⅱ．补焊要求。堆焊层平均厚度达到 8mm 后，进行表面粗加工。当其加工量还有 1mm 时，如车轮表面仍有堆焊的低凹处，可再进行局部补焊。其工艺要求同前。

③ 精加工。堆焊层表面全部能满足精加工要求后，再按图进行车轮整体的精加工。

3.4.3.2 车轮铸造缺陷的焊补

当铸造车轮粗加工后（单边加工余量＞1.5mm），存在少量局部缺陷，如气孔、夹渣、疏松等，且范围不超过 10mm 时，可进行焊补修复。

（1）焊前准备

① 领取合格的焊接材料（焊条必须按相关要求烘干）。

② 准备必要的工具。

③ 表面处理。待补缺陷部位需彻底清理，不得有型砂、油污、铁锈、尘垢等，将缺陷全部磨掉，形成光滑的坡口。

（2）焊接

① 焊接工艺要点：

a. 打底层采用小电流，慢焊速，浅熔深。

b. 多层焊时，要控制层间温度不低于 200℃。

c. 焊后锤击焊缝金属消除应力：用手锤在每层焊后锤击热态焊缝，注意用力要适中。

d. 缓冷：用保温棉或其他保温措施使焊缝得以缓慢冷却。

e. 焊后做磁粉探伤检验，无裂纹、未焊透等缺陷。

注意：施焊过程中若出现裂纹等缺陷应磨掉重焊。

② 焊补焊接工艺参数如表 3-4。

表 3-4　焊补焊接工艺参数

工艺参数	焊补部位		
	踏面以及轮沿内侧		其余部位
母材	ZG45	ZG50SiMn	
焊条牌号	J556 或 J557	J606 或 J607	J506 或 J507
焊条直径及电流	$\phi2.5$　　60～90A(打底层) $\phi3.2$　　90～120A(填充覆盖层)		

③ 焊补后打磨、处理修补处。

第4章

熔化极气体保护焊

熔化极气体保护焊作为一种高效的焊接方法，在起重机械钢结构制造过程中得到了极大的应用。为了保证特种设备焊接的质量，操作熔化极气体保护焊的电焊工，必须了解和掌握气体保护焊的原理、设备、操作工艺等，做到知其然并进一步知其所以然，才能不断提升技能，将电焊工的水平发挥到极致。

4.1 概述

4.1.1 基本原理

熔化极气体保护焊是以可熔化的金属焊丝作电极，并由气体作保护的电弧焊。其焊接过程如图4-1所示。利用焊丝3和母材1之间的电弧2来熔化焊丝和母材，形成熔池8，熔化的焊丝作为填充金属进入熔池与母材熔合，冷凝后即为焊缝金属9。通过喷嘴5向焊接区喷出保护气体，使处于高温的熔化焊丝、熔池及其附近的母材免受周围空气的有害作用。焊丝是连续的，由送丝轮6不断地送进焊接区。操作方式主要是半自动焊和自动焊两种。

作为填充金属的焊丝，有实心和药芯两类，前者一般含有脱氧用的和焊缝金属所需的元素，后者的药芯成分及作用与焊条的药皮相似。

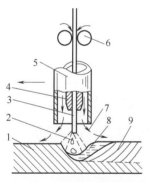

图4-1 熔化极气体保护
电弧焊示意图

1—母材；2—电弧；3—焊丝；4—导电嘴；5—喷嘴；6—送丝轮；7—保护气体；8—熔池；9—焊缝金属

4.1.2 分类

按使用保护气体和焊丝的种类不同，熔化极气体保护焊分类如下（图4-2）。

① 熔化极惰性气体保护电弧焊，英文简称MIG焊。使用的惰性气体可以是氩（Ar）、氦（He）或氩与氦混合，因惰性气体与液态金属不发生冶金反应，只起包围焊接区使之与空气隔离的作用，所以电弧燃烧稳定，熔滴向熔池过渡平稳、安定、无激烈飞溅。这种方法最适于铝、铜、钛等有色金属的焊接，也可用于钢材，如不锈钢、耐热钢等的焊接。

② 熔化极氧化性混合气体保护电弧焊，英文简称MAG焊，使用的保护气体是由惰性气体和少量氧化性气体（如O_2、CO_2或其混合气体等）混合而成。加入少量氧化性气体的目的，是在不改变或基本上不改变惰性气体电弧特性的条件下，进一步提高电弧稳定性，

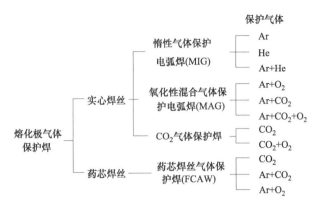

图 4-2 熔化极气体保护焊分类示意图

改善焊缝成形和降低电弧辐射强度等。这种方法常用于黑色金属材料的焊接。

③ 二氧化碳气体保护电弧焊，简称 CO_2 焊， CO_2 亦具有氧化性，本质上也属于 MAG 焊。使用 CO_2 作保护气体是因其获取容易，价格低廉，但由于 CO_2 的热物理特性和化学特性，要在焊接过程中从设备、工艺以及焊丝等方面采取措施，才能获得良好的焊接效果。目前， CO_2 焊已成为黑色金属材料最重要的焊接方法之一，在很多产品制作中代替了焊条电弧焊和埋弧焊。

④ 药芯焊丝气体保护焊又称管状焊丝气体保护焊，英文简称 FCAW。在焊丝内部装有粉状焊剂，又称芯料。通过调整焊剂的各种合金元素的含量，可以改善焊接工艺性能、提高焊缝的力学性能和接头的内外质量。焊接时主要采用 CO_2 作保护气体。它也是目前用于焊接黑色金属材料的主要焊接方法之一，有很大的发展前景。

4.1.3 熔化极气体保护焊的优缺点

(1) 熔化极气体保护焊的优点

① 熔化极气体保护焊与焊条电弧焊相比，其优点如下：

a. 焊接效率高。因是连续送丝，没有更换焊条工序，焊道之间不需清渣，节省时间；通过焊丝的电流密度大，因而提高了熔敷速度。

b. 可以获得含氢量较焊条电弧焊低的焊缝金属。

c. 在相同电流下，熔深比焊条电弧焊的深。

d. 焊接厚板时，可以用较低的焊接电弧和较快的焊接速度使其焊接变形小。

e. 烟雾少，可以减轻对通风的要求。

② 熔化极气体保护焊与埋弧自动焊相比，其优点如下：

a. 明弧焊接，焊工可以观察到电弧和熔池的状态和行为。

b. 可以进行全位置焊接，不像埋弧焊只能处在平焊位置焊接。

c. 无需清渣，可以用更窄的坡口间隙，实现窄间隙焊接，节省填充金属和提高生产率。

(2) 熔化极气体保护焊的缺点

熔化极气体保护焊与焊条电弧焊相比，其缺点如下：

① 受环境制约。为了确保焊接区获得良好的气体保护，在室外操作需有防风装置。

② 半自动焊枪比焊条电弧焊钳重，不轻便，操作灵活性较差，对于狭小空间的接头，焊枪不易接近。

③ 设备较复杂，对使用和维护要求较高。

4.1.4 适用范围

(1) 适焊的材料

被焊金属材料的范围受保护气体性质、焊丝供应和制造成本等因素的影响。MIG 焊使用惰性气体，既可以焊接黑色金属，又可以焊接有色金属，但从焊丝供应以及制造成本考虑，主要用于铝、铜、钛及其合金，以及不锈钢、耐热钢的焊接。MAG 焊和 CO_2 焊主要用于焊接碳钢、低合金高强度钢。MAG 焊常焊接较为重要的金属结构，CO_2 焊则广泛用于普通的金属结构。

(2) 焊接位置

熔化极气体保护焊适应性较好，可以进行全位置焊接，其中以平焊位置和横焊位置焊接效率最高，其他焊接位置的效率也比焊条电弧焊高。

(3) 可焊厚度

表 4-1 给出了熔化极气体保护焊的一般适用的厚度范围。原则上开坡口多层焊的厚度是无限的，它仅受经济因素限制。

表 4-1 熔化极气体保护焊一般适用厚度范围

焊件厚度/mm	0.13	0.4	1.6	3.2	4.8	6.4	10	12.7	19	25	51	102	203
单层无坡口细焊丝		⟺											
单层带坡口			⟺										
多层带坡门 CO_2 焊					⟺								

4.2 熔化极气体保护焊焊接材料

4.2.1 保护气体

在熔化极气体保护电弧焊中，采用保护气体的主要目的是防止熔融焊缝金属被周围气氛污染和损害。所选用的保护气体尽可能满足如下要求：

① 对焊接区（包括焊丝、电弧、熔池及高温的近缝区）起到良好的保护作用。

② 作为电弧的气体介质，它应有利于引弧和保持电弧稳定燃烧。

③ 有助于提高对焊件的加热效率，改善焊缝成形。

④ 在焊接时，能促使获得所希望的熔滴过渡特性，减少金属飞溅。

⑤ 在焊接过程中，保护气体的有害冶金反应能进行控制，以减少气孔、裂纹和夹渣等缺陷。

⑥ 易于制取，获取容易，价格低廉。

目前可供选用的保护气体有单一气体 [如氩（Ar）、氦（He）、氢（H_2）、氮（N_2）和二氧化碳（CO_2）等] 和混合气体（如 Ar＋He、Ar＋H_2、Ar＋O_2、Ar＋CO_2、

$Ar+CO_2+O_2$ 和 CO_2+O_2 等）。使用混合保护气体的主要目的是适应不同金属材料和焊接工艺的需要，促使获得最佳的保护效果、电弧特性、熔滴过渡特性、焊缝成形和质量等。

4.2.2　焊丝

熔化极气体保护焊用的焊丝包括实心焊丝和药芯焊丝。焊接时，焊丝既作填充金属又作导电的电极。在焊接过程中，焊丝的化学成分与保护气体相配合，影响焊缝金属的化学成分，而焊缝合金的成分又决定着焊件的化学性能和力学性能。所以，在选用焊丝时，首先考虑母材的化学成分和力学性能，其次要与所用保护气体相配合。

通常焊丝与母材的成分应尽可能相近，并具有良好的焊接工艺性能和焊缝的物理化学性能。有时为了能顺利地进行焊接和获得所希望的焊缝金属性能而适当改变焊丝的化学成分。

在钢焊丝中，最常使用的脱氧剂是锰、硅和铝；对于铜合金，可使用钛、硅或磷作脱氧剂；在镍合金中，常使用钛和硅作脱氧剂。

药芯焊丝与实心焊丝气体保护焊的主要区别是所用焊丝的构造不同。药芯焊丝是在焊丝内部装有焊剂或金属粉末混合物（称芯料）。焊接时，在电弧热的作用下，熔化状态的芯料、焊丝金属、母材金属和保护气体相互之间发生冶金作用，形成一层较薄的液态熔渣包覆熔滴并覆盖熔池，对熔化金属构成又一层保护，所以实质上这是一种气渣联合保护的焊接方法。

熔化极气体保护电弧焊用的焊丝直径较小，小到0.5mm，大到3.2mm，平均直径为1.0～1.6mm，但焊接电流却比较大，所以焊丝的熔化速度很高，大约为40～340mm/s，高的送丝速度通常需要有很好的送丝机构。小直径的焊丝容易被弄乱，常制成焊丝卷或焊丝盘供货使用。

焊丝表面必须是清洁的，受污染的焊丝严禁使用。

4.3　熔化极气体保护电弧焊设备

熔化极气体保护电弧焊可分为半自动焊和自动焊两类。图4-3为半自动熔化极气体保护

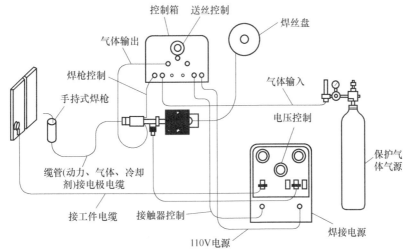

图 4-3　半自动熔化极气体保护电弧焊设备示意图

电弧焊全套设备的示意图，主要由焊接电源、焊枪、送丝机、供气系统、冷却系统和控制系统组成。如果是自动焊，则增加行走机构，它往往和焊枪及送丝机组合成焊接小车（机头）。

4.3.1 焊枪

（1）要求

熔化极气体保护焊的焊枪分半自动焊枪和自动焊枪，前者是手握式，后者安装在有行走机构的机头上。对焊枪性能有如下要求：

① 必须有一个将焊接电流传递给焊丝的导电嘴，焊丝能均匀连续地从其内孔通过，导电嘴的导电性能要好，耐磨，熔点高。根据焊丝尺寸和磨损情况可以更换。

② 必须有一个向焊接区输送保护气体的通道和喷嘴，喷嘴应与导电嘴绝缘，而且根据需要可方便地更换。

③ 焊枪必须有冷却措施，可以是气冷或水冷。

④ 焊枪结构应紧凑、便于操作。尤其手握式焊枪，应轻便灵活。

（2）结构

手握式焊枪用于半自动焊，常用的有鹅颈式和手枪式两种。前者适于小直径焊丝，轻巧灵便，特别适合结构紧凑难以达到的拐角处和某些受限制区域的焊接；后者适合于较大直径焊丝，对冷却要求较高。

焊枪内的冷却方式有气冷和水冷，取决于保护气体种类、焊接电流大小和接头形式。手握式 CO_2 焊用焊枪，在断续负载下，电流达 600A 仍可用气冷。但用 Ar 或 N_2 作保护气体，用气冷时的电流一般不能超过 200A。

焊接内角接头或 T 形接头时，传给焊枪的热量要比焊接对接、搭接和端接接头时多得多，因此，用于前者的焊枪，其冷却要求高。

用于自动焊的焊枪多用水冷式，在容量相同的情况下，气冷焊枪比水冷焊枪重。

4.3.2 送丝系统

送丝系统的组成与送丝方式有关。应用最广的推丝式送丝系统是由焊丝盘、送丝机构（包括电动机、减速器、校直轮、送丝轮等）和送丝软管组成的。工作时，盘绕在焊丝盘上的焊丝先经校直轮校直后，再经过安装在减速器输出轴上的送丝轮，最后经过送丝软管导向焊枪。

（1）送丝方式

目前在熔化极气体保护电弧焊中应用的送丝方式有图 4-4 所示的三种。

① 推丝式［图 4-4（a）］。

② 拉丝式［图 4-4（b）～（d）］。

③ 推拉丝式［图 4-4（e）］。

（2）送丝机构

送丝系统中核心部分是送丝机构，通常是由动力部分——电动机、传动部分——减速器和执行部分——送丝轮等组成。由于采用的传动方式和执行机构不同，目前有三种送丝机构：

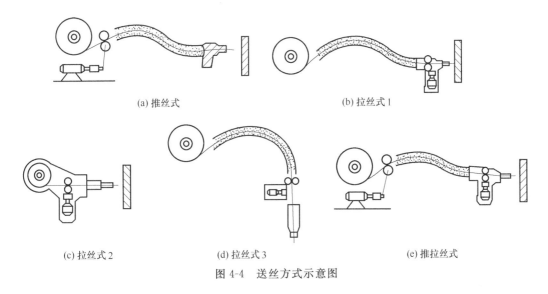

(a) 推丝式 　　　　　　　　　　　(b) 拉丝式 1

(c) 拉丝式 2　　　　　　(d) 拉丝式 3　　　　　　(e) 推拉丝式

图 4-4　送丝方式示意图

① 平面式送丝机构。基本特点是送丝滚轮旋转面与焊丝输送方向在同一平面上，见图 4-5。

② 三滚轮行星式送丝机构。其工作原理如图 4-6 所示，由于焊丝送进方向与电动机的主轴中心线位于一条直线上，故又称线式送进机构。

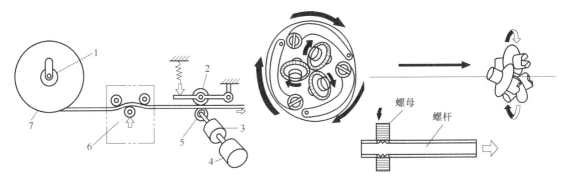

图 4-5　平面式送丝机构示意图　　　　图 4-6　三滚轮行星式送丝机构工作原理

1—焊丝盘转轴；2,5—送丝滚轮；3—减速器；

4—电动机；6—校直机构；7—焊丝盘

③ 双滚轮行星式送丝机构。其工作原理如图 4-7 所示。特点是驱动焊丝的两只送丝滚轮其工作面为双曲面，每只送丝滚轮一面围绕焊丝公转，一面自转。公转一周焊丝被送进一个螺距 S，S 大小由送丝轮与焊丝间的夹角 α 决定。

4.3.3　供气与水冷系统

(1) 供气系统

MIG 焊的供气系统与钨极氩弧焊相同（见图 4-8）。但对于 CO_2 气体保护焊，一般还需在 CO_2 气瓶出口处安装预热器和高压干燥器，前者用以防止 CO_2 从高压降至低压时吸热而引起气路结冰堵塞；后者用以去除气体中的水分。有时在减压之后再安装一个低压干燥器，再次吸收气体中的水分，以防止焊缝中产生气孔（图 4-9）。

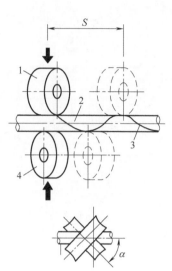

图 4-7　双滚轮行星式送丝机构工作原理

1,4—送丝滚轮；2—焊丝；3—螺旋轨迹

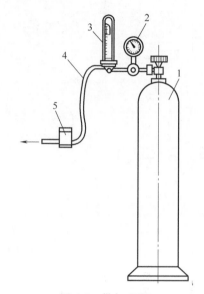

图 4-8　供气系统

1—高压气瓶；2—减压阀；3—浮子流量计；

4—软气管；5—电磁气阀

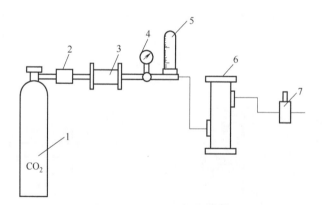

图 4-9　CO_2 供气系统示意图

1—气瓶；2—预热器；3—高压干燥器；4—气体减压阀；

5—气体流量计；6—低压干燥器；7—气阀

　　为了紧凑，常把预热和干燥结合在一起而组成预热干燥器，见图 4-10。预热是由电阻丝加热，一般用 36V 交流电，功率约 75～100W。干燥剂常用硅胶或脱水硫酸铜，吸水后其颜色会发生变化，经加热烘干后可重复使用。

　　混合气体保护焊还需配备气体混合装置，先将气体混合均匀，然后再送入焊枪。

　　若用双层不同的气体保护，则需两套独立的供气系统。

　　（2）水冷系统

　　用水冷式焊枪，必须有水冷系统，一般由水箱、水泵和冷却水管及水压开关组成。其水路与 TIG 焊水冷系统相同。冷却水可循环使用。水压开关的作用是保证当冷却水没流经焊

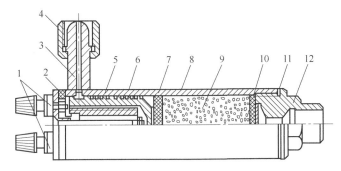

图 4-10 一体式预热干燥器结构

1—电源接线柱；2—绝缘垫；3—进气接头；4—接头螺母；5—电热器；6—导气管；

7—气筛垫；8—壳体；9—硅胶；10—毡垫；11—铅垫圈；12—出气接头

枪时，焊接系统不能启动，以达到保护焊枪的目的。

4.3.4 控制系统

熔化极气体保护电弧焊的控制系统由基本控制系统和程序控制系统两部分组成。前者的作用主要是在焊前或焊接过程中调节焊接工艺参数，如焊接电源输出调节系统、送丝速度调节系统、小车（或工作台）行走速度调节系统和气体流量调节系统等；后者的主要作用是对整套设备的各组成部分按照预先拟好的焊接工艺程序进行控制，以协调有序地完成焊接。

除程序控制外，高挡焊接设备还有焊接工艺参数自动调节系统，当受到外界干扰时，能自动地维持正常稳定的焊接参数。

4.4 CO_2 气体保护焊

利用二氧化碳（CO_2）作保护气体的熔化极气体保护电弧焊为 CO_2 气体保护焊，简称 CO_2 焊，是目前焊接黑色金属材料重要的熔焊方法之一。在许多金属结构的生产中已逐渐取代了焊条电弧焊和埋弧焊。

4.4.1 工艺特点

① CO_2 电弧的穿透力强，厚板焊接时可增加坡口的钝边和减小坡口；焊接电流密度大（通常为 $100\sim300A/mm^2$），故焊丝熔化率高；焊后不需清渣。所以 CO_2 焊的生产率比焊条电弧焊高约 $1\sim3$ 倍。

② 纯 CO_2 焊在一般工艺范围内不能达到射流过渡，实际上常用短路过渡和滴状过渡，加入混合气体后才有可能获得射流过渡。

③ 采用短路过渡技术可以用于全位置焊接，而且对薄壁构件焊接质量高，焊接变形小。因为电弧热量集中，受热面积小，焊接速度快，且 CO_2 气流对焊件起到一定冷却作用，故可防止焊薄件烧穿和减少焊接变形。

④ 抗锈能力强，焊缝含氢量低，焊接低合金高强度钢时，冷裂纹的倾向小。

⑤ CO_2 气体价格便宜，焊前对焊件清理可从简，其焊接成本只有埋弧焊和焊条电弧焊

的 $40\%\sim50\%$。

⑥ 焊接过程中金属飞溅较多，特别是当焊接工艺参数匹配不当时，更为严重。

⑦ 电弧气氛有很强的氧化性，不能焊接易氧化的金属材料，抗风能力较弱，室外作业需有防风措施。

⑧ 焊接弧光较强，特别是大电流焊接时，要注意对操作人员的防弧光辐射保护。

4.4.2 冶金特点

CO_2 焊接过程在冶金方面主要表现在 CO_2 是一种氧化性气体，在高温时进行分解，具有强烈的氧化作用，把合金元素氧化烧损或造成气孔和飞溅。

(1) CO_2 的氧化性

CO_2 气体高温分解：

$$CO_2 \longrightarrow CO + O_2$$

三者同时存在，CO 气体在焊接中不溶于金属，也不与之发生作用，CO_2 和 O_2 则使 Fe 和其他元素氧化烧损。

解决 CO_2 焊氧化性的措施是脱氧。具体做法是在焊丝中（或在药芯焊丝的芯料中）加入一定量的脱氧剂。它们是与氧的亲和力比 Fe 大的合金元素，如 Al、Ti、Si、Mn 等。

(2) 气孔问题

在熔池金属内部存在溶解不了的或过饱和的气体，当这些气体来不及从熔池中逸出时，便随熔池的结晶凝固，而留在焊缝内形成气孔。

CO_2 焊时气流对焊缝有冷却作用，又无熔渣覆盖，故熔池冷却快。此外，所用的电流密度大，焊道窄而深，气体逸出路程长，于是增加了产生气孔的可能性。

可能产生的气孔主要有三种：一氧化碳气孔、氢气孔和氮气孔。

(3) 飞溅问题

金属飞溅是 CO_2 焊接的主要问题，特别是粗丝大电流焊接飞溅更为严重，有时飞溅损失达焊丝熔化量的 $30\%\sim40\%$。飞溅增加了焊丝及电能消耗，降低焊接生产率和增加焊接成本。飞溅金属粘到导电嘴和喷嘴内壁上，会造成送丝和送气不畅而影响电弧稳定性和降低保护作用，恶化焊缝成形。粘到焊件表面上又增加焊后清理工序。

引起金属飞溅的原因很多，大致有下列几个方面：

① 由冶金反应引起。焊接过程中熔滴和熔池中的碳被氧化生成 CO 气体，随着温度升高，CO 气体膨胀引起爆破，产生细颗粒飞溅。

② 作用在焊丝末端电极斑点上的压力过大。当用直流正接长弧焊时，焊丝为阴极，电极斑点受到的压力较大，焊丝末端易成粗大熔滴和被顶偏而产生非轴向过渡，从而出现大颗粒飞溅。

③ 由于熔滴过渡不正常而引起。在短路过渡时，由于焊接电源的动特性选择与调节不当而引起金属飞溅。减小短路电流上升速度或减小短路峰值电流都可以减少飞溅。一般是在焊接回路内串入较大的不饱和直流电感即可减少飞溅。

④ 由于焊接工艺参数选择不当而引起。主要是因为电弧电压升高，电弧变长，易引起焊丝末端熔滴长大，产生无规则的晃动，从而出现飞溅。

减少飞溅的措施有：

① 选用合适的焊丝材料或保护气体。例如选用含碳量低的焊丝，减少焊接过程中产生 CO 气体；选用药芯焊丝，药芯中加入脱氧剂、稳弧剂及造渣剂等，造成气-渣联合保护；长弧焊时，加入 Ar 的混合气体保护，使过渡熔滴变细，甚至得到射流过渡，改善过渡特性。

② 在短路过渡焊接时，合理选择焊接电源特性，并匹配合适的可调电感，以便当采用不同直径的焊丝时，能调得合适的短路电流增长速度。

③ 采用直流反接进行焊接。

④ 当采用不同熔滴过渡形式焊接时，要合理选择焊接工艺参数，以获得最小的飞溅。

4.4.3　焊接材料

（1）保护气体 CO_2

CO_2 气体来源广，可由专门生产厂提供，也可从食品加工厂（如酒精厂）的副产品中获得。用于焊接的 CO_2 气体，其纯度要求 $> 99.5\%$。

CO_2 有固态、液态和气态三种状态，气态无色，易溶于水，密度为空气的 1.5 倍，沸点为 $-78℃$。在不加压力下冷却时，气体将直接变成固体（称干冰）；增加温度，固态 CO_2 又直接变成气体。CO_2 气体受压力后变成无色液体，其相对密度随温度而变化。当温度低于 $-11℃$ 时，比水重；当温度高于 $-11℃$ 时，则比水轻。在 0℃ 和一个大气压下，1kg 的 CO_2 液体可蒸发为 509L 的 CO_2 气体。

供焊接用的 CO_2 气体，通常是以液态装于钢瓶中，容量为 40L 的标准钢气瓶可灌入 25kg 的液态 CO_2，25kg 液态 CO_2 约占钢瓶容积的 80%，其余 20% 左右的空间充满气化了的 CO_2。气瓶压力表上所指压力值，即是这部分气化气体的饱和压力，该压力大小与环境温度有关，室温为 20℃ 时，气体的饱和压力约 $5.62 \times 10^6 Pa$。注意，该压力并不反映液态 CO_2 的储量，只有当瓶内液态 CO_2 全部气化后，瓶内气体的压力才会随 CO_2 气体的消耗而逐渐下降。这时压力表读数才反映瓶内气体的储量。故正确估算瓶内 CO_2 储量常采用称钢瓶质量的办法。

CO_2 气钢瓶外表涂黑色并写有黄色"CO_2"字样。

瓶装液态 CO_2 可溶解约占 0.05% 质量的水，其余的水则成自由状态沉于瓶底。这些水分在焊接过程中随 CO_2 一起挥发，以水蒸气混入 CO_2 气体中，影响 CO_2 气体纯度。水蒸气的蒸发量与瓶中压力有关，瓶压越低，水蒸气含量越高，故当瓶压低于 980kPa 时，就不宜继续使用，而需重新灌气。

当市售 CO_2 气体含水量较高时，在现场减少水分的措施是：

① 将新灌气瓶倒立静置 1~2h，然后开启阀门，把沉积在瓶口部的自由状态水排出，可放水 2~3 次，每次间隔 30min，然后将瓶正回来。

② 经倒置放水后的气瓶，使用前先打开阀门放掉瓶内上部纯度低的气体，然后再套接输气管。

③ 在气路中设置高压干燥器和低压干燥器，进一步减少 CO_2 气体中的水分，一般用硅胶或脱水硫酸铜作干燥剂，用过的干燥剂经烘干后还可重复使用。

使用瓶装液态 CO_2 时，注意设置气体预热装置。钢瓶中高压气体经减压降压而体积膨胀时，要吸收大量的热，使气体温度降到 0℃ 以下，会引起 CO_2 气中的水分在减压器内结冰而堵塞气路，故在 CO_2 气体未减压之前需经过预热。

（2）焊丝

CO_2 焊用的焊丝对化学成分有特殊要求，主要是：

① 焊丝内必须含有足够数量的脱氧元素，以减少焊缝金属中的含氧量和防止产生气孔。

② 焊丝的含碳量要低，通常要求小于 0.11％，以减少气孔和飞溅。

③ 要保证焊缝具有合适的力学性能和抗裂性能。

此外，若要求得到更为致密的焊缝金属，则焊丝应含有固氮元素如 Al、 Ti 等。

目前国内常用 CO_2 焊丝的直径为 0.6mm、 0.8mm、 1.0mm、 1.2mm、 1.6mm、2.0mm 和 2.4mm。近年又发展出直径为 3～4mm 的粗焊丝。

焊丝应保证有均匀外径，其公差为 0～0.025mm，还应具有一定的硬度和刚度，一方面防止焊丝被送丝滚轮压扁或压出深痕；另一方面，焊丝从导电嘴送出后要有一定的挺直度。因此，无论是何种送丝方式，都要求焊丝以冷拔状态供应，不能使用退火焊丝。保存时，为了防锈，常采取焊丝表面镀铜或涂油。在焊前则要把油污清除。

4.4.4　CO_2 焊设备

手工 CO_2 气体保护焊设备由供气系统、焊接电源、送丝机构、焊枪四部分组成，如图4-11 所示。

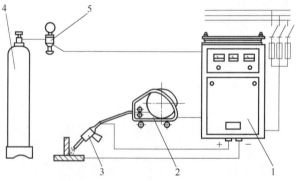

图 4-11　手工 CO_2 气体保护焊设备示意图

1—电源；2—送丝机；3—焊枪；4—气瓶；5—减压流量调节器

（1）供气系统

本系统的功能是向焊接区提供流量稳定的保护气体。供气系统由气瓶、减压阀、预热器、流量计、干燥器及管路组成。

（2）焊接电源

CO_2 气体保护焊一般采用动特性较好的直流电源。

（3）送丝机构

① 对送丝机构的要求：

a. 送丝速度均匀稳定；

b. 调速方便；

c. 结构牢固轻巧。

② 送丝方式。送丝方式可分为三种：

a. 推丝式送丝；

b. 拉丝式送丝；

c. 推拉丝式送丝。

（4）焊枪

根据送丝方式的不同，焊枪可分为两类。

① 拉丝式焊枪。这种焊枪的主要特点是送丝均匀稳定，其活动范围大，但因送丝机构和焊丝都装在焊枪上，故焊枪结构复杂、笨重，只能使用直径 $\phi 0.5 \sim 0.8$mm 的细丝焊接。

② 推丝式焊枪。这种焊枪结构简单、操作灵活，但焊丝经过软管时受较大的摩擦阻力，只能采用 $\phi 1$mm 以上的焊丝焊接。常用的有鹅颈式焊枪。这种焊枪形似鹅颈，应用较广，但仅用于平焊位置较方便。

4.4.5　CO_2 气体保护焊焊接工艺规范

在 CO_2 气体保护焊中，为了获得稳定的焊接过程，熔滴过渡通常采用两种形式，即短路过渡和细颗粒过渡。

（1）短路过渡 CO_2 焊工艺

① 短路过渡焊接的特点。短路过渡焊接时，采用细焊丝、低电压和小电流，熔滴细小而过渡频率高，电弧稳定，飞溅小，焊缝成形美观，主要用于焊接薄板及全位置焊接。焊接薄板时，生产效率高，变形小，焊接操作技术容易掌握，对焊工技术水平要求不高，因而短路过渡 CO_2 焊工艺在生产中获得了比较广泛的应用。

② 焊接工艺参数的选择。主要的参数有焊丝直径、焊接电流、电弧电压、焊接速度、保护气体流量、焊丝伸出长度及电感值等。

a. 焊丝直径。短路过渡焊接采用细焊丝，常用焊丝直径为 $\phi 0.6 \sim 1.6$mm。随着焊丝直径的增大，飞溅颗粒相应增大。

根据工件的厚度情况，首先应选择合适的焊丝直径。不同直径的焊丝有其适用的电流范围。直径小的焊丝选用较小的电流，直径大的焊丝选用较大的电流。焊丝的熔化速度随焊接电流的增加而增加。在相同电流下焊丝越细，其熔化速度越快。在细焊丝焊接时，若采用过大的焊接电流，也就是使用很大的送丝速度，将引起熔池翻腾和焊缝成形变差，所以对焊接电流有一定的限制。表 4-2 为不同直径焊丝推荐使用和可以使用的电流范围。

b. 焊接电流。焊接电流是很重要的焊接参数，是决定熔深和焊接生产率的主要因素。焊接电流大小主要取决于送丝速度。随着送丝速度的增加，焊接电流应相应增大。焊接电流的大小还与焊丝的伸出长度及焊丝直径的大小等因素有关。目前使用的小额定电流的 CO_2 保护焊设备，通常都采用等速送丝系统，采用焊接电流与送丝速度一元化调节模式。

c. 电弧电压。由于细丝 CO_2 焊的电弧静特性是上升的，为保持一定的弧长，随着焊接电流的增加，电弧电压也应增大。电弧电压与一定的焊接电流值的最佳匹配值是一个区间，在此区间内，对任意的电弧电压值，均能获得较好的稳定过程。

电弧电压（近似等于弧焊电源输出的工作电压 U_W）的大小可按电焊机标准规定的电源负载特性 $U_W = 14 + 0.05 I_h$（$I_h \leqslant 600$A 时，I_h 为焊接电流）来初选，然后根据实际工艺要求，在其最佳匹配范围内进行微调。

表 4-2　焊丝直径与电流范围

焊丝直径/mm	推荐电流范围/A	可以使用电流范围/A
0.8	50～120	40～200
1.0	70～180	60～300
1.2	80～350	70～400
1.6	300～500	150～600

短路过渡的电弧电压一般在 17～25V 之间，因为短路过渡只有在较低的弧长情况下才能实现，所以电弧电压是一个非常关键的焊接参数。如果电弧电压选得过高（如大于 29V），则无论其他参数如何选择，都不能得到稳定的短路过渡过程。

电弧电压的选择与焊丝直径及焊接电流有关。它们之间必须协调匹配，才能实现焊接过程的稳定（表 4-3）。

d. 焊接速度。焊接速度对焊缝成形、接头的力学性能及气孔等缺陷的产生都有直接的影响。

焊速过快时，会在焊趾部出现咬边，甚至出现驼峰焊道。相反，速度过慢时，焊道变宽，出现满溢甚至烧穿。通常半自动 CO_2 焊时，焊接速度一般不超过 30m/h；自动焊时，焊接速度一般不超过 90m/h。

e. 保护气体流量。气体保护焊时，如果保护效果不好，将会引起空气入侵而产生合金元素烧损、气孔、焊缝成形变坏等不良后果。在正常焊接情况下，短路过渡焊接时，保护气体流量为 10～15L/min；用 200A 以上的电流焊接时，气体流量为 15～25L/min。

使气体保护效果变差的主要因素有：保护气体流量不足、喷嘴上附着大量飞溅物、侧向风大等，特别是强风的影响十分显著。在强风的作用下，保护气体被吹散，使得熔池、电弧甚至焊丝端头暴露在空气中，破坏保护效果。当风速在 1.5m/s 以下时，对保护效果影响不大；当风速大于 2m/s 时，则会破坏保护效果，焊缝中的气孔明显增加。

表 4-3　焊丝直径、电弧电压和焊接电流的匹配

焊丝直径/mm	电弧电压/V	焊接电流/A	焊丝直径/mm	电弧电压/V	焊接电流/A
0.5	17～19	30～70	1.2	19～23	90～200
0.8	18～21	50～100	1.6	22～26	140～300
1.0	18～22	70～120	—	—	—

需要说明，气体保护焊时，并非气体流量越大越好。当气体流量过大时，喷出的气体会从层流状态转变为紊流状态，反而使保护效果变差。

f. 焊丝伸出长度。一般短路过渡焊接采用的焊丝都比较细，因此焊丝伸出长度对焊丝熔化速度的影响很大。在焊接电流相同时，随着伸出长度增加，焊丝熔化速度也随之增加。换句话说，当送丝速度不变时，焊丝伸出长度越大，则熔化焊丝所需要的电流越小，将使熔滴与熔池温度降低，造成热量不足而引起未焊透。直径越细、电阻率越大的焊丝，这种影响越大。

另外，焊丝伸出长度太长，电弧不稳，飞溅较大，甚至焊丝有可能成段爆断，焊缝成形恶化。焊丝伸出长度过长，也会破坏保护效果而产生气孔。相反，焊丝伸出长度过小时，会

缩短喷嘴与焊件的距离，飞溅金属容易堵塞喷嘴，破坏保护效果。同时，还妨碍焊接工人观察电弧和熔池，影响焊工操作。

适宜的焊丝伸出长度与焊丝直径有关，一般焊丝伸出长度大约等于焊丝直径的 10～12 倍为合适。

g. 电感值。短路过渡焊接时，在焊接回路中串接电感主要是控制短路电流上升速度及短路电流的峰值。短路过渡 CO_2 保护焊要求具有合适的短路电流上升速度和峰值，以保证液桥爆破力能够适中，和其他力一道可以将熔滴金属比较平稳地过渡到熔池中，而不产生大量大颗粒和细颗粒飞溅。

若短路电流的增长速度过小，会产生大颗粒飞溅，甚至使焊丝成段爆断造成电弧熄灭；短路电流增长速度过大，则会使短路熔滴液桥爆断而产生大量小颗粒的金属飞溅。焊接回路内的电感在 0～0.2mH 范围内调节时，对短路电流上升速度的影响特别显著。

不同的焊丝直径要求不同的短路电流上升速度。焊丝越细，熔化速度越快，短路过渡频率越大，要求的短路电流上升速度就越大。而短路电流上升速度取决于焊接回路串联的电感之值。

对于细颗粒过渡 CO_2 气体保护焊，电感对抑制飞溅的作用不大，一般不需要在焊接回路中加电感元件。

h. 电源极性。不论短路过渡还是细颗粒过渡， CO_2 气体保护焊一般都采用直流反极性。直流反极性具有电弧燃烧稳定、飞溅小、焊缝成形好、焊缝熔深大、生产效率高、焊接变形小、焊缝含氢量低等一系列优点。而正极性焊接时，在相同电流下，焊丝熔化速度大大提高（大约为反极性时的 1.6 倍），而熔深较浅，余高较大且飞溅很大，只有在堆焊及铸铁补焊时才采用正极性，以提高熔敷过渡。

(2) 细颗粒过渡 CO_2 焊工艺

① 特点。细颗粒过渡 CO_2 焊的电弧电压比较高和焊接电流比较大，此时电弧燃烧是持续的，不发生短路熄弧的现象。焊丝的熔化金属以细滴形式过渡，所以飞溅小，电弧穿透力强，母材熔深大，适合中等厚度及大厚度工件的焊接。

② 焊接参数选择。

a. 焊接电流和电弧电压。 CO_2 气体保护焊对于一定直径的焊丝，所允许的电流范围很宽（见表 4-4）。对应于不同的焊丝直径，实现细颗粒过渡的焊接电流下限是不同的。表 4-5 列出了几种常用焊丝直径的电流下限值。这里也存在着焊接电流与电弧电压的匹配关系，在一定焊丝直径下，选用较大的焊接电流，就要匹配较高的电弧电压，因为随着焊接电流增大，电弧对熔池金属的冲刷作用也越大，势必恶化焊缝的成形。只有相应地提高电弧电压，才能减弱这种冲刷作用。焊接电流越大，焊丝直径越小，选择的焊接电压也应越大。但电弧电压也不能太高，否则将导致产生气孔和飞溅显著加大。

表 4-4　不同直径焊丝常用的焊接电流范围

焊丝直径/mm	焊接电流/A	焊接电压/V	电弧形式
0.6	30～70	17～19	短弧
0.8	50～100	18～21	短弧
1.0	70～120	18～22	短弧

焊丝直径/mm	焊接电流/A	焊接电压/V	电弧形式
1.2	90～150	19～23	短弧
1.2	160～350	25～35	长弧
1.6	140～200	20～24	短弧
1.6	200～500	26～40	长弧
2.0	200～600	27～36	短弧和长弧
3.0	500～800	32～44	长弧

表 4-5　细颗粒过渡最低电流值和电压范围

焊丝直径/mm	电流下限值/A	电弧电压/V
1.2	300	
1.6	400	
2.0	500	34～45
3.0	650	
4.0	750	

b. 焊接速度。细颗粒过渡 CO_2 焊的焊接速度很高，与同样直径焊丝的埋弧焊相比，焊接速度高 0.5～1 倍，可以达到 40～60m/h。如果采取必要的措施，选择合适的焊接规范参数，采用性能良好的电源，可以使焊接速度达到 120m/h，这就是高速 CO_2 气体保护焊。

c. 焊丝伸出长度。细颗粒过渡 CO_2 气体保护焊所用焊丝较粗，焊丝伸出长度对熔滴过渡、电弧稳定性及焊缝成形的影响不像短路过渡那么大。由于飞溅较大，容易堵塞喷嘴，焊丝伸出长度应该比短路过渡大一些，一般应控制在 10～20mm。

d. 保护气体流量。细颗粒过渡时，由于电流和电压较大，应该选用较大的气体流量来保证焊接区的保护效果，保护气体流量通常比短路过渡提高 1～2 倍。常用的气体流量范围为 25～50L/min。

(3) 典型 CO_2 焊接工艺参数

表 4-6 和表 4-7 分别列出了细丝 CO_2 半自动、自动焊接工艺参数，表 4-8 为粗丝 CO_2 自动焊接工艺参数。

表 4-6　细丝 CO_2 半自动焊接工艺参数表

钢板厚度/mm	接头形式	装配间隙 c/mm	焊丝直径/mm	电弧电压/V	焊接电流/A	焊接速度/(m·h⁻¹)	气体流量/(L·min⁻¹)	备注
1.0		≤0.5	0.8	20～21	60～65	30	7	垫板厚 1.5mm
1.5		≤0.5	0.8	19～20	55～60	31	7	双面焊
1.5		≤1.0	1.0	22～23	110～120	27	9	垫板厚2mm

续表

钢板厚度/mm	接头形式	装配间隙 c/mm	焊丝直径/mm	电弧电压/V	焊接电流/A	焊接速度/(m·h^{-1})	气体流量/(L·min^{-1})	备注
2.0		≤1.0	0.8	20~21	75~85	25	7	单面焊双面成形（反面放铜垫）
2.0		≤1.0	0.8	19.5~20.5	65~70	30	7	双面焊
2.0		≤1.0	1.2	21~23	130~150	27	9	垫板厚2mm
3.0		≤1.0	1.0~1.2	20.5~22	100~110	25	9	双面焊
4.0		≤10	1.2	21~23	110~140	30	9	双面焊

表 4-7　细丝 CO_2 自动焊接工艺参数

钢板厚度/mm	焊丝直径/mm	坡口形式	焊接电流/A	电弧电压/V	焊接速度/(m·h^{-1})	气体流量/(L·min^{-1})	备注
3~5	1.6		140~180	23.5~24.5	20~26	~15	
			180~200	28~30	20~22	~15	焊接层数1~2
6~8	2.0		280~300	29~30	25~30	16~18	焊接层数1~2
8	1.6		320~350	40~42	~24	16~18	
			450	~41	29	16~18	用铜垫板，单面焊双面成形
	2.0		280~300	28~30	16~20	18~20	焊接层数2~3
			400~420	34~36	27~30	16~18	
			450~460	35~36	24~28	16~18	用铜垫板，单面焊双面成形
	2.5		600~650	41~42	24	~20	用铜垫板，单面焊双面成形

表 4-8　粗丝 CO_2 自动焊接工艺参数

钢板厚度/mm	焊丝直径/mm	坡口形式	焊接电流/A	电弧电压/V	焊接速度/(m·h⁻¹)	气体流量/(L·min⁻¹)	备注
3~12	2.0	1.8~2.2	280~300	28~30	16~20	18~20	焊接层数 2~3
16	1.6	60° 3	320~350	34~36	~24	~20	
22	2.0	70°~80° 4	380~400	38~40	24	16~18	双面分层焊
32	2.0	70°~80° 4	600~650	41~42	24	~20	
34	4.0	50° 4 1	850~900（第一层）950（第二层）	34~36	20	35~40	

注：焊接电流＜350A 时，可采用半自动焊。

4.4.6　CO_2 气体保护焊焊接技术

主要介绍半自动 CO_2 焊接中值得注意的几个操作要领。

（1）定位焊

在装配过程中进行定位焊时，可参照图 4-12 所示的尺寸进行。若板较薄，定位焊缝可短些，间距可密些。

（2）平焊

平板的对接焊缝和 T 形接头的角焊缝在平焊位置上进行操作有前倾焊法和后倾焊法两种，二者比较见表 4-9。

无垫板对接焊缝的根部焊道或打底焊道的运条方法如图 4-13 所示，做月牙形摆动焊丝，通过间隙时快些，到达两侧时稍作停留（约 0.5~1s），使两侧之间形成金属过桥。要使反面成形好，装配精度要求高，工艺参数应严格控制。

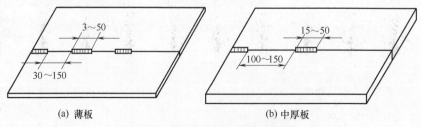

(a) 薄板　　　　　(b) 中厚板

图 4-12　组装中定位焊的焊缝长度

表 4-9　前倾焊与后倾焊的比较

焊接方法		熔深	焊道形状	工艺性	熔池保护效果	视野	适用范围
后倾焊	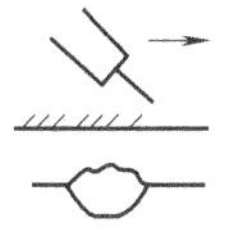	浅	平	一般	好	焊时易见坡口	①焊薄板 ②中板无坡口,两面焊一道 ③角焊缝船形位置焊一道
前倾焊	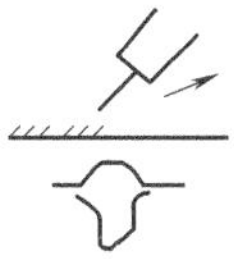	深	凸	良好	一般	焊时易见焊缝形状	中板和厚板带坡口

终焊时填满弧坑的处理可参照图 4-14 所示的几种方法。

T 形接头角焊缝平焊时注意焊丝的角度和位置,若左焊法焊脚尺寸在 5mm 以下,用短路过渡单道焊,按图 4-15 (a) 操作;焊脚尺寸在 5mm 以上,用射流过渡,按图 4-15 (b) 操作;若焊脚尺寸很大,需多层多道焊,建议按图 4-15 (c) 所示方法,先用右焊法,后用左焊法。

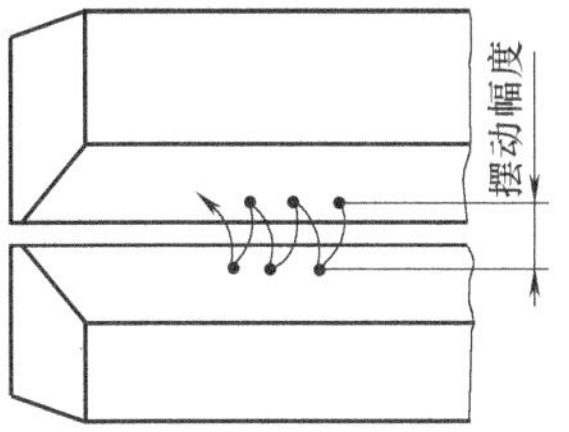

(3) 横焊

厚板对接焊缝多层横焊,通常上板开单边 V 形坡口。宽坡口时,焊丝作斜向前后摆动;窄坡口时,作前后摆动; 3mm 以下薄板横焊不摆动。焊丝位置如图 4-16 所示,应避免图 (a) 的情况,因箭头处难以熔透。

图 4-13　无垫板对接根部焊道运条要领
(横摆到圆点 "·"
处停留 0.5～1s)

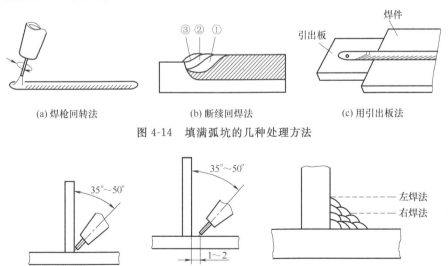

(a) 焊枪回转法　　(b) 断续回焊法　　(c) 用引出板法

图 4-14　填满弧坑的几种处理方法

(a) K<5mm, 左焊(后倾)法
用短路过渡

(b) K<5mm, 左焊法
用射流过渡

(c) 多层多道焊,先用右焊
(前倾)法后用左焊(后倾)法

图 4-15　T 形接头角焊缝半自动 CO_2 焊操作

(4) 立焊

有立向上和立向下两种焊法。一般 6mm 以下的薄板用立向下焊,厚板用立向上焊。

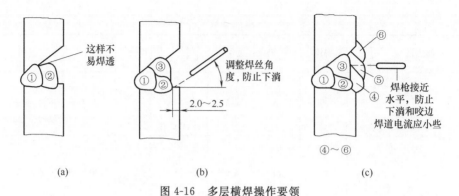

图 4-16　多层横焊操作要领

立向下焊时焊缝外观好，但易未焊透，应尽量避免摆动。若电流过大、电弧电压过高，或焊接速度过慢，就会发生图 4-17（a）所示缺陷。合适的工艺参数和焊丝位置应如图 4-17（b）所示。

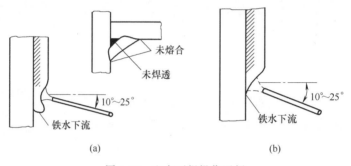

图 4-17　立向下焊操作要领

立向上焊的焊丝摆动方法如图 4-18（a）所示，单道焊的焊脚尺寸最大为 12mm。注意

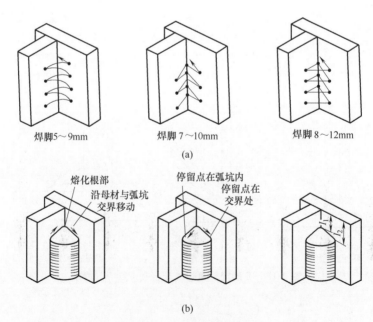

图 4-18　立向上焊操作要领

焊丝摆动位置，图中圆点"·"表示焊丝到此位置略停留 0.5～1s。若停在弧坑内，则焊道呈圆形（凸起）；正常应停在弧坑与母材交界处，见图 4-18（b）。若弧坑是水平的（$I_1 \approx I_2$），焊道呈圆形。

立向上焊 V 形坡口无垫板的对接焊缝，其根部焊道的摆动如图 4-19 所示。摆动速度要比平焊摆动快 2～2.5 倍。

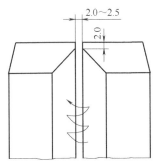

图 4-19　V 形坡口无垫板对接
立向上焊根部焊道的操作

（5）管子对接环缝焊

管子处在水平位置绕自身轴回转进行焊接，见图 4-20。如果薄壁管焊丝处于水平位置，相当于进行立向下焊。厚壁管应处于平焊位置。焊丝逆转动方向偏离最高点 l 距离，偏距 l 要适当。

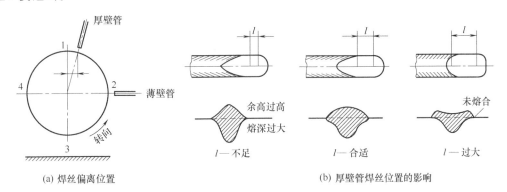

(a) 焊丝偏离位置　　　　(b) 厚壁管焊丝位置的影响

图 4-20　管子对接环缝焊接焊丝偏差位置

第5章

埋弧自动焊

埋弧自动焊在起重机械钢结构制造过程中起到关键作用，是板材拼接、梁中角缝焊接不可替代的焊接方法，对整个钢结构制造质量起到决定性的作用。本章重点介绍了埋弧自动焊的原理、设备、焊材、工艺等内容。

5.1 埋弧自动焊的工作原理及设备

埋弧焊是以颗粒状焊剂作为保护介质，电弧掩埋在焊剂层下的一种熔化极电弧焊接方法，也是最早获得应用的机械化焊接方法。

5.1.1 埋弧自动焊工作原理

埋弧焊的焊接过程与焊条电弧焊基本一样，热源也是电弧，但把焊丝上的药皮变成了颗粒状的焊剂。焊接前先把焊剂铺撒在焊缝上，大约 40~60mm 厚。如图 5-1 所示为焊缝的形成过程。

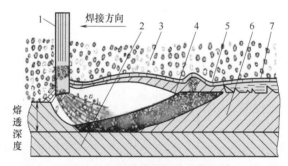

图 5-1　埋弧焊时焊缝的形成过程
1—焊丝；2—焊件；3—焊剂；4—液态金属；5—液态焊剂；6—焊缝；7—焊渣

焊接时，焊丝与焊件之间的电弧，完全掩埋在焊剂层下燃烧。靠近电弧区的焊剂在电弧热的作用下被熔化，这样，颗粒状焊剂、熔化的焊剂把电弧和熔池金属严密地包围住，使之与外界空气隔绝。焊丝不断地送进电弧区，并沿着焊接方向移动。电弧也随之移动，继续熔化焊件与焊剂，形成大量液态金属与液态焊剂。待冷却后，便形成了焊缝与焊渣。由于电弧是埋在焊剂下面的，故称埋弧焊（又称焊剂层下电弧焊）。当上述过程中的焊丝送进和焊丝沿焊缝向前移动两种操作均由焊机自动完成时，这就是埋弧自动焊。

埋弧自动焊的焊接过程如图 5-2 所示。焊件接口开坡口（30mm 以下可不开坡口）后，先进行定位焊，并在焊件下面垫金属板，以防止液态金属的流出。接通焊接电源开始焊接时，送丝轮由电机传动，将焊丝从焊丝盘中拉出，并经导电器送向电弧燃烧区。焊剂也从焊剂斗送到电弧区的前面。在焊剂的两侧装有挡板以免焊剂向两面散开。焊完便形成焊缝与焊渣。部分未熔化的焊剂，由焊剂回收器吸回焊剂斗中，以备继续使用。

5.1.2　埋弧自动焊的特点

埋弧焊是在自动或半自动情况下完成焊接的，与焊条电弧焊或其他焊接方法比较有如下优缺点：

（1）优点

① 生产率高。

② 焊缝质量高。

③ 节省焊接材料和能源。

④ 劳动条件好。

（2）缺点

① 主要适用于平焊（即俯焊）位置焊接。

② 最适于长焊缝的焊接。

③ 焊接时用的辅助装置较多。

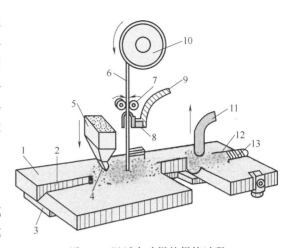

图 5-2　埋弧自动焊的焊接过程

1—焊件；2—V 形坡口；3—垫板；4—焊剂；5—焊剂斗；
6—焊丝；7—送丝轮；8—导电器；9—电缆；10—焊丝盘；
11—焊剂回收器；12—焊渣；13—焊缝

5.1.3　适用范围

（1）材料范围

是指被焊金属——母材的范围。埋弧焊最广泛用于 w（C）少于 0.30%、w（S）低于 0.05% 的低碳钢的焊接生产。其次是用于低合金钢和不锈钢的焊接。对高、中碳钢和合金钢不常使用埋弧焊，因为焊时常需采用比较复杂的工艺措施。埋弧焊可以在普通结构钢基体的表面上堆焊覆层，使其具有耐蚀或其他性能。

（2）厚度范围

埋弧焊最适于焊接中厚以上的钢板，这样能发挥大电流高熔深的优点。随着厚度增加，在待焊部位开适当坡口以保证焊透和改善焊缝成形。表 5-1 列出了埋弧焊焊接厚度范围。

表 5-1　埋弧焊焊接厚度范围　　　　　　　　　　单位：mm

单层无坡口	1.6～12.7
单层带坡口	5.4～25
多层焊	12.7～20.5

5.1.4　埋弧焊机

（1）组成

完整的自动埋弧焊机一般包括弧焊电源、送丝机构、行走机构、控制箱（盒）、焊

（枪）头调整机构和易损件及辅助装置等。

（2）分类

按前述的埋弧焊分类，就有相应类型的自动埋弧焊机、半自动埋弧焊机、单丝埋弧焊机、多丝埋弧焊机、带极埋弧焊机、等速送丝式埋弧焊机（电弧自身调节）、变速送丝式埋弧焊机（电弧电压自动调节）等。

（3）埋弧焊机的维护保养

见表5-2。

表5-2　埋弧焊机的维护保养

保养部位	保养内容	保养周期
焊接小车	清理焊车上的焊剂、焊渣的碎末，保持机头及各活动部件的清洁和转动自如	每日一次
焊接小车和焊丝拖动机构、变速箱	检查是否漏油，经常更换润滑油	每年一次
送丝车轮	检查磨损程度，及时更换磨损严重的滚轮	每年一次
控制电缆	外部绝缘层是否损坏、内部电缆线是否断线或短路	半年一次
接触器、继电器	触头是否接触不良或熔化	半年一次
控制电缆接插件	接插件是否松动，电缆线与插件连接处是否虚焊或断线	三个月一次
电源、控制箱	内外除尘，检查各接头处的螺钉是否松动	每周一次
导电块	检查磨损程度、烧损程度，如有损坏要及时更换	随时

（4）埋弧焊机常见故障及排除方法

见表5-3。

表5-3　埋弧焊机常见故障及排除方法

故障特征	产生原因	排除方法
接通转换开关，电焊机不转动	①转换开关损坏或接触不良 ②电源未接通 ③熔断器烧断	①修复或更换转换开关 ②接通电源 ③换熔断器
按下"启动"按钮，线路工作正常，焊丝不起弧	①焊接电源未接通 ②电源接触器接触不良 ③焊件与焊丝接触不良 ④焊接回路无电压	①接通焊接电源 ②检查修复接触器 ③清理焊件与焊丝的接触点 ④检修焊接回路
线路工作正常，焊接参数正确，但焊丝传送不均匀，电弧不稳	①焊丝被卡住 ②送丝压紧轮太松或磨损严重 ③焊丝传送机构有故障 ④网路电压波动大	①清理焊丝 ②调整压紧轮松紧或更换压紧轮 ③检修焊丝传送机构 ④使用稳压电源
焊接过程中一切正常，而焊车突然停止行走	①焊车离合器脱开 ②焊车车轮被电缆等物阻挡	①关紧离合器 ②排除焊车车轮阻挡物
焊机启动后，焊丝末端周期性地与焊件"粘住"或常常断弧	①"粘住"是因为电弧电压太低，焊接电流太小，网路电压低 ②"断弧"是因为电弧电压太高，焊接电流太大，网路电压高	①增加电弧电压或焊接电流 ②减小电弧电压或焊接电流 ③改善网路负载状态

故障特征	产生原因	排除方法
焊丝在导电块中摆动,导电块以下的焊丝不时发热变红	导电块磨损,导电不良	更换导电块
焊车没有与焊件接触而焊接回路有电	焊车与焊件间的绝缘破坏	①检查焊车车轮的绝缘情况 ②检查焊车下是否有金属与焊件短路
焊接电路接通后,电弧未引燃,焊丝粘在焊件上	焊丝与焊件之间在启动前就出现接触过紧	调整焊丝与焊件之间轻微接触
当按下焊丝"向上""向下"按钮时,焊丝不动作或动作不对	①控制线路有故障(如整流器损坏、辅助变压器损坏、按钮接触不良) ②发电机或电动机电刷接触不好 ③感应电动机方向接反	①检查并修复控制线路中有关部件 ②调节电刷接触,使之接触良好 ③改变电动机的输入接线方向
按下"启动"按钮后,继电器动作,接触器却不能正常动作	①中间继电器失常 ②接触器线圈损坏 ③接触器磁铁接触面生锈或污垢太多	①检修中间继电器 ②检修或更换接触器线圈 ③清除锈垢
焊接停止后,焊丝与焊件"粘住"	①"停止"按钮按下速度太快 ②没按"停止1"按钮就直接按下"停止2"按钮	①"停止"按钮应慢慢地按下 ②先按下"停止1"按钮,待电弧自然熄灭后再按"停止2"按钮
焊接过程中,机头或导电嘴的位置不时改变	焊车有关部件连接间隙稍大或磨损严重	①检查并消除有关部件的间隙 ②更换磨损严重的零部件

(5) 埋弧焊操作的辅助装备

埋弧焊的焊接一般会借助相关焊接辅助设备同时进行,如焊接夹具、焊接变位器、焊剂垫、焊剂回收输送器等。

5.2　埋弧自动焊焊接材料、工艺规范的选择

5.2.1　埋弧焊焊接材料

(1) 分类

埋弧焊时使用的焊接材料为焊丝和焊剂,与焊条电弧焊用的电焊条中焊芯和药皮一样,焊丝与焊剂直接参与焊接过程中的冶金反应,它们的化学成分和物理特性都会影响焊接的工艺过程,并通过焊接过程对焊缝金属的化学成分、组织和性能产生影响。正确地选择焊丝并与焊剂配合使用是埋弧焊接技术的一项关键内容。

埋弧焊接用的焊丝和焊剂的分类及表示方法,见2.2节。

(2) 焊接材料的选用原则

① 埋弧焊焊丝的选用原则见表5-4。

② 埋弧焊焊剂的选用原则见表5-5。

5.2.2　焊缝形状与尺寸及对其影响的因素

焊缝的形状与尺寸影响到焊缝的质量和工作性能,焊接时必须进行控制。

表 5-4 埋弧焊焊丝的选用原则

钢材种类	选用原则
碳素钢、低合金高强度结构钢	所选用焊丝应能保证焊缝的力学性能
耐热钢、不锈钢	尽可能保证焊缝的化学成分与焊件相同或相近,同时还要考虑满足焊缝的力学性能
碳素钢与低合金高强度结构钢	通常选用强度等级较低、抗裂性能较好的焊丝

表 5-5 埋弧焊焊剂的选用原则

考虑焊剂主要成分的特性	锰-硅型焊剂与含锰量少的焊丝配合,可以向焊缝过渡适量的锰和硅。 钙-硅型焊剂与含硅量低的焊丝配合,可以得到含硅量较高的焊缝金属,该焊剂适用于大电流焊接。 铝-硅型焊剂适用于多丝焊接或高速焊接
考虑焊剂的酸碱度	酸性焊剂有良好的焊接工艺性能,焊缝成形美观,但冲击韧度较低。 碱性焊剂可以得到高的焊缝冲击韧度,但焊接工艺性能较差
考虑焊剂的化学活度	焊剂的化学活度是反映焊剂所有成分的综合氧化性能,根据这个活度系数就可以判断埋弧焊焊接时,硅、锰氧化物参与冶金反应的程度,预知元素向焊缝中过渡的情况以及对焊缝力学性能的影响
考虑被焊钢材的强度、用途	对碳素钢和低合金高强度结构钢,常采用高锰高硅焊剂配低锰焊丝,或用低锰高硅焊剂配高锰焊丝。 对强度等级较高的低合金钢,宜选用中锰中硅或低锰中硅焊剂。 对低锰钢、耐热钢、耐蚀钢,宜选用中硅或低硅焊剂。 对铁素体、奥氏体等高合金钢,宜选用碱度较高的焊剂
考虑焊接时热输入大小	烧结焊剂比熔炼焊剂熔点高,适合于大的热输入焊接
考虑向焊缝过渡合金元素	焊接特殊钢时,考虑到需要向焊缝过渡合金元素,尽可能地保证焊缝的化学成分,这时宜选用烧结焊剂

(1) 焊缝形状与尺寸

焊缝形状是指焊接接头中经熔化及随后冷凝而形成焊缝的截面形状, 它由焊接熔池形状所决定。一般由熔深 H、焊缝宽度 B 和余高 a 三个参数来表征焊缝的形状和尺寸, 见图 5-3。

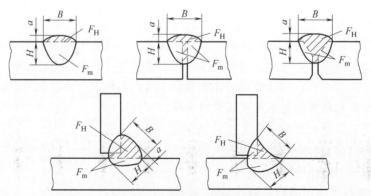

图 5-3 常见焊缝形状与尺寸

(2) 影响焊缝形状及尺寸的因素

影响焊缝形状及尺寸的因素可归纳为焊接工艺参数、工艺因素和结构因素等三方面。

① 焊接工艺参数。埋弧焊接的工艺参数主要是焊接电流、电弧电压和焊接速度等。

a. 焊接电流。熔深 H 几乎与焊接电流成正比，即

$$H = K_m I$$

K_m 为熔深系数，它随电流种类、极性、焊丝直径以及焊剂化学成分而异。对 $\phi 2mm$ 和 $\phi 5mm$ 焊丝实测的 K_m 值分别为 $1.0 \sim 1.7$ 和 $0.7 \sim 1.3$，这些数据可作为按熔深要求初步估算焊接电流的出发点。其余条件相同时，较小焊丝直径可使熔深增加而缝宽减小。为了获得合理的焊缝成形，通常在提高焊接电流的同时，相应地提高电弧电压。

b. 电弧电压。电弧电压与电弧长度呈正比关系，埋弧焊接过程中为了电弧燃烧稳定总要保持一定的电弧长度。若弧长比稳定的弧长偏短，意味着电弧电压相对于焊接电流偏低，这时焊缝变窄而余高增加；若弧长过长，即电弧电压偏高，这时电弧出现不稳定，缝宽变大，余高变小，甚至出现咬边。

c. 焊接速度。实际生产中为了提高生产率，在提高焊接速度的同时必须加大电弧的功率（即同时加大焊接电流和电弧电压，保持恒定的热输入量），才能保证稳定的熔深和熔宽。

② 工艺因素。主要指焊丝倾角、焊件斜度和焊剂层的宽度与厚度等对焊缝成形的影响。

③ 结构因素。主要指接头形式、坡口形状、装配间隙和工件厚度等对焊缝形状和尺寸的影响。表 5-6 列出其他焊接条件相同情况下坡口形状和装配间隙对接头焊缝形状的影响。

表 5-6　接头的坡口形状与装配间隙对焊缝形状的影响

坡口名称	表面堆焊	Ⅰ形坡口			V形坡口	
结构状况	平面	无间隙	小间隙	大间隙	小坡口角	大坡口角
焊缝形状						

通常，增大坡口深度或宽度时，或增大装配间隙时，则相当于焊缝位置下沉，其熔深略增，熔宽略减，余高和熔合比则明显减小。因此，可以通过改变坡口的形状、尺寸和装配间隙来调整焊缝金属成分和控制焊缝余高。留或不留间隙与开坡口相比，两者的散热条件有些不同，一般开坡口的结晶条件较为有利。

对 T 形接头和搭接接头的角焊缝，若处在船形位置平焊，其焊缝形状就与开 90° 角的 V 形坡口对接焊缝的形状相同。若水平横焊，角焊缝的形状还要受到焊条运条的角度、速度和方式的影响。

工件厚度 t 和散热条件对焊缝形状也有影响。

5.2.3　焊接接头设计与坡口加工

（1）焊接接头设计

埋弧焊接头应是根据结构特点（主要是焊件厚度）、材质特点和埋弧焊工艺特点综合考虑后进行设计。最常用的接头形式是对接接头、 T 形接头、搭接接头和角接头。每一种接

头的焊缝坡口的基本形式和尺寸现已标准化，对于碳钢和低合金钢埋弧焊焊接接头的坡口是按工件不同厚度从标准 GB/T 9852—2008《埋弧焊的推荐坡口》中选用。为了正确地选用或者由于特殊的需要而必须自行设计接头坡口形式和尺寸时，应掌握如下要点。

① 根据埋弧焊熔深大的特点，最经济的是不开坡口的，又叫 I 形坡口的接头设计。这样的接头，如果采用单道焊接的话，通过调节装配间隙和背面加或不加衬垫，就可焊接不同厚度范围的钢板。

如果不留间隙和背面不加衬垫进行单面单道焊，一般可焊到厚为 8mm 的钢板，最高可达 14mm；进行双面单道焊，一般最高可达 16mm。如果留一定间隙且背面采用某种形式的衬垫，单面单道焊的厚度可达 12mm 以上，随间隙加大，一次可焊厚度也随之增加。

② 接头开坡口的目的主要是使焊丝很好地接近接头根部，保证熔透。

一般情况下，板厚为 12～30mm 时，开单 V 形坡口；30～50mm 时，可开双面 V 形（即 X 形）坡口；20～50mm 时，可开 U 形坡口；50mm 以上可开双面 U 形坡口。

③ 无论是坡口焊缝还是角焊缝的焊接，装配时一般都给定装配间隙，主要是为了保证根部熔透和改善焊缝外形。确定装配间隙时，要考虑坡口形状和尺寸以及背面有无衬垫等情况。

钝边多道焊在施焊第一焊道时，如果背面有焊接衬垫，其间隙可以加大，坡口角可相应减小。

钝边主要是用来补充金属的厚度，可避免烧穿的倾向，如果采用永久性焊接衬垫单面焊时，建议不用钝边。

④ 对双面单道开坡口对接接头焊接时，如果先焊面与后焊面采用同样的工艺参数，则其坡口形状和尺寸要做适当调整。

(2) 坡口加工

坡口的加工可以用机械方法和热切割方法进行。机械加工的坡口，加工后坡口处要去油污，热切割后要去熔渣。埋弧焊的坡口要求加工精度较高，坡口角度的允差一般≤ ±5°，钝边≤ ±1mm，间隙 0.5～1.0mm。

(3) 组装和定位焊

① 接头组装。接头组装是指组合件或分组件的装配，它直接影响焊缝质量、强度和变形。当厚板埋弧焊时需严格控制组装质量，接头必须均匀地对准，并具有均匀的根部间隙，应严格控制错边和间隙的允差。当出现局部间隙过大时，可用性能相近的焊条电弧焊修补。不允许随便塞进金属垫片或焊条头等。

② 定位焊。定位焊是为装配和固定焊件接头的位置而进行的焊接。通常由焊条电弧焊来完成，使用与母材性能相接近而抗裂抗气孔性能好的焊条。施焊时注意防止钢板变形，对高强度钢、低温钢易产生焊缝裂纹，焊前要预热。焊后要清渣，有缺陷的定位焊缝在埋弧焊前必须除掉，还必须保证埋弧焊也能将定位焊缝完全熔化。

(4) 引弧板与引出板

为了在焊接接头始端和末端获得正常尺寸的焊缝截面，和焊条电弧焊一样在直的接缝始、末端焊前装配一块金属板。开始焊接用的板称引弧板，结束焊接用的板称引出板，用后再把它们割掉。

引弧板和引出板宜用与母材同质材料，以免影响焊缝化学成分，其坡口形状和尺寸也应与母材相同。

（5）焊接衬垫与打底焊

① 焊接衬垫。为了防止烧穿，保证接头根部焊透和焊缝背面成形，沿接头背面预置的一种衬托装置称焊接衬垫。按使用时间分，埋弧焊接用的衬垫有可拆分的和永久的，前者属临时性衬垫，焊后需拆除掉；后者与接头焊成一体，焊后不拆除。

② 打底焊道。焊接有坡口的对接接头时，在接头根部焊接的第一条焊道，称打底焊道。使用打底焊道的主要目的是保证埋弧焊能焊透而又不至于烧穿。其作用与焊接衬垫基本相同。通常是在难以接近、接头熔透或装配不良、焊件翻转困难而又不便使用其他衬垫时使用。焊接方法可以是焊条电弧焊、等离子弧焊或 TIG 焊等。

（6）焊前和层间的清理

在焊接前需将坡口和焊接部位表面的锈蚀、油污、氧化皮、水分及其他对焊接有害的物质清除干净，方法可以是手工清除，如用钢丝刷、风动或电动的手提砂轮或钢丝轮等；也可用机械清除，如喷砂（丸）等；也可用气体火焰烘烤法（将母材表面加热到 $200\sim315℃$ 之间）。大批量生产情况下，常安排焊前预处理工序。

在熔敷下一焊道之前，必须将前一焊道的熔渣、表面缺陷、弧坑以及焊接残余物，用刷、磨、锉、凿等方法去除掉。

5.3　埋弧自动焊基本焊接技术

熔深大是自动埋弧焊接的基本特点，若不开坡口不留间隙对接单面焊，一次能熔透 14mm 以下的焊件，若留 $5\sim6mm$ 间隙就可熔透 20mm 以下的焊件。因此，可按焊件厚度和对焊透的要求决定是采用单面焊还是双面焊，是开坡口焊还是不开坡口焊。

5.3.1　对接焊缝单面焊（工艺）

当焊件翻转有困难或背面无法进行施工时需做单面焊。无需焊透的焊接工艺最为简单，可通过调节焊接工艺参数、坡口形状与尺寸以及装配间隙大小来控制所需的熔深，是否使用焊接衬垫则由装配间隙大小来决定。要求焊透的单面焊必须使用焊接衬垫，应根据焊件的重要性和背面可达程度而选用。表 5-7 归纳了对接焊缝单面焊的各种工艺方法。

5.3.2　对接焊缝双面焊

工件厚度超过 $12\sim14mm$ 的对接接头，通常采用双面埋弧焊，不开坡口可焊到厚 20mm 左右，若预留间隙，厚度可达 50mm。

焊接第一面时，所用的埋弧焊工艺和技术与前述单面焊不要求焊透的相似，有悬空焊、在焊剂垫上焊和在临时工艺垫上焊等方法。

（1）悬空焊

一般不留间隙或留不大于 1mm 的间隙，若双面只焊一道并要求焊透的话，第一面焊接的熔深约为焊件厚度的一半，反面焊接的熔深要求达到焊件厚度的 $60\%\sim70\%$，以保证完全焊透。

表 5-7　对接焊缝单面焊工艺方法

基本要求		工艺		基本特点	适用范围
		方案	示意图		
需焊透	背面强制成形	用打底焊道		正式埋弧焊前,用焊条电弧焊、TIG焊或等离子弧焊等方法,采用单面焊背面一次成形的工艺完成打底焊道	厚度较大,背面不可达的重要焊接结构,如容器、管道等
		用焊剂垫		背面用焊剂垫,其承托压力沿缝要均匀可靠	焊件背面可达,但翻转有困难的焊件
		用焊剂铜垫		用带沟槽铜垫,上面敷撒一层厚3～8mm熔剂,铜散热快,沟槽强制焊缝背面成形	焊件背面可达,但翻转有困难的焊件
		用热固化焊剂垫		背面使用垫固化焊剂垫,用后须拆除掉	适于平面和曲面对接如船体甲板等
		用水冷铜块作垫		背面用水冷铜块作垫,铜垫上带沟槽强制焊缝金属冷却与成形,间隙较大。铜垫可设计成移动式的	焊件背面可达但翻转不便
无需熔透		悬空焊		背面不必加焊接衬垫,装配必须良好,间隙小于1mm	所需熔深不超过板厚的 $\frac{2}{3}$ 的场合
		用焊剂垫		背面使用焊剂垫是防止焊剂、铁液或熔渣漏滴和避免烧穿对焊剂垫的承托力要求不高	适于大批量生产
		用临时工艺垫		背面用临时性工艺垫,材料可为厚3～4mm宽30～50mm的薄钢带或石棉板等,起防烧穿和防漏淌作用,焊后需拆掉	适用于单件小批量生产
保留衬垫		用带锁边坡口		开V形带锁边的坡口,可不留钝边	两板厚度均较大(>10mm)但不相等,背面不可达的场合
		用永久衬垫		用与母材材质相同的板条作衬垫,预先用断续焊接固定,务必与母材贴紧,焊后与接头结成整体	板厚相同(在10mm以下)背面不可达的场合

（2）在焊剂垫上焊

焊接第一面时，采用预留间隙不开坡口的方法最经济，应尽量采用。所用的焊接工艺参数应保证第一面的熔深超过焊件厚度的 $60\% \sim 70\%$，待翻转焊件焊反面焊缝时，采用同样的焊接工艺参数即能保证完全焊透。焊反面焊缝前是否对正面焊缝清根，视其焊缝质量而定。表 5-8 列出不开坡口预留间隙对接缝双面埋弧焊的工艺参数。表 5-9 为开坡口双面埋弧焊的工艺参数。

表 5-8 不开坡口预留间隙对接缝双面埋弧焊工艺参数

工件厚度/mm	装配间隙/mm	焊丝直径/mm	焊接电流/A	电弧电压/V	焊接速度/(cm·min⁻¹)
14	$3 \sim 4$	5	$700 \sim 750$	$34 \sim 36$	50
16	$3 \sim 4$	5	$700 \sim 750$	$34 \sim 36$	45
18	$4 \sim 5$	5	$750 \sim 800$	$36 \sim 40$	45
20	$4 \sim 5$	5	$850 \sim 900$	$36 \sim 40$	45
24	$4 \sim 5$	5	$900 \sim 950$	$38 \sim 42$	42
28	$5 \sim 6$	5	$900 \sim 950$	$38 \sim 42$	33
30	$6 \sim 7$	5	$950 \sim 1000$	$40 \sim 44$	27
40	$8 \sim 9$	5	$1100 \sim 1200$	$40 \sim 44$	20
50	$10 \sim 11$	5	$1200 \sim 1300$	$44 \sim 48$	17

注：采用交流电，HJ431，第一面在焊剂垫上焊接。

表 5-9 开坡口双面埋弧焊的工艺参数

工件厚度/mm	坡口形式	焊丝直径/mm	焊接顺序	坡口尺寸 $\alpha/(°)$	h/mm	g/mm	焊接电流/A	电弧电压/V	焊接速度/(cm·min⁻¹)
14		5	正	70	3	3	$830 \sim 850$	$36 \sim 38$	42
			反				$600 \sim 620$	$36 \sim 38$	75
16		5	正	70	3	3	$830 \sim 850$	$36 \sim 38$	33
			反				$600 \sim 620$	$36 \sim 38$	75
18		5	正	70	3	3	$830 \sim 860$	$36 \sim 38$	33
			反				$600 \sim 620$	$36 \sim 38$	75
22		6	正	70	3	3	$1050 \sim 1150$	$38 \sim 40$	30
		5	反				$600 \sim 620$	$36 \sim 38$	75
24		6	正	70	3	3	1100	$38 \sim 40$	40
		5	反				800	$36 \sim 38$	47
30		6	正	70	3	3	1000	$38 \sim 40$	30
		6	反				$900 \sim 1000$	$36 \sim 38$	33

注：第一面在焊剂垫上焊接。

(3) 在临时工艺垫上焊

通常，单件或小批生产，不开坡口预留间隙对接双面焊时使用临时性工艺垫。若正反面采用相同焊接工艺参数，为了保证焊透，则要求每一面焊接时熔深达板厚的 $60\% \sim 70\%$。反面焊之前应清除间隙内的焊剂或焊渣。

5.3.3 角焊缝的埋弧焊接工艺

焊接T形接头、搭接接头和角接接头的焊缝时，最理想的焊接方法是船形焊，其次是横角焊。

（1）船形焊

船形焊是把角焊缝处于平焊位置进行焊接的方法，相当于开90°V形坡口平对焊接，如图5-4所示，通常采用左右对称的平焊（角焊缝两边与垂线各成45°），适于焊脚尺寸大于8mm的角焊缝的埋弧焊接。一般间隙不超过1~1.5mm，否则必须采取用衬垫以防烧穿或铁水和熔渣流失的措施。表5-10为角焊缝船形焊工艺参数。

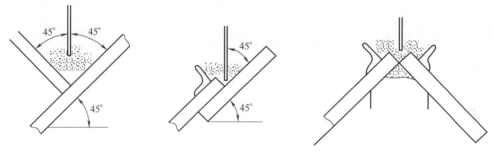

图5-4 角焊缝的船形焊

表5-10 角焊缝船形焊工艺参数

焊脚长度/mm	焊丝直径/mm	焊接电流/A	电弧电压/V	焊接速度/(cm·min⁻¹)
6	2	450~475	34~36	67
8	3	550~600	34~36	50
	4	575~625	34~36	50
10	3	600~650	34~36	38
	4	650~700	34~36	38
12	3	600~650	34~36	25
	4	725~775	36~38	33
	5	775~825	36~38	30

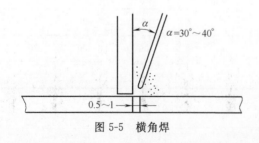

图5-5 横角焊

（2）横角焊

焊脚尺寸小于8mm可采用横角焊，当焊件的角焊缝不可能或不便于采用船形焊时，也可采用横角焊，见图5-5。这种焊接方法有装配间隙也不会引起铁水或熔渣的流淌，但焊丝的位置对角焊缝成形和尺寸有很大影响。一般偏角 α 在30°~40°之间，每一道横角焊缝截面积一般不超过40~50mm²。相当于焊脚尺寸不超过8mm×8mm，否则会产生金属溢流和咬边。

5.4　埋弧自动焊环焊缝的焊接

锅炉、压力容器和管道等多为圆柱形筒体，筒体之间对接的环焊缝常采用自动埋弧焊来完成，一般都要求焊透。

若双面焊，则先焊内环缝后焊外环缝。焊接内环缝时，焊接接头需在筒体内部施焊，在背（外）面采用焊剂垫，图 5-6 是其中一种的示意图。在焊接外环缝之前，必须对已焊内环缝清根，最常用的方法是碳弧气刨，既可清除残渣和根部缺陷，还开出沟槽，像坡口一样保证熔透和改善焊缝成形。外环缝的焊接是机头在筒体外面上方进行，不需焊接衬垫，见图 5-7。为了保证内外环缝成形良好和焊透，使焊接熔池和熔渣有足够的凝固时间，焊接时，焊丝都应根据筒体直径大小，在逆筒体旋转方向偏离其形心垂线一个距离 e。偏距 e 可参考表 5-11 选用。表 5-12 为筒体环缝埋弧焊的焊接参数。

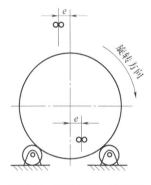

图 5-6　偏移位置 e 示意图

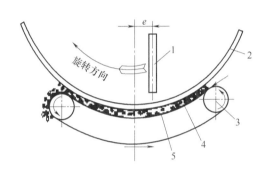

图 5-7　环缝埋弧焊焊丝

表 5-11　筒体环缝埋弧焊焊丝的偏距 e

筒体直径	≥219～426	800～1000	<1500	<2000	<3000
偏心距离 e	10～20	15～25	30	35	40

表 5-12　筒体环缝埋弧焊的焊接参数

焊接层次	焊丝直径/mm	焊接电流/A	电弧电压/V	焊接速度/(m/h)
第一、二层	4	580～660	31～36	25～30
中间各层	5	690～860	36～38	25～30
表面层	5	660～760	38～42	28～32

5.5　埋弧焊常见缺陷及防止

埋弧焊常见缺陷有焊缝成形不良、咬边、未熔合、未焊透、气孔、裂纹和夹渣等，它们产生的原因、防止与消除方法见表 5-13。

表 5-13　埋弧焊常见缺陷的产生原因及其防止和消除方法

缺陷名称		产生原因	防止和消除方法
焊缝表面成形不良	宽度不均匀	①焊接速度不均匀 ②焊丝送给速度不均匀 ③焊丝导电不良	防止：①找出原因排除故障 　　　②更换导电嘴衬套（导电块） 消除：酌情用手工焊补修整并磨光
	堆积高度过大	①电流太大而电压过低 ②上坡焊时倾角过大 ③环缝焊接位置不当（相对于焊件的直径和焊接速度）	防止：①调节焊速 　　　②调节上坡焊倾角 　　　③相对于一定的焊件直径和焊接速度，确定适当的焊接位置 消除：去除表面多余部分，并打磨圆滑
	焊缝金属满溢	①焊接速度过慢 ②电压过大 ③下坡焊时倾角过大 ④环缝焊接位置不当 ⑤焊接时前部焊剂过少 ⑥焊丝向前弯曲	防止：①调节焊接工艺参数 　　　②调节电压 　　　③调整下坡焊倾角 　　　④相对一定的焊件直径和焊接速度，确定适当的焊接位置 　　　⑤调整焊剂覆盖状况 　　　⑥调节焊丝校直部分 消除：去除后适当刨槽并重新覆盖
	中间凸起而两边凹陷	药粉圈过低并有粘渣，焊接时熔渣被粘渣施压	防止：提高药粉圈，使焊剂覆盖高达 30~40mm 消除：①提高药粉圈，去除粘渣 　　　②适当焊补或去除重焊
咬边		①焊丝位置或角度不正确 ②焊接工艺参数不当	防止：①调整焊丝 　　　②调节工艺参数 消除：去除夹渣补焊
未熔合		①焊丝未对准 ②焊缝局部弯曲过甚	防止：①调整焊丝 　　　②精心操作 消除：去除缺陷部分后补焊
未焊透		①焊接工艺参数不当（如电流过小，电弧电压过高） ②坡口不合适 ③焊丝未对准	防止：①调整工艺参数 　　　②修整坡口 　　　③调节焊丝 消除：去除缺陷部分后补焊，严重的需整条退修
内部夹渣		①多层焊时，层间清渣不干净 ②多层分道焊时，焊丝位置不当	防止：①层间清渣彻底 　　　②每层焊后发现咬边夹渣必须清除修复 消除：去除缺陷补焊
气孔		①接头未清理干净 ②焊剂潮湿 ③焊剂（尤其是焊剂垫）中混有垃圾 ④焊剂覆盖层厚度不当或焊剂斗阻塞 ⑤焊丝表面清理不够 ⑥电压过高	防止：①接头必须清理干净 　　　②焊剂按规定烘干 　　　③焊剂必须过筛、吹灰、烘干 　　　④调节焊剂覆盖层高度，疏通焊剂斗 　　　⑤焊丝必须清理，清理后应尽快使用 　　　⑥调整电压 消除：去除缺陷补焊

续表

缺陷名称	产生原因	防止和消除方法
裂纹	①焊件、焊丝、焊剂等材料配合不当 ②焊丝中含碳、硫量过高 ③焊接区冷却速度过快导致热影响区硬化 ④多层焊的第一道焊缝截面过小 ⑤焊缝成形系数太小 ⑥角焊缝熔深太大 ⑦焊接顺序不合理 ⑧焊件刚度大	防止:①合理选配焊接材料 　　②选用合格焊丝 　　③适当降低焊速以及焊前预热和焊后缓冷 　　④焊前适当预热或减小电流,降低焊速(双面焊适用) 　　⑤调整焊接工艺参数和改进坡口 　　⑥调整工艺参数和改变极性(直流) 　　⑦合理安排焊接顺序 　　⑧焊前预热及焊后缓冷 消除:去除缺陷后补焊
焊穿	焊接工艺参数及其他工艺因素配合不当	防止:选择适当规范 消除:缺陷处修整后补焊

第6章

气焊与气割

起重机械钢结构制造过程中必然要用到气割，作为一名合格的电焊工，必须了解和掌握气割与气焊的工作原理、设备、材料、工艺方法等，只有了解了这些基础知识，在生产过程中才能安全地使用这些技术。

6.1 气焊、气割用气体

气焊、气割所用的气体分为两类，即助燃气体（氧气）和可燃气体（如乙炔、液化石油气等）。可燃气体与氧气混合燃烧时，放出大量的热，形成热量集中的高温火焰（火焰中的最高温度一般可达 2000～3000℃），可将金属加热和熔化。气焊、气割常用的气体是乙炔，目前推广使用的燃气还有丙烷、丙烯、液化石油气（以丙烷为主）、天然气（以甲烷为主）等。

6.1.1 氧气

氧在常温和标准大气压下，是无色无味的气体。氧气本身不能燃烧，但它是一种活泼的助燃气体。可燃气体乙炔和液化石油气只有在纯氧中燃烧，才能达到最高温度。因此，用于焊接和切割的氧气的纯度要在 99.5％以上。氧气纯度不够，会明显影响燃烧效率和切割效果。高压氧气与油脂、有机纤维等有机物接触，会引起自燃。氧气几乎能与所有的可燃气体和蒸气混合形成爆炸性混合气。

6.1.2 可燃气体

（1）乙炔

乙炔是碳氢化合物，标准大气压下是无色气体。

乙炔在纯氧中燃烧的火焰，温度可达 3150℃左右，热量比较集中，适用于焊接。

乙炔易溶于丙酮中，在 15℃、0.1MPa 时，1L 丙酮能溶解 23L 乙炔，压力增大到 1.42MPa 时，1L 丙酮能溶解乙炔约 400L。

乙炔是易爆气体，它有如下特性：

① 乙炔温度超过 300℃或压力超过 0.15MPa 时，遇火就会爆炸。

② 乙炔与空气或氧气混合，爆炸性大大增加。乙炔与空气混合，按体积计，乙炔占 2.2％～81％时，或乙炔与氧气混合，按体积计，乙炔占 2.8％～93％时，混合气体达到自燃温度（乙炔与空气混合气体的自燃温度为 305℃，乙炔与氧气温合气体的自燃温度为 300℃），或遇火星时，在常压下也会爆炸。乙炔与氯气、次氯酸盐等混合，受日光照射或

受热就会发生爆炸。乙炔与氮、一氧化碳、水蒸气混合会降低爆炸危险。

③ 乙炔溶解在液体里（1g 丙酮，在 0℃时溶解 33L 乙炔）会大大降低爆炸性。

④ 乙炔的爆炸性与储存乙炔的容器形状、大小有关。容器直径越小，越不容易爆炸。乙炔储存在有毛细管状物质的容器中，即使压力增高到 2.65MPa 也不会爆炸。

（2）石油气

石油气是裂化石油的副产品，其主要成分是丙烷（占 50%～80%）、丁烷、丙烯、丁烯和少量的乙烷、乙烯、戊烷等。

石油气在常压下为气态，在 0.8～1.5kPa 压力下就可变为液态。气态的石油气在 0℃和 101.325kPa 压力下密度为 1.8～2.5kg/m³，比空气重。

丙烷在纯氧中燃烧的火焰温度可达 2800℃左右。液化石油气达到完全燃烧所需的氧气量比乙炔约大 1 倍。液化石油气在氧气中燃烧速度约为乙炔的一半。丙烷与空气混合，丙烷以体积计占 2.3%～9.5%时，遇有火星，也会爆炸。

常见的可燃气体还有天然气和氢气等。

6.2　气焊、气割设备及工具

6.2.1　氧气瓶

氧气瓶是一种钢质圆柱形的高压容器，一般用无缝钢管制成，壁厚 5～8mm，瓶顶有瓶阀和瓶帽。瓶体上、下各装一个防振圈，见图 6-1。

内装 15MPa 的氧气，出厂时水压试验压力是工作压力的 1.5 倍，即 15×1.5＝22.5MPa，并规定每 3 年必须检查一次。

由于氧气瓶内压力很高，而且氧是活泼的助燃气体，使用不当，可能引起爆炸。因此对氧气瓶的使用应注意以下几项：

① 瓶体（包括瓶帽）表面涂成天蓝色，用黑漆写有"氧气"两字，以区别于其他气瓶。不准与其他气瓶放在一起。

② 使用氧气时，不得将瓶内氧气全部用完，最少需留 100～200kPa 大气压，以便在装氧气时做吹除灰尘试验和避免混进其他气体。

③ 氧气瓶夏季应防止曝晒；冬季氧气阀门发生冻结时，绝不允许用火烤，应用热水和蒸汽加热解冻。氧气瓶离开焊炬、割炬、炉子和其他火源的距离一般应不小于 5m。离暖气片、暖气管路应不小于 1m。氧气瓶在搬运和使用中应严格避免撞击。氧气瓶上必须装有防振橡胶圈。

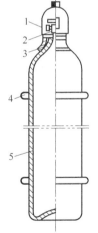

图 6-1　氧气瓶结构

1—瓶帽；2—瓶阀；
3—瓶钳；4—防振圈
（橡胶制品）；5—瓶体

6.2.2　乙炔瓶

乙炔瓶是一种钢质圆柱形的容器，一般用无缝钢管制成。瓶顶有瓶阀和瓶帽，瓶体表面漆白色，用红漆写有"乙炔"两字。内装 1.5MPa 的乙炔，出厂时水压试验压力是工作压力的 2 倍，即 1.5×2＝3MPa。

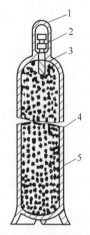

图 6-2　乙炔瓶结构

1—瓶帽；2—瓶阀；

3—石棉；4—瓶体；

5—多孔性填料

乙炔瓶内装有浸满丙酮的多孔性填料，乙炔溶解在丙酮内。多孔性填料是用活性炭、木屑、浮石和硅藻土等合成。乙炔瓶阀是开闭乙炔的阀门，阀体用低碳钢制成，必须用方孔套筒扳手开启和关闭，逆时针方向旋转为开启，顺时针方向旋转为关闭。

乙炔瓶结构见图 6-2。

乙炔瓶的规格有≤ 25L、40L、50L、60L 几种。

乙炔瓶使用注意事项：

① 乙炔瓶不应遭受剧烈的振荡和撞击，以免瓶内的多孔性填料下沉而形成空洞，影响乙炔的储存。

② 乙炔瓶在工作时应直立放置，因卧放时会使丙酮流出，甚至会通过减压器而流入乙炔橡胶气管和焊割炬内，引起燃烧和爆炸。

③ 乙炔瓶体的表面温度不应超过 30～40℃，因为乙炔温度过高会降低丙酮对乙炔的溶解度，使瓶内的乙炔压力急剧增高。

④ 乙炔减压器与乙炔瓶的瓶阀连接必须可靠，严禁在漏气情况下使用，否则会形成乙炔与空气的混合气体，一旦触及明火就会造成爆炸事故。

⑤ 使用乙炔时，瓶内的乙炔气严禁全部用完，根据气温必须保持一定的剩余压力，并将气瓶阀关紧防止漏气。

氧气瓶、乙炔瓶的集中配组使用：近年来为了有效地提高气体的利用率，同时也为了简化生产过程，提高生产率，采用了氧气瓶、乙炔瓶的集中配组供气。

6.2.3　减压器

减压器（压力调节器）的作用是将瓶内的高压气体减压到工作压并使其保持稳定。国内比较常用的是单级反作用式和双级混合式。

两种减压器的使用方法相同。由于反作用式减压器具有容易保证减压活门气密性和瓶内气体可以充分利用等优点，所以应用较广。

氧气、乙炔和丙烷等气体所用的减压器，在作用原理、结构和使用方法上基本相同，只是零件的尺寸、形状和材料略有不同。

（1）减压器的安全使用

① 各种气体专用的减压器，禁止换用或替用。

② 减压器在专用气瓶上应安装牢固，采用螺扣连接时，应拧足 5 个螺扣以上，采用专门夹具夹紧时，装夹应平整牢靠。

③ 同时使用两种不同气体进行焊接时，不同气瓶减压器的出口端都应各自装有单向阀，防止相互倒灌。

④ 禁止用棉、麻绳或一般橡胶等易燃物作为氧气减压器的密封垫圈。

⑤ 要保证减压器位于瓶体最高部位，防止瓶内液体流出。

⑥ 减压器卸压的顺序是：先关闭高压气瓶的瓶阀，然后放出减压器内的全部余气，放松压力调节杆使表针降到 0 位。

⑦ 不准在减压器上挂放任何物件。

（2）减压器的故障及其排除

减压器经使用后可能会出现各种故障，其产生原因和排除方法见表 6-1。

表 6-1 减压器常见故障的产生原因和排除方法

故障特征	产生原因	排除方法
减压器连接部分漏气	①螺纹配合松动 ②垫圈损坏	①把螺母拧紧 ②调整垫圈
安全阀漏气	活门垫料与弹簧变形	调整弹簧或更换活门垫料
减压器罩壳漏气	弹性薄膜装置中膜片损坏	更换膜片
调压螺钉虽已分开，但压力表有缓慢上升的自流现象	①减压活门或活门座上有垃圾 ②减压活门或活门座损坏 ③副弹簧损坏	①去除垃圾 ②调换减压活门 ③调换副弹簧
减压器在使用时出现压力突然下降的现象	减压活门密封不良或有垃圾	去除垃圾或调换密封垫料
工作过程中，气体供应不上或压力表指针有较大摆动	减压活门冻结	用热水或蒸汽解冻
高低压力表指针不回到零值	压力表损坏	修理或调换压力表

6.2.4 焊炬

焊炬的作用是使可燃气体与氧气按一定比例混合形成合乎要求的焊接火焰。因此，焊炬在使用中应能方便地调节火焰，且重量轻，安全可靠。

焊炬分射吸式焊炬和等压式焊炬两种，目前国内的焊炬均为射吸式。

（1）射吸式焊炬

射吸式焊炬的工作原理如下。射吸式焊炬使用的氧气压力较高，乙炔的压力较低。它通过混合室内喇叭口形状的喷嘴，利用射吸作用，使高压氧气与低压乙炔气混合，并以相当高的流速从焊嘴喷出，如图 6-3 所示。这种焊炬的适应性广，乙炔气压大于 0.001MPa 就能保证焊炬的正常工作。

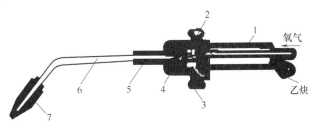

图 6-3 射吸式焊炬示意图

1—炬柄；2—氧气阀；3—乙炔阀；4—喷嘴；

5—混合室；6—喷管；7—焊嘴

（2）等压式焊炬

图 6-4 为等压式焊炬的构造和工作原理图。它是由压力相近的氧气和乙炔同时进入混合室，自然混合后从焊嘴喷出，点燃即成火焰。由于氧和乙炔压力相等或相近，故混合均匀，火焰稳定，不受焊炬温度影响，而

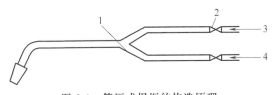

图 6-4 等压式焊炬的构造原理

1—混合室；2—调节阀；3—氧；4—乙炔

且由于乙炔压力较高，回火可能性比射吸式焊炬小。但它必须使用中压或高压乙炔。

6.2.5 割炬

割炬是将可燃气体与氧气混合且形成具有一定热量和形状的预热火焰，在预热火焰中心喷射切割氧进行气割的工具。割炬按可燃气体和氧气进入割嘴的混合方式不同，分为射吸式和等压式两种。这里主要介绍射吸式割炬及其使用。

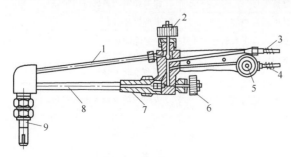

图 6-5 射吸式割炬

1—切割氧气管；2—切割氧气阀；3—氧气管；
4—乙炔管；5—乙炔调节阀；6—氧气调节阀；
7—射吸管；8—混合器管；9—割嘴

射吸式割炬的构造及工作原理基本上与低压焊炬相同，只是比焊炬增加了切割氧系统，见图 6-5。割嘴有环形和梅花形两种，如图 6-6 所示。

使用割炬时，除焊炬的使用注意事项均适用外，还应注意：

① 割炬各个接头处必须紧密，以免高压氧气泄漏。

② 割嘴的喷孔应经常保持畅通，以免使用时发生回火。被飞溅金属或溶液堵塞后，用特制通针疏通。

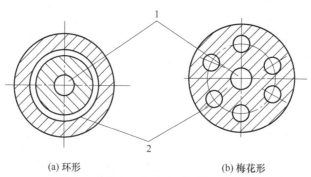

(a) 环形　　　　　　　　(b) 梅花形

图 6-6 割嘴截面形状

1—切割氧气道；2—混合气孔道

③ 内嘴必须与高压氧通道紧密连接，以免高压氧漏入环形通道而将预热火焰吹熄。

④ 装配割嘴必须使内嘴与外嘴同心，以保证切割氧射流处在预热火焰的中心。射吸式割炬所发生的故障同射吸式焊炬。割嘴发生的故障及其排除方法见表 6-2。

表 6-2 射吸式割炬割嘴故障的产生原因和排除方法

故障特征	产生原因	排除方法
环形割嘴的火焰偏斜	①割嘴外嘴与内嘴不同心 ②环形孔内有杂质	①调整割嘴外嘴，使其内嘴同心 ②去除环形孔内杂质
气体点燃后，火焰发出啪啪响声并熄火	①割嘴外嘴松动 ②环形孔过大引起乙炔供应不足，火焰过小	①拧紧外嘴 ②提高乙炔流量，使火焰加大
气体点燃后，火焰发出有节奏的啪啪响声，有时会熄火	割嘴内嘴松动	卸下外嘴，拧紧内嘴

故障特征	产生原因	排除方法
气体点燃后,开启切割氧阀,火焰即灭	割嘴的顶端圆头与割炬未严密连接	拧紧割嘴,使其顶端圆头与割炬严密连接
切割氧射流不整齐、不垂直	①射吸管孔内有杂质 ②射吸管内因清除工作不慎造成变形	①用比射吸管细的钢丝清除管内杂质 ②调换割嘴

6.2.6 气焊、气割的辅助工具

(1) 点火枪

常用的是手枪式点火枪,其使用比较安全方便。

(2) 橡胶管

将氧气瓶和乙炔瓶中的气体输送到焊(割)炬,根据国标 GB/T 6398—2017,对气焊、气割用胶管有一定的要求:

① 焊接与切割中使用的氧气胶管为黑色,乙炔胶管为红色。

② 乙炔胶管与氧气胶管不能相互换用,不得用其他胶管代替。

③ 氧气、乙炔胶管与回火防止器、汇流排等导管连接时,管径必须互相吻合,并用管卡严密固定。

④ 工作前应先吹净胶管内残存的气体,再开始工作。

⑤ 工作前应先检查胶管有无损坏,并及时修理或更换。

(3) 护目镜

气焊工在气焊操作时,应佩戴护目镜来观察熔池和保护眼睛不受火焰强光刺激。

(4) 其他工具

气焊、气割中用到的其他辅助工具还有清理焊缝用的钢丝刷、凿子、手锤、铿刀等;连接和启闭气体通路的钢丝钳、板车等;还有清理焊(割)嘴用的通针等。工具使用后要保持清洁,且要放回专用的工具箱。

6.3 气焊工艺操作技术

气焊是利用气体火焰作热源的焊接方法。气体火焰是可燃气体和助燃气体混合燃烧而形成,当火焰产生的热量能熔化母材和填充金属(需使用时)时,就可以用于焊接。气焊用的助燃气体是氧气,可燃气体则是乙炔、氢和液化石油气等。以氧-乙炔火焰应用最多,因它是各种气体火焰中温度最高的一种,其加热速度快,适用范围宽。所以不加说明的气焊,一般被认为是氧-乙炔焰焊。

6.3.1 焊接材料

(1) 焊丝

气焊用的填充焊丝,无论是黑色金属还是有色金属,其化学成分基本与被焊金属相同,有时为了使焊缝有较好的质量,会在焊丝中加入适量的其他合金元素。我国对焊丝已标准化

和系列化,可按工件的化学成分选择成分和类型相同的焊丝。

第 2 章中介绍了供气焊用的各种钢焊丝、铸铁焊丝、铜及铜合金焊丝、铝及铝合金焊丝、镍基焊丝、高温合金焊丝和硬质合金焊丝等的型号、牌号及化学成分。

(2) 熔剂

气焊时用以去除焊接过程中形成的氧化物,改善熔池的湿润性的粉状物质,称气焊熔剂,又称气剂或焊粉。气焊低碳钢时,由于气体火焰能充分保护焊接区,一般不需使用熔剂。但在焊接有色金属(如铜、铝及其合金)、铸铁和不锈钢等材料时,必须采用熔剂。一般是在焊前把熔剂直接撒在焊件坡口上,或者蘸在气焊丝上加入到熔池内。国内定型的气焊熔剂,其牌号以字母"CJ"表示,其后第一位数字表示熔剂的用途类型,"1"为不锈钢及耐热钢气焊用,"2"为铸铁气焊用,"3"为铜及铜合金气焊用,"4"为铝及铝合金气焊用。第二、三位数字表示同一类型熔剂的不同编号。

6.3.2 接头形式与坡口形式

低碳钢气焊时采用的接头形式与坡口形式及尺寸见表 6-3。

表 6-3　气焊接头形式与坡口尺寸

接头形式	坡口形式		各种尺寸/mm		
	图示	名称	板厚	间隙 C	钝边 P
对接接头		卷边	0.5~1	—	1~2
		I 形坡口	1~5	0.5~1.5	—
		V 形坡口	4~15	2~4	1.5~3
		X 形坡口	>10	2~4	2~4
角接接头		卷边	0.5~1	—	1~2
		不开坡口	≤4	—	—
		V 形坡口	4	1~2	—

氧-乙炔火焰有三种,为中性焰、氧化焰、碳化焰。中性焰的内焰有还原性,氧化焰有氧化性,碳化焰有渗碳作用,氧-乙炔火焰的种类、焊接特性及应用见表 6-4。

表 6-4　氧-乙炔火焰的种类、焊接特性及应用举例

火焰种类	O_2/C_2H_2	焊接特性	操作条件	可焊接的金属举例
碳化焰 焰芯　内焰　外焰	<1	乙炔过剩，火焰中有游离碳和多余的氢，焊接低碳钢时，熔池沸腾，且不清澈，焊缝有渗碳现象（最高温度2700～3000℃）	用离焰芯3～5mm部位进行焊接	镍、高碳钢、高速钢、硬质合金、蒙乃尔合金、司太立合金、碳化钨、合金铸铁、铸铁（焊后保温）等
轻微碳化焰（还原焰） 焰芯　内焰　外焰	≈1	乙炔稍多，但不产生渗碳现象，焊接时与中性焰一样，不需搅拌（最高温度2930～3040℃）		低碳钢、低合金钢、灰铸铁、球墨铸铁、铝及铝合金等
中性焰 焰芯　内焰（轻微闪动）　外焰	1～1.2	无乙炔和氧过剩，熔池不沸腾、清澈且洁净，液态金属易流动（3050～3150℃）		低碳钢、低合金钢、铬镍不锈钢、纯铜、灰铸铁、锡青铜、铝及铝合金、铅、锡、镁合金等
氧化焰 焰芯（短而尖）	>1.2	氧过剩，具有氧化性，使熔池中的合金元素烧损（3100～3300℃）	用离焰芯3～10mm的部位进行焊接	黄、青铜等

气焊一般都采用中性焰，有时可采用轻微碳化焰或轻微氧化焰，根据焊件金属来选择，见表 6-5。

表 6-5　气焊火焰的选择

被焊金属材料	应采用的火焰种类	被焊金属材料	应采用的火焰种类
低中碳钢	中性焰	铝及铝合金	中性焰或轻微碳化焰
低合金钢	中性焰	铬镍不锈钢	中性焰
高碳钢	轻微碳化焰	铬不锈钢	中性焰或轻微碳化焰
铸铁	中性焰或轻微碳化焰	镍	中性焰或轻微碳化焰
紫铜	中性焰	锰钢	轻微碳化焰
黄铜	轻微碳化焰	镀锌铁皮	轻微碳化焰
锡青铜	中性焰	硬质合金	轻微碳化焰
蒙乃尔合金	轻微碳化焰	高速钢	轻微碳化焰
铅锡	中性焰	碳化钢	轻微碳化焰

6.3.3　气焊工艺参数

（1）火焰能率的选择

气焊火焰能率主要根据乙炔的消耗量（L/h）来确定。焊接低碳钢和低合金钢时，乙炔消耗量可按下列经验公式计算：

左向焊法 v：　$(100\sim120)\delta$

右向焊法 v：　$(120\sim150)\delta$

式中　δ——钢板厚度，mm；

　　　v——火焰能率（乙炔消耗量），L/h。

气焊紫铜时，乙炔消耗量可按下列经验公式计算

$$v=(150\sim200)\delta$$

根据计算得到的乙炔消耗量，选择焊炬型号和焊嘴号码。

（2）焊丝直径的选择

见表6-6。

（3）氧气压力

根据焊炬型号选择，气焊时为0.2～0.4MPa。

（4）焊嘴倾角的选择

见表6-7。

表 6-6　气焊焊丝直径的选择

焊件厚度/mm	1～2	2～3	3～5	5～7	7～10	>15
焊丝直径/mm	1～2	2～3	3～4	3～5	4～6	4～6

表 6-7　焊嘴倾角的选择

焊件厚度/mm	≤1	1～3	3～5	5～7	7～10	10～15	>15
焊嘴倾角	20°	30°	40°	50°	60°	70°	80°

（5）焊接速度的选择

可参考经验公式

$$v = K/\delta$$

式中　v——焊接速度，m/h；

　　　δ——焊件厚度，mm；

　　　K——系数，见表6-8。

表 6-8　不同材料气焊时的 K 值

材料名称	碳素钢		铜	黄铜	铝	铸铁	不锈钢
	右向焊	左向焊					
K 值	15	12	24	12	30	10	10

6.3.4　气焊工艺方法

气焊的操作，习惯上是左手持填充焊丝，右手持焊炬。按焊炬和焊丝移动的方向（即焊接方向），可分左向焊法和右向焊法两种，它们对焊缝质量和焊接生产率有影响。

焊前准备如下。

（1）左焊法

如图6-7（a）所示，焊接方向从右向左，焊接火焰指向焊件未焊部分，焊炬跟着焊丝向前移动。

此法特点是：火焰指向未焊部分，起到预热作用，焊薄板时生产率高，操作方便，易于掌握，故应用极普遍；缺点是焊缝易氧化，冷却较快。适于较薄和熔点较低的焊件焊接。

（2）右焊法

如图6-7（b）所示。焊接方向从

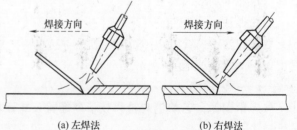

(a) 左焊法　　　　(b) 右焊法

图 6-7　左焊法与右焊法

左向右，火焰指向已焊好的焊缝，焊炬在焊丝前面向前移动。

此法的特点是：焊接过程中火焰指向熔池并始终笼罩着已焊的焊缝金属，使熔池冷却缓慢，有助于改善焊缝金属组织，减少气孔和夹渣的产生；此外，还具有热量集中、熔深大的优点。因此，适于焊接厚度较大、熔点较高的焊件。

6.4　气割工艺操作技术

利用气体火焰的热能将金属材料分离的方法称气体火焰切割法，简称气割。气割除必须使用氧气外，还需使用可燃气体，如乙炔、丙烷（液化石油气）、甲烷（天然气）或氢等。因此，按所用的可燃气体不同分，气体火焰切割有氧-乙炔切割、氧-丙烷切割、氧-甲烷切割和氧-氢切割等。氧-乙炔和氧-丙烷手工气割是石油、化工及各个行业中进行低碳钢和低合金钢切割中最普遍、最简单、应用最广的一种方法。

6.4.1　手工气割工艺参数的选择

气割工艺参数选择是否正确，直接影响到切割效率和切口质量。它的主要参数包括：切割氧的压力、预热火焰的能率、气割速度、割嘴与工件的倾斜角度、割嘴与工件表面的距离等。参数的选择主要取决于工件的厚度。

（1）预热火焰的性质和能率

预热火焰的作用是把金属加热到能在氧气流中燃烧的温度，同时使钢材表面的氧化层剥离和熔化。气割时，预热火焰均采用中性焰，或轻微氧化焰，不能使用碳化焰，以免割件表层渗碳。

预热火焰的能率一定要根据工件厚度选择。能率过大会使割缝边缘熔化，同时造成背面割渣太多影响切割质量；能率过小时，割件温度不足、燃烧不好、速度减慢，甚至使气割中断。

（2）切割氧的压力及纯度

气割时，氧气压力根据工件厚度、割嘴大小及氧气的纯度来确定。割件越厚，所需氧气压力越高。适当提高切割氧的压力，可以提高切割质量和切割速度。但压力超过一定数值时，会使切割氧气流产生紊流，同时对切割产生冷却作用，反而降低切割质量。如果氧气压力过低，割缝燃烧不充分，并且由于压力不足造成气流吹力不够，而使割缝割不透。

氧气的纯度与切割质量、切割速度，以及气体消耗量有很大关系。氧气纯度越高，切割质量越好，速度越快，消耗也少。切割氧气的纯度最好高于99.6%。氧气纯度降低时，燃烧速度减慢，切割质量严重下降，气体消耗大量增加。当氧气纯度在96.5%～99.5%范围内，纯度降低每1%时，每米割缝的切割时间增加15%～20%，气体消耗量增加30%～35%。

（3）切割速度

切割速度与割件厚度和使用的割嘴形状有关。割件愈厚，气割速度愈慢；反之，割件愈薄则气割速度应愈快。合适的切割速度应是火焰和熔渣以接近于垂直的方向喷向割件的底面，这样的切口质量最好，也即根据切割的后拖量大小进行判断切割速度的正确与否。后拖量是指切割时，在同一条割纹上，沿切割方向的上端与下端间的距离，见图6-8。后拖量现象不可避免，因为切割时板厚不同氧的纯度和能量有差别。割件愈厚，切割速度愈快，后拖

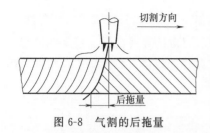

图 6-8　气割的后拖量

量就愈显著。若切割速度过快，来不及将底层金属氧化，会使后拖量加大，甚至工件割不透；切割速度过慢，会使切口上部边缘熔化，切口过宽，若是薄板切割，会产生较大变形，同时也浪费气体。一切应根据切割质量要求来确定切割速度，切割质量要求高时，切割速度宜低一些。

(4) 割嘴规格的选择及割嘴与工件的倾斜角度

割嘴的规格一定要根据工件的厚度来选择，过大时，气体消耗增加，割缝过宽，反而影响切割质量；过小时，气流过窄，熔渣难以排除，造成切割困难。

割嘴与工件的倾斜角度也是根据工件的厚度来确定的。适当增加后倾角，可以对割件下部进行预热，从而提高切割质量和速度。例如手工切割厚度 < 20mm 的钢板，后倾角取 20°～30°，可提高切割速度。但割件厚度大于 20mm 做直线切割或曲线切割时，割嘴应垂直于割件表面。

① 手工气割工艺参数的选择见表 6-9。

表 6-9　手工气割工艺参数选择

板材厚度/mm	割炬		气体压力/MPa	
	型号	割嘴号码	氧气	乙炔
2～10	G01-30	1	0.2～0.4	0.01～0.12
10～20	G01-30	1～2	0.3～0.5	
20～30	G01-30	2～3	0.4～0.6	
	G01-100	1		
30～50	G01-100	1～2	0.4～0.6	
50～100		2～3	0.5～0.8	
100～150	G01-300	1～2	0.6～1.0	
150～200		2～3	0.8～1.2	
200～300		3～4	1.0～1.4	

② 半自动气割工艺参数。CG1-30 型半自动气割机割嘴大小与气割工艺参数，根据气割工件厚度选择，见表 6-10。

表 6-10　CG1-30 型半自动气割机割嘴大小与气割工艺参数

割嘴号码	气割厚度/mm	氧气压力/MPa	乙炔压力/MPa	气割速度/(mm/min)
1	5～20	0.25	0.02	500～600
2	20～40	0.25	0.025	400～500
3	40～60	0.25	0.04	300～400

(5) 割嘴与工件表面的距离

割嘴与工件表面的距离，要按预热火焰的温度分布情况控制，一般为 3～6mm。距离太近时，降低预热火焰温度，增加氧气对割缝的冷却作用；距离太远时，预热火焰温度不够，割缝燃烧不好，造成切割困难。因此割嘴与工件表面距离一定要控制适当。

6.4.2　气割操作技术

（1）切割前的准备

① 气割用的气体易燃易爆，因此，割前首要的是检查乙炔发生器、回火防止器等设备是否正常，工作现场是否符合安全生产要求。

② 利用钢丝刷或火焰加热清除割件表面切口两侧 30～50mm 的铁锈、油漆、尘垢等杂质，以保证刻件表面能顺利地被预热到燃点。大批量生产时，割前宜采用喷丸机进行表面预处理。

③ 割件应尽量垫平，并在下面留出一定空隙，以利于把切割产生的熔渣从切口下部吹出。切忌把割件放在水泥地上切割，因水泥遇高温熔渣后会崩裂。正规生产的割件一般是放在格栅或切割台上切割。

④ 为减少气割变形，支点必须放在割件内，切割大件时，特别要注意支持可靠，防止由于自重而产生过大的变形。

（2）起割与接头

① 起割。气割开始时，首先用预热火焰将工件边缘加热到燃烧温度。割嘴微向外倾斜，打开切割氧气阀门，待吹除氧化铁形成割缝后，逐渐将割嘴角度调整到垂直或向前倾斜一定角度（根据工件厚度），平稳地沿着所需的几何形状线向前移动割嘴，即可完成切割。

② 中间收尾和接头。切割过程中不可避免地要有中间接头。因此，中间的停火收尾必须保证根部割透，给接头创造良好的条件。中间接头的方法很多，要想接头质量好，首要的一条就是动作要快，利用金属的高温迅速再重新切割。一般厚度的，可在停火处后 9～20mm 开始引燃金属，正常垂直行走，或在收尾处直接引燃进行接头均可以；较大厚度的，在收尾时要将割嘴稍向前倾斜，使工件下部有一定空间，接头时可按起割要领进行，可获得更佳的效果。

（3）特殊位置切割

不能在边缘起割的工作物很多，如割孔，首先用预热火焰在起割部位加热金属表面，达到一定温度后，轻微地打开切割氧阀门，同时将割嘴倾斜一定角度，逐渐加大氧气的同时，将割嘴向倾斜方向的后方移动，使铁水有流出的通道。待割退后，再逐渐将割嘴垂直，沿几何形状线移动完成切割。

固定位置的切割要根据工件所处的空间位置、受力情况、稳定程度来确定起割和结束的位置。

（4）管子的切割

① 转动管的切割。转动管的切割即每切割一段后，转动一下管子，始终保持在最好位置或可进行切割的位置完成切割。起头、收尾和中间接头的方法与平板相似，只是在行走过程中，割嘴要按管的圆周运动逐步改变角度。

② 固定管的切割。固定管的切割要根据管的受力稳定情况来确定起割和收尾位置。一般从下部开始分两半，分段来完成，也可从上向下完成。

（5）薄板的切割

切割 2～4mm 薄板时，因板受热快、散热慢，切口边缘易熔化，熔渣不易吹除而粘在背面，冷却后不易去除，严重的会产生前边割后边又焊到一起的现象。为保证切割质量，要采取下列措施。

① 应选用小型割炬和割嘴，预热火焰能率要小。

② 割嘴向后倾斜角度要稍大，为 $30°\sim45°$。

③ 割嘴与工件距离要增大到 $10\sim15mm$。

④ 切割速度要尽可能地加快。

⑤ 采用成叠切割完成成批下料工件的切割。

(6) 大厚度钢板和圆钢的切割

大厚度钢板和圆钢的切割，其主要困难是下层温度不够，下层金属的燃烧比上层慢，切面形成很大后拖量，熔渣容易堵塞切口下部，甚至割不透。常采用的措施如下所述。

① 采用大型号的割炬和割嘴，或改变割嘴切割氧气孔的形状。

② 增大切割氧的压力。

③ 割嘴根据焊件厚度和熔渣吹除情况做适当的反月牙形横向摆动。

④ 圆钢可采用分瓣方法切割。

(7) 其他切割

坡口的切割、沟槽的切割、清根及去除多余部分的切割等，在实际生产中是常见的。具体要根据工件实物来确定。一般是靠控制割嘴角度和切割氧气的流量来完成。

第7章

起重机钢结构焊接与切割安全技术

在起重机的制作过程中，钢结构的焊接与切割是必不可少的工艺内容，而焊接与切割又属于特种作业，经常与电气设备、易燃易爆物质、压力容器等接触，其安全与防护工作直接关系到焊工的人身安全和健康，同时又直接影响着焊接作业生产能否正常进行。为此，国家制定了相应的标准和规定，指出从事焊接与切割作业的人员，必须进行安全教育和安全技术培训，取得操作证后方能上岗独立作业。

7.1 起重机钢结构焊接与切割的用电安全技术

在整个起重机钢结构的焊接操作过程中，焊工需要经常接触电气装置，如在更换焊条时焊工的手会直接触及焊条，同时大量的时间会站在焊件上进行操作，而电焊机的空载电压一般都在50～90V，超过了人体安全电压（36V），故触电的概率也就增多。更危险的是，焊接设备电源与380V/220V的电网连接，一旦设备发生故障，或高压部分的绝缘保护层破坏，网路中的高压电就会直接输入到焊钳、焊件及焊机外壳上，造成焊工的触电伤害事故。所以，触电事故是焊接操作的最主要的危险事故。特别是在容器、管道、船舱、锅炉内和钢结构架上的操作，周围都是金属，触电危险更大。因此本节将介绍起重机钢结构焊接与切割设备的用电安全技术知识。

7.1.1 焊接与切割安全用电基础知识

（1）安全电流

从保护人身安全的意义来说，可以称人体所能忍受而无致命危险的最大电流为安全电流，一般情况下可取30mA；在有高度触电危险的场所取10mA；在空中或水面触电时，考虑到人受到电击后可能会因痉挛而摔死或淹死，则取5mA。

按照人体对电流的生理反应强弱和电流对人体的伤害程度，可将电流大致分为感知电流、摆脱电流和致命电流三级。感知电流是指能引起人体感觉但无危害生理反应的最小电流值（成年男子的平均感知电流为1mA）。摆脱电流是指人体触电后能自主摆脱电源而无病理性危害的最大电流（10mA）。致命电流是指能引起心室颤动而危及生命的最小电流（50mA，通电时间在1s以上）。

（2）安全电压

从保护人身安全的意义来说，可以称人体持续接触而不会使人直接致死或致残的电压为安全电压。但电气安全技术所规定的安全电压是为防止触电事故而采用的特定电源供电的电压系列。这一定义的含义有三：一是采用安全电压可防止典型事故发生；二是安全电压必须由特定的电源供电；三是安全电压有一系列的数值，各适用于一定的用电环境。根据不同的环境，正确选用相应额定值的安全电压作为供电电压是一项防止触电伤亡事故的重要技术措施。

一般情况下，也就是干燥而触电危险性较大的环境下，安全电压规定为36V；对于潮湿而触电危险性较大的环境（如金属容器、管道内施焊检修），安全电压规定为12V，这样，触电时通过人体的电流，可被限制在较小范围内，能在一定的程度上保障人身安全。

(3) 起重机钢结构焊接与切割设备用电的安全要求

① 焊接与切割设备的保护接零。所有焊接与切割设备的电源输入电压均为220V/380V，而一般生产车间使用的380V低压电网路为三相四线制，零线接地，其中任两相线之间的电压为380V，任一相线与零线之间的电压为220V。焊接设备采用保护性接零，即用一根导线连接设备外壳与零线。一旦焊机因绝缘损坏而导致带电体接触到设备外壳时，就会使零线与破损相电源间短路，产生强大的短路电流，使破损相电源保险丝熔断，保护设备及人员安全。

② 焊接与切割设备的保护接地。焊接与切割设备的保护接地与焊接与切割设备的保护接零原理是一样的。焊接与切割设备保护接地应用于不接地的低压供电系统中，用一根导线将焊接与切割设备外壳直接与地连接，可以起到保护作用。

③ 焊接与切割设备保护接零和接地的安全要求。

a. 在低压系统中，焊机的接地电阻 R_E 不得大于 4Ω。

b. 焊机的接地电阻可用打入地里深度不小于1m、电阻不大于 4Ω 的铜棒或铜管作接地板。

c. 焊接变压器的二次线圈与焊件相连的一端必须接零（或接地）。注意与焊钳相连的一端不能接零（或接地）。

d. 用于接地和接零的导线，必须满足容量的要求，中间不得有接头，不得装设熔断器，连接时必须牢固。

e. 几台设备的接零线（或接地线）不得串联接入零干线或接地体，应采用并联方法接零线（或接地线）。

f. 接线时，先接零干线或接地体，后接设备外壳，拆除时相反。

④ 焊接与切割设备电源的安全要求。

a. 焊接电源的空载电压在满足焊接工艺要求的同时，应考虑对焊工操作安全有利。

b. 焊接电源必须有足够的容量和单独的控制装置，如熔断器或自动断电装置。控制装置必须能够可靠地切断危险电流，并安置在操作方便的地方，周围留有通道。

c. 焊接所有外露带电部分必须有完好隔离防护装置，如防护罩、绝缘隔离板等。

d. 焊机各个带电部分之间，及其外壳对地之间必须符合绝缘标准，其电阻值均不小于 $1M\Omega$。

e. 焊机的结构要合理，便于维修，各接触点和连接件应牢靠。

f. 焊接不带电的金属外壳，必须采用保护接零或保护接地。

7.1.2 电流对人体的作用及触电原因

(1) 电流对人体的作用

人体是电的导体之一，当人体与带电导体、漏电设备的外壳或其他也带电的物体接触时，均可能导致对人体的伤害。根据电对人体的伤害部位和伤害程度不同，其表现形式也有所不同，共分为三种形式：电击、电伤和电磁场生理伤害。

电击——电流通过人体内部，破坏心脏、肺部或神经系统的功能。

电伤——电流热效应、化学效应或机械效应对人体外部组织造成的局部伤害。

电磁场生理伤害——在高频电磁场作用下，使人产生头晕、乏力、记忆力衰退、失眠多梦等神经系统的症状。

通常所说的触电事故，基本上是指电击，绝大部分触电死亡也是由电击所致。

电流对人体的危害程度与下列因素有关：

① 流经人体的电流强度。电流强度越大，危险性越大。

② 电流通过人体的持续时间。电流通过人体的时间越长，危险性越大。

③ 电流通过人体的途径。一般认为，电流通过人体的心脏、肺部和中枢神经系统的危险性大，特别是电流通过心脏时，危险性最大。所以从手到脚的电流途径最为危险，因为沿这条途径有较多的电流通过心脏、肺部和脊髓等重要器官；其次是从一只手到另一只手的电流途径；第三是从一只脚到另一只脚的电流途径。后者还容易因剧烈痉挛而摔倒，导致电流通过全身或摔伤、坠落等严重的二次事故。

④ 电流的频率。通常电气设备都采用工频（50Hz）交流电，这对人来说是最危险的频率。

⑤ 人体的健康状况。人的身体健康状况不同，对电流的敏感程度也不完全相同，有心脏病、神经系统疾病和结核病的人，受电击伤害的程度都比较重。

(2) 焊接发生触电事故的原因

不同的焊接方法对焊接电源电压、电流等参数的要求不同，我国目前所有焊接电源的输入电压均为 220V/380V，50Hz 的工频交流电，这些都超过了安全电压值，给安全生产带来了不利的影响。

触电是所有利用电能转化为热能的焊接工艺（如手工电弧焊、氩弧焊、二氧化碳焊、等离子弧焊等）共同的主要危险。而焊接发生触电事故的原因主要有以下几个方面：

① 焊接发生触电危险性分类。焊接作业需要在不同的工作环境操作，按触电危险性，并考虑到工作环境（如潮湿、粉尘、腐蚀性气体或蒸汽、高温等条件）不同，可分三类：

a. 普通环境。这类环境触电危险性较小，一般具有下列条件：干燥（相对湿度不超过75%）；无导电粉尘；有木料、沥青、瓷器等非导电材料铺设的地面；金属占有系数即金属物品所占有面积与建筑面积之比小于 20%。

b. 危险环境。凡具有下列条件之一的均属于危险环境：潮湿（相对湿度超过 95%）；有导电粉尘；有泥、砖、湿木板、钢筋混凝土、金属或其他导电材料制成的地面；金属占有系数大于 20%；炎热、高温（平均气温超过 30℃）；人体能够同时在一方面接触地导体和在另一方面接触电气设备的金属外壳。

c. 特别危险环境。凡具有下列条件之一的均属于特别危险环境：特别潮湿（相对湿度接近 100%）；有腐蚀性气体、蒸汽、煤气或游离物；同时具有上述危险环境两个以上条件。

② 焊接发生电击的主要原因。

　　a. 在焊接操作中，手或身体的某个部位接触到焊条、电极、焊枪或焊钳的带电部分，两脚或身体其他部位对地和金属结构之间又无绝缘保护。在金属容器、管道、锅炉里及金属结构上的焊接，在雨天、潮湿地方或人体大量出汗的情况下的焊接，比较容易发生这种触电事故。

　　b. 在接线或调节焊接电流时，手或身体碰到接线柱、极板等带电体。

　　c. 登高焊接作业触及或靠近高压网路，人体虽然未直接触及带电体，而是接近带电体至一定程度，发生击穿而引起的触电事故。

　　③ 焊接发生间接电击事故的主要原因。

　　a. 人体接触漏电的焊机外壳或绝缘损坏的电缆。

　　b. 电焊变压器的一次绕组对二次绕组之间的绝缘损坏时，变压器反接或错接在高压电源时，手或身体某部位触及二次回路的裸导体。

　　c. 操作过程中触及绝缘破损的电路、胶木闸盒的开关等。

　　d. 由于利用厂房的金属结构、轨道、天车、吊钩或其他金属物体代替焊接电缆发生的触电事故。

（3）触电事故的防范措施

　　① 做好焊接切割作业人员的培训，做到持证上岗，杜绝无证人员进行焊接切割作业。

　　② 电焊机的外壳和工作台必须有良好的接零或接地。

　　③ 电焊机空载电压应在 60～90V 之间。

　　④ 电焊设备应使用带保险丝的电源刀闸，并应装在密闭箱内。

　　⑤ 焊机使用前必须仔细检查其一、二次导线绝缘是否完整，接线是否绝缘良好。

　　⑥ 当焊接设备与电源网路接通后，人体不应接触带电部分。

　　⑦ 焊工在拉、合电闸或接触带电物体时，必须单手进行。因为双手拉合电闸或接触带电物体，如发生触电，会通过人体心脏形成回路，造成触电者迅速死亡。

　　⑧ 绝对禁止在电焊机开动情况下，接地线和手把线。

　　⑨ 焊接绝缘软线不得少于 5m（一般应为 20～30m），施焊时软线不得搭在身上，地线不得踩在脚下。

　　⑩ 在容器内部施焊时，照明电压采用 12V，登高作业不准将电缆线缠在焊工身上或搭在背上。

　　⑪ 施焊完毕后应及时拉开电源刀闸。

　　⑫ 焊工必须穿胶鞋，戴皮手套。焊工穿的防护鞋应经耐电压 5000V 试验合格，在有积水的地面上焊接时，焊工应穿经过耐电压 6000V 试验合格的防水橡胶鞋。

　　⑬ 焊工身体或衣服潮湿时，不得靠在带电的焊件上施焊。

7.2　起重机钢结构焊接与切割的防火防爆安全技术

　　火灾和爆炸是焊接与切割工作中容易发生的事故，特别是在起重机气焊、气割时所使用的氧气和乙炔气体是引起火灾和爆炸的主要因素。所以在起重机焊接与切割操作过程中能够采取有效的防护措施是避免此类灾难的主要手段。本节将介绍起重机焊接与切割作业中的防火和防爆安全技术知识。

7.2.1　防火与防爆的基础知识

7.2.1.1　燃烧的发生条件和防火灭火的基本原理

(1) 燃烧的化学本质

根据化学定义，凡是使被氧化物质失去电子的反应都属于氧化反应。强烈的氧化反应，并伴随有热和光同时发出，则称为燃烧。物质不仅与氧的化合反应属于燃烧，在一定条件下，其与氯气、硫的蒸气等的化合反应也属于燃烧。但是物质和空气中的氧所起的反应是最普遍的，也是焊接发生火灾爆炸事故的主要原因。下文将着重讨论这一形式的燃烧。

燃烧俗称着火。如果只有放热发光而没有氧化反应的不能叫作燃烧，如灼热的钢材虽然放热发光，但这是物理现象，不是燃烧；而放热或不发光的氧化反应，如金属生锈、生石灰遇水放热等现象，也不能叫作燃烧。

(2) 燃烧的必要条件

发生燃烧必须同时具备三个条件，即可燃物质、助燃物质和着火源。亦即发生燃烧的条件必须是可燃物质和助燃物质共同存在，并有能导致着火的火源，例如火焰、电火花、灼热的物体等。

① 可燃物质。凡能与氧和其他氧化剂发生剧烈氧化反应的物质，都称为可燃物质。按其存在的状态可分为固态可燃物、液态可燃物、气态可燃物三类；按其组成的不同又可分为无机可燃物质（如氢气、一氧化碳等）和有机可燃物质（如甲烷、乙炔等）两类。

② 助燃物质。凡是能与可燃物质发生化学反应并起助燃作用的物质称为助燃物质，如空气、氧气、氟和溴等。

③ 着火源。凡能引起可燃物质燃烧的热能，都叫着火源。要使可燃物质起化学变化而发生燃烧，需要有足够的热量和温度，各种不同的可燃物质燃烧时所需要的温度和热量各不相同。着火源主要有下列几种：

a. 明火。如火柴和打火机的火焰、油灯火、炉火、喷灯火、烟头火以及焊接、气割时的动火等（包括灼热铁屑和高温金属）。

b. 电气火，电火花（电路开启、切断、保险丝熔断等），电气线路超负荷、短路、接触不良，电炉丝、电热器、电灯泡、红外线灯、电熨斗等。

c. 摩擦、冲击产生的火花。

d. 静电荷产生的火花。电介质相互摩擦、剥离或金属摩擦生成的。如液体、气体沿导管流动，液（气）体高速喷出产生静电。

e. 雷电产生的火花，分直接雷击和感应雷击。

f. 化学反应热，包括本身自燃、遇火燃烧、与其他抵触性物质接触起火。

可燃物质、助燃物质和着火源构成燃烧的三个要素，缺少其中任何一个要素便不能燃烧。燃烧反应在浓度、压力、组成和着火源等方面都存在着极限值，如果可燃物未达到一定浓度，或助燃物质数量不足，或着火源不具备足够的温度或热量，那么，即使具备了三个条件，燃烧也不会发生。对于已进行着的燃烧，若消除其中任何一个要素，燃烧便会终止，这就是灭火的基本理论。

(3) 防火、灭火的基本原理

防火：防止形成燃烧的条件。灭火：消除已经形成的燃烧条件。所以防火、灭火简单地说就是做到下列三条：

① 不同时具备燃烧三个要素；

② 燃烧三要素不同时具有足够数量；

③ 分隔燃烧三要素使之不能相互作用。

7.2.1.2 爆炸的发生条件和防爆的基本原理

爆炸，是物质在瞬间以机械功的形式释放出大量气体和能量的现象。通常将爆炸分为物理性爆炸和化学性爆炸两大类。

（1）物理性爆炸与化学性爆炸

① 物理性爆炸，是由物理变化引起的。如蒸汽锅炉的爆炸，是由于过热的水迅速变化为蒸汽，且蒸汽压力超过锅炉强度的极限而引起的，其破坏程度取决于锅炉蒸汽压力。发生物理性爆炸的前后，爆炸物质的性质及化学成分均不改变。在焊接与切割作业中一般不会引起物理性爆炸。

② 化学性爆炸，是物质在极短时间内完成化学变化，形成其他物质，同时放出大量热量和气体的现象。例如用来制作炸药的硝化棉在爆炸时放出大量的热量，同时产生大量的气体（CO、CO_2、H_2 和水蒸气等）。爆炸时的体积会突然增大 47 万倍，在几万分之一秒内完成燃烧。由于一方面生成大量气体和热量，另一方面燃烧的速度又极快，在瞬间内生成的大量气体来不及膨胀和扩散开，仍然被约束在原有的较小的空间内。众所周知，气体的压力同体积成反比，即 $PV=K$（常数），气体的体积越小，则压力就越大，而且这个压力产生极快，即使坚固的钢板、坚硬的岩石也承受不住。同时，爆炸还产生强大的冲击波，这种冲击波不仅能推倒建筑物，对在场人员还具有杀伤作用。化学反应的高速度，同时产生大量气体和热量，这是化学性爆炸的三个基本要素。化学性爆炸也是焊接与切割作业尤其是气焊和气割作业中容易产生的灾难性事故。

发生化学性爆炸的物质，按其特性可分为两类：一类是炸（火）药；另一类是可燃物质与空气形成爆炸性混合物。可燃气体、蒸气及粉尘的爆炸性混合物都属于后一类。

（2）爆炸极限

可燃性物质与空气的混合物，在一定的浓度范围内才能发生爆炸。可燃物质在混合物中发生爆炸的最低浓度称为爆炸下限；反之，则为爆炸上限。在低于下限和高于上限的浓度时，是不会发生着火爆炸的。爆炸下限和爆炸上限之间的范围，称为爆炸极限。

爆炸极限，一般用可燃性气体或蒸气在空气或氧气混合物中的体积分数来表示，有时也用单位体积气体中可燃物的含量来表示（g/m^3）。爆炸性混合物的温度、压力、含氧量及火源能量等的增大，都会使爆炸极限范围扩大。从爆炸极限的大小和范围，可以评定可燃气体、蒸气或粉尘的火灾及爆炸危险性。爆炸下限较低的可燃气体、蒸气或粉尘，危险性较大；爆炸极限的幅度越宽，其危险性就越大。容器直径越小，则爆炸极限范围也越小。

为了帮助大家理解和记忆"爆炸极限"的概念和影响因素，可以把它总结成四句话："上上下下保安全，中间范围最危险，温度压力有影响，氧气火源能拓宽。"

（3）化学性爆炸的必要条件

凡是化学性爆炸，总是在下列三个条件同时具备时才能发生：

① 可燃易爆物；

② 可燃易爆物与空气混合并达到爆炸极限，形成爆炸性混合物；

③ 爆炸性混合物在火源的作用下。

防止化学性爆炸的全部措施的实质，即制止上述三个条件同时存在。

(4) 防爆的基本原理

防爆：防止形成爆炸的条件。所以防爆简单地说就是做到下列三条：

① 不同时具备爆炸的三个要素；

② 爆炸三要素不同时具有足够数量；

③ 分隔爆炸三要素使之不能相互作用。

7.2.2　焊接与切割作业中发生火灾、爆炸的原因及防范措施

7.2.2.1　焊接与切割作业中发生火灾和爆炸事故的原因

① 焊接与切割作业时，尤其是气体切割时，由于使用压缩空气或氧气流的喷射，使火星、熔珠和铁渣四处飞溅（较大的熔珠和铁渣能飞溅到距操作点 5m 以外的地方），当作业环境中存在易燃、易爆物品或气体时，就可能发生火灾和爆炸事故。

② 在高空焊接与切割作业时，对火星所及的范围内的易燃易爆物品未清理干净，作业人员在工作过程中乱扔焊条头，作业结束后未认真检查是否留有火种。

③ 气焊、气割的工作过程中未按规定的要求放置乙炔发生器，工作前未按要求检查焊（割）炬、橡胶管路和乙炔发生器的安全装置。

④ 气瓶存在制作方面的不足，气瓶的保管、充灌、运输、使用等方面存在不足，违反安全操作规程等。

⑤ 乙炔、氧气等管道的制作、安装有缺陷，使用中未及时发现和整改其不足。

⑥ 在焊补燃料容器和管道时，未按要求采取相应措施。在实施置换焊补时，置换不彻底，在实施带压不置换焊补时压力不够致使外部明火导入等。

7.2.2.2　火灾和爆炸的防范措施

(1) 焊接与切割作业防火防爆的一般要求

① 焊接切割作业时，将作业环境 10m 范围内所有易燃易爆物品清理干净，应注意作业环境的地沟、下水道内有无可燃液体和可燃气体，以及是否有可能泄漏到地沟和下水道内的可燃易爆物质，以免由于焊渣、金属火星引起灾害事故。

② 高空焊接切割时，禁止乱扔焊条头，对焊接切割作业下方应进行隔离，作业完毕应认真细致地检查，确认无火灾隐患后方可离开现场。

③ 应使用符合国家有关标准、规程要求的气瓶，在气瓶的储存、运输、使用等环节应严格遵守安全操作规程。

④ 对输送可燃气体和助燃气体的管道应按规定安装、使用和管理，对操作人员和检查人员应进行专门的安全技术培训。

⑤ 焊补燃料容器和管道时，应结合实际情况确定焊补方法。实施置换法时，置换应彻底，工作中应严格控制可燃物质的含量。实施带压不置换法时，应按要求保持一定的电压。工作中应严格控制其含氧量。要加强检测，注意监护，要有安全组织措施。

(2) 气瓶的使用和移动要求

所有用于焊接与切割的气瓶都必须按有关标准及规程制造、管理、维护并使用。使用中的气瓶必须进行定期检查，使用期满或送检未合格的气瓶禁止继续使用。

① 气瓶的充气。气瓶的充气必须按规定程序由专业部门承担，其他人不得向气瓶内充气。除气体供应者以外，其他人不得在一个气瓶内混合气体或从一个气瓶向另一个气瓶倒气。

② 气瓶的标志。为了便于识别气瓶内的气体成分，气瓶必须按 GB/T 7144 规定做明显标志。其标识必须清晰、不易去除。标识模糊不清的气瓶禁止使用。

③ 气瓶的储存。气瓶必须储存在不会遭受物理损坏或使气瓶内储存物的温度超过 40℃ 的地方。气瓶必须储存在远离电梯、楼梯或过道，不会被经过或倾倒的物体碰翻或损坏的指定地点。在储存时，气瓶必须稳固以免翻倒。

气瓶在储存时必须与可燃物、易燃液体隔离，并且远离容易引燃的材料（诸如木材、纸张、包装材料、油脂等）至少 6m，或用至少 1.6m 高的不可燃隔板隔离。

④ 气瓶在现场的安放、搬运及使用。气瓶在使用时必须稳固竖立或装在专用车（架）或固定装置上。气瓶不得置于受阳光暴晒、热源辐射及可能受到电击的地方。气瓶必须距离实际焊接或切割作业点足够远（一般为 5m 以上），以免接触火花、热渣或火焰，否则必须提供耐火屏障。气瓶不得置于可能使其本身成为电路一部分的区域。避免与电动机车轨道、无轨电车电线等接触。气瓶必须远离散热器、管路系统、电路排线等，及可能供接地（如电焊机）的物体。禁止用电极敲击气瓶，在气瓶上引弧。

搬运气瓶时，应注意：关紧气瓶阀，而且不得提拉气瓶上的阀门保护帽；用吊车、起重机运送气瓶时，应使用吊架或合适的台架，不得使用吊钩、钢索或电磁吸盘。避免可能损伤瓶体、瓶阀或安全装置的剧烈碰撞。气瓶不得作为滚动支架或支承重物的托架。气瓶应配置手轮或专用扳手启闭瓶阀。气瓶在使用后不得放空，必须留有不小于 98～196kPa 表压的余气。当气瓶冻住时，不得在阀门或阀门保护帽下面用撬杠撬动气瓶使其松动。应使用 40℃ 以下的温水解冻。

⑤ 气瓶的开启。

a. 气瓶阀的清理。

将减压器接到气瓶阀门之前，阀门出口处首先必须用无油污的清洁布擦拭干净，然后快速打开阀门并立即关闭以便清除阀门上的灰尘或可能进入减压器的脏物。

清理阀门时操作者应站在排出口的侧面，不得站在其前面。不得在其他焊接作业点，存在着火花、火焰（或可能引燃）的地点附近清理气瓶阀。

b. 开启氧气瓶的特殊程序。

减压器安装在氧气瓶上之后，必须进行以下操作：

a) 首先调节螺杆并打开顺流管路，排放减压器中的气体。

b) 其次，调节螺杆并缓慢打开气瓶阀，以便在打开阀门前使减压器气瓶压力表的指针始终慢慢地向上移动。打开气瓶阀时，应站在瓶阀气体排出方向的侧面而不要站在其前面。

c) 当压力表指针达到最高值后，阀门必须完全打开以防气体沿阀杆泄漏。

c. 乙炔气瓶的开启。

开启乙炔气瓶的瓶阀时应缓慢，严禁开至超过 1.5 圈，一般只开至 3/4 圈以内以便在紧急情况下可以迅速关闭气瓶。

d. 使用的工具。

配有手轮的气瓶阀门不得用榔头或扳手开启。

未配有手轮的气瓶，使用过程中必须在阀柄上备有把手、手柄或专用扳手，以便在紧急情况下可以迅速关闭气路。在多个气瓶组装使用时，至少要备有一把这样的扳手以备急用。

⑥ 其他：气瓶在使用时，其上端禁止放置物品，以免损坏安全装置或妨碍阀门的迅速关闭。使用结束后，气瓶阀必须关紧。

7.2.3　火灾、爆炸事故的紧急处理方法

在焊接与切割作业中如果发生火灾、爆炸事故时，应采取以下方法进行紧急处理：

① 应判明火灾、爆炸的部位和引起火灾和爆炸的物质特性，迅速拨打火警电话119报警。

② 在消防队员未到达前，现场人员应根据起火或爆炸物质特点，采取有效的方法控制事故的蔓延，如切断电源、撤离事故现场氧气瓶和乙炔瓶等受热易爆设备，正确使用灭火器材。

③ 在事故紧急处理时必须由专人负责，统一指挥，防止造成混乱。

④ 灭火时，应采取防中毒、倒塌、坠落伤人等措施。

⑤ 为了便于查明起火原因，灭火过程中要尽可能地注意观察起火部位、蔓延方向等，灭火后应保护好现场。

⑥ 当气体导管漏气着火时，首先应将焊割炬的火焰熄灭，并立即关闭阀门，切断可燃气体源，用灭火器、湿布、石棉布等扑灭燃烧气体。

⑦ 乙炔气瓶口着火时，设法立即关闭瓶阀，停止气体流出，火即熄灭。

⑧ 当电石桶或乙炔发生器内电石发生燃烧时，应停止供水或与水脱离，再用干粉灭火器等灭火，禁止用水灭火。

⑨ 乙炔气着火可用二氧化碳、干粉灭火器扑灭；乙炔瓶内丙酮流出燃烧，可用泡沫、干粉、二氧化碳灭火器扑灭。如气瓶库发生火灾或邻近发生火灾威胁气瓶库时，应采取安全措施，将气瓶移到安全场所。

⑩ 一般可燃物着火，可用酸碱灭火器或清水灭火。油类着火用泡沫、二氧化碳或干粉灭火器扑灭。

⑪ 电焊机着火首先应拉闸断电，然后再灭火。在未断电前不能用水或泡沫灭火器灭火，只能用1211、二氧化碳、干粉灭火器。因为水和泡沫灭火器液体能够导电，容易触电伤人。

⑫ 氧气瓶阀门着火，只要操作者将阀门关闭，断绝氧气，火会自行熄灭。

⑬ 发生火警或爆炸事故，必须立即向当地公安消防部门报警，根据"三不放过"的要求，认真查清事故原因，严肃处理事故责任者。

7.2.4　常用灭火器

(1) 常用灭火器的主要性能及特点

① 二氟一氯一溴甲烷灭火器。二氟一氯一溴甲烷灭火器简称"1211"灭火器。

"1211"的分子式是 CF_2BrCl，沸点 $-4℃$，冰点（常压下）$-160℃$，相对密度（20℃时）1.83，常温时无色、无刺激味。

"1211"灭火剂喷出来时是液体小粒和蒸气的混合物，除液滴在火焰中蒸发而产生适量的冷却效应外，主要是抑制干扰火焰的连锁反应，使火熄灭。

"1211"毒性和对金属腐蚀率较低，绝缘性能好，灭火后不留痕迹，具有适宜的沸点和储存压力低及久储不变质等优点。但遇燃烧时间长、温度高时，"1211"灭火有复燃的缺点。

② 干粉灭火器。干粉灭火器的基料为碳酸氢钠等和少量的防潮剂、流动促进剂等添加物（如硅油、滑石粉等），并研磨成很细的固体颗粒，用干燥的二氧化碳或氮气作动力，将干粉从容器中喷射出去，形成粉雾，由于干粉浓度密、颗粒细，在燃烧区内能隔绝火焰的辐射热，并析出不燃气体，冲淡空气中氧的含量及中断燃烧连锁反应等，从而迅速扑灭火焰。

干粉灭火剂具有灭火效力大、速度快、无毒、不导电、久储不变质、价格低等特点。

③ 二氧化碳灭火器。手提式二氧化碳灭火器，是把二氧化碳以液态灌进钢瓶内，其质量约 $3 \sim 7kg$。液态二氧化碳喷射到燃烧区时，液体二氧化碳蒸发，由于吸热作用凝成固态雪花状（又称干冰）。干冰的温度是 $-78.5℃$，故又有冷却作用。燃烧区灭火的二氧化碳浓度占 27.2% 时，燃烧的火焰就会熄灭。

二氧化碳灭火器的喷射距离约 $2m$，因而要接近火源，并要站立在上风处。

(2) 焊割作业时采用的灭火器材

焊割作业由于电气、电石及乙炔气发生火灾时，相应采用的灭火器材见表 7-1。

表 7-1　焊割发生火灾采用的灭火器材

火灾种类	采用的灭火器材
电气	二氧化碳、干粉、干沙
电石	干粉、干沙
乙炔气	干粉、干沙、二氧化碳

7.3　特殊环境焊接与切割安全技术

所谓特殊环境，是指在一般工业企业正规厂房以外的地方，如高空、野外、水下、狭窄空间（室、舱、柜、容器等）内部进行的焊接等。在这些地方焊接作业时，除遵守一般安全技术外，还要遵守一些特殊的规定。因此本节将介绍特殊环境焊接与切割的安全技术知识。

7.3.1　狭窄空间中焊接与切割的安全技术

(1) 狭窄空间存在的危险

① 气焊时，由于室内空气中氧气富集，空气中的乙炔或其他气体富集，会发生缺氧，产生氮的氧化物（亚硝气）及氧化铁、氧化铅和锌的烟气。

② 焊条电弧焊时由于电流的作用引起的触电，焊接电弧产生的辐射以及烟尘、气体等。

③ 容器介质中残留的可燃和易爆物质，容器内壁的颜色涂料，以及其他不可确定的有害物质。

(2) 狭窄空间焊接与切割的安全措施

① 在封闭容器、罐、桶、舱室中焊接、切割，应先打开施焊工作物的孔、洞，使内部空气流通，以防焊工中毒、烫伤，必要时应有专人监护。工作完成或暂停时，焊割炬和胶管等都应随人带出，不得放在工作点。

② 在狭窄和通风不良的容器、管段、地沟、坑道、检查井、半封闭地段等处进行焊割作业时，应在地面上调试焊割炬混合气，点好火，禁止在工作地点调试和点火，焊割炬都应随人进、出。焊割炬用的胶管、阀门应防止泄漏。

③ 容器内作业需使用 12V 灯具照明，灯泡要有金属网罩防护。电焊作业时，身体下面

要铺设绝缘垫。容器内潮湿时不进行电焊作业。

④ 在必要情况下，容器内作业人员应佩戴呼吸器及救生索等。

⑤ 置换焊补化工容器就是用惰性较强的介质（如氮气、二氧化碳、水蒸气或水）将容器中原有的可燃物质或有毒物质彻底排出，然后再焊接。经清洗置换后，容器内的可燃物质含量应低于该物质爆炸下限的 1/3，有毒物含量应符合有关规定。

⑥ 置换焊补时应将容器内、外壁面进行彻底清洗，并在焊接时随时进行检测。

⑦ 带压不置换焊补化工容器时，容器中可燃气体的 O_2 应控制在 1% 以下；被焊补容器必须保持一定的、连续稳定的正压。正压值可视情况控制在 1.5~5kPa。超过规定要求时应立即停止作业。

⑧ 带压不置换焊补作业时，如发生猛烈喷火，应立即采取灭火措施。火焰熄灭前不得切断容器内燃气源，要保持系统内足够的稳定压力，以防止容器内吸入空气形成爆炸性混合气而发生爆炸事故。

⑨ 置换焊补、带压不置换焊补作业均必须办理动火审批手续，现场安全措施及监督责任落实后方可焊接。

7.3.2　高处焊割作业的安全技术

焊工在坠落高度基准面 2m（含 2m）以上有可能坠落的高处进行焊割作业称为高处焊割作业。高处焊割作业时除遵守一般焊接作业的规定外，还应注意以下几点：

① 高处焊割作业必须设监护人，焊接电源刀开关设在监护人旁边。高处焊割作业不准使用带有高频振荡器的焊接设备。

② 焊割作业点距离高压线一般在 3m 以上，当高压在 35kV 以上时，一般应在 5m 以上，否则需停电作业。

③ 作业坠落点地面上，至少 10m 以内不得存放可燃或易爆物品。

④ 应使用符合标准规定的维纶、锦纶耐热安全带，不能用耐热差的尼龙安全带。安全带应高挂低用，固定可靠。

⑤ 登高梯子必须符合要求，放置要稳当，防止滑倒或倾倒。梯子与地面夹角在 70° 左右，使用人字梯时，两梯夹角在 45° 左右，并用限跨铁钩挂牢。不准两人同时在一个梯子上或在人字梯的同一侧作业。不准在梯子的顶挡上作业。

⑥ 严禁将电缆、乙炔或氧气胶管缠在身上作业。

⑦ 露天下雪时不宜作业，下雨或有 6 级及以上大风时禁止高处作业。

7.3.3　露天或野外作业的焊接安全技术

① 夏季在露天工作时，必须有防风雨棚或临时凉棚。

② 露天作业时应注意风向，注意不要让吹散的铁水及熔渣伤人。

③ 雨天、雪天或雾天时不准露天电焊，在潮湿地带工作时，焊工应站在铺有绝缘物品的地方，并穿好绝缘鞋。

④ 应安设简易屏蔽板，遮挡弧光，以免伤害附近工作人员或行人眼睛。

⑤ 夏天露天气焊时，应防止氧气瓶、乙炔瓶直接受烈日曝晒，以免气体膨胀而发生爆炸。冬天如遇气瓶阀门或减压器冻结时，应用热水解冻，严禁用火烤。

第8章

碳弧气刨

碳弧气刨作为一种辅助加工方法，在钢结构生产制造过程中得到了广泛的应用，尤其是清根、返修等操作过程中，更是必要的手段。了解其原理特点、掌握其工艺操作等内容，对生产现场实际操作起到了很好的辅助作用。

8.1 碳弧气刨概述

8.1.1 碳弧气刨的原理、特点及应用

（1）原理

碳弧气刨是利用碳电极（即碳棒）和金属工件之间产生的电弧热的高温，迅速将工件局部加热到熔化状态，同时用压缩空气的气流将熔化金属吹掉，从而在金属表面形成沟槽实现刨削的一种工艺方法（图8-1）。

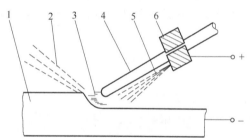

图8-1　碳弧气刨示意图

1—工件；2—熔化金属；3—电弧；4—碳棒；
5—压缩空气；6—刨钳

（2）特点

① 优点：

a. 噪声小，效率高。

b. 操作灵活，可达性好。

c. 易于发现细小缺陷。

② 缺点：

a. 碳弧有烟雾、粉尘污染和弧光辐射。

b. 操作不当容易引起刨槽表面增碳。

（3）应用

碳弧气刨有手工碳弧气刨和自动碳弧气刨。手工碳弧气刨适用范围广，易于掌握操作，使用普遍，目前被广泛应用在造船、机械制造、锅炉、金属结构制造等部门，成为生产中不可缺少的工艺技术手段。

① 双面焊时，用于清除背面焊根。

② 消除焊缝中的缺陷及刨除焊缝表面的余高。

③ 加工焊缝坡口，特别是U形坡口。自动碳弧气刨用于加工较直的直缝和环缝的坡口；手工碳弧气刨用于加工单件的或不规则焊缝的坡口。

④ 切割高合金钢、铝、铜及其合金。

⑤ 清理铸件的毛边、飞刺、浇冒口以及修复铸件中的缺陷。

8.1.2 碳弧气刨的材料

（1）碳棒

① 碳棒种类及作用。碳弧气刨在焊接生产中常用的碳棒有圆碳棒和矩形（扁）碳棒两种。前者主要用于焊缝消根、背面开槽及清除焊接缺陷等；后者用于刨除焊件上残留的临时焊道和焊疤，清除焊缝余高和焊瘤，有时也用做碳弧切割。

② 碳棒的性能及规格。对碳棒的要求是导电良好、耐高温、损耗小、电弧稳定、不易折断和价格低廉等。一般采用镀铜实心碳棒、镀铜层厚为 0.3～0.4mm。碳棒的质量和规格由国家标准 GB/T 12173—2008 规定。表 8-1 列出碳棒的型号和规格。表 8-2 为各种规格碳棒的额定工作电流。

根据各种刨削工艺需要，可以采用特殊的碳棒。

（2）压缩空气

压缩空气压力应为 0.4～0.6MPa，对压缩空气中含有的水分、油分应加以限制，必要时要加过滤装置。

表 8-1　碳棒的型号和规格

型 号	截面形状	规格尺寸/mm		
		直径	截面	长度
B505～B514	圆形	5、6、7、8、9、10、12、14	—	305 355
B5412～B5620	矩形	—	4×12　5×10	305
			5×12　5×15	
			5×18　5×20	355
			5×25　6×20	

表 8-2　碳棒的额定工作电流值

圆形碳棒规格/mm	—	5	6	7	8	9	10	12	14
额定电流值/A	—	225	325	350	400	500	550	850	1000
矩形碳棒规格/mm	4×12	5×10	5×12	5×15	5×18	5×20	5×25	6×20	—
额定电流值/A	200	250	300	350	400	450	500	600	—

注：1. 操作时的实际电流不超过额定电流的 ±10%。

2. 操作时的空气压力为 0.5～0.6MPa。

8.2　碳弧气刨工艺及操作

8.2.1　工艺参数

（1）电源极性

碳弧气刨一般采用直流电源，对于碳钢、合金钢和不锈钢应采用直流反接（工件接负极），这样气刨时电弧稳定，刨削速度均匀，刨槽宽窄一致，表面光洁。反之，则电弧不稳。对于铸铁、铜和铜合金应采用直流正接。

（2）碳棒直径

碳棒直径应根据被刨工件的厚度和刨槽的宽度来确定，工件越厚，碳棒直径越大；刨槽越宽，碳棒直径越大，通常碳棒宜比所要求的刨槽宽度小 2～4mm。详见表 8-3。

表 8-3　碳棒直径的选择　　　　　　　　　　　　　　单位：mm

钢板厚度	碳棒直径
4～6	4
6～8	5～6
8～12	6～7
>10	7～10
>18	10

（3）电流

为提高生产率，碳弧气刨可使用较大的电流，增大气刨电流，刨槽宽度增加，槽深也增加，而且可提高切割速度和获得光滑的刨槽。但过大的电流，碳棒易发红，导致镀铜皮脱落，甚至碳棒熔化滴入槽内，使槽道渗碳。正常电流下，碳棒发红长度约为 25mm。当电流过小时，电弧不稳定，不但效率低，而且易产生粘渣和夹碳现象。

气刨电流与碳棒直径直接相关。气刨电流可按表 8-4 来确定，也可以参照下面经验公式来选定：

$$I=(30\sim50)d$$

式中　I——气刨电流，A；

　　　d——碳棒直径，mm。

如：碳棒直径为 ϕ8mm，其电流可为 400A 左右。

（4）刨削速度

刨削速度影响刨槽尺寸、表面质量和刨削过程的稳定。随着刨削速度增大，刨槽深度减小。若速度太快，会造成碳棒与金属相碰，使碳棒粘在刨槽顶端，形成"夹碳"的缺陷。若速度太慢，则刨槽过宽且不规则。一般刨削速度以 0.5～1.0m/min 为宜。

（5）压缩空气压力

压缩空气压力直接影响刨削速度和刨槽表面质量。压力低于 0.4MPa 时，熔融金属难以全部吹除，影响刨削正常进行，效率明显降低，而且槽道面粗糙、渗碳层增厚。提高压缩空气压力，切削能力增强，可提高切割速度和刨槽表面质量。一般根据需要压力可在 0.4～0.6MPa 之间调节。大电流气刨时，金属熔化量增加，要求的压缩空气压力和流量也相应增加。

（6）碳棒伸出长度

碳棒伸出长度是指碳棒从导电钳头到燃弧端的长度。手工操作时，伸出长度过大，压缩空气喷嘴离电弧太远，造成风力不足，难以吹走熔渣，同时电阻热增加，碳棒易发红和折断。伸出长度过小，妨碍对刨槽过程和方向的观察，操作不便。一般碳棒伸出长度以 80～100mm 为宜。但由于碳棒不断被烧损，当烧损到 30～40mm 后，就必须重新调整碳棒伸出长度为 80～100mm。

(7) 碳棒与工件倾角

倾角 α（见图 8-2）大小对刨槽深度和刨削速度有影响。α 增大，刨槽深度增加但刨削速度下降。一般取 $\alpha=45°$左右为宜。

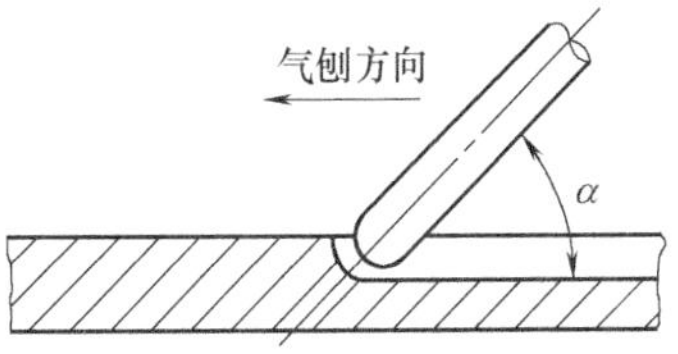

(8) 电弧长度

碳弧气刨时，弧长过大，电弧不稳定，易引起熄弧或槽道不整齐；弧短一些有利于提高生产效率，但弧长过短又易引起夹碳缺陷。一般弧长为 1～2mm 较为合适。

常见的碳弧气刨工艺参数见表 8-4。

图 8-2　碳棒与工件倾角 α

8.2.2　操作技术

(1) 碳弧气刨的操作过程

① 连接设备。碳弧气刨操作前，先将电源、气源与刨枪连接好。

② 检试风量。将刨枪放置在适当的位置，送风，检试风量。

③ 检查电源极性及焊机接地，合闸送电，启动焊机。

④ 根据气刨作业性质和要求选择碳棒并按伸出长度要求装好碳棒。

⑤ 戴好焊工面罩，起刨。

⑥ 在刨削过程中，不断地调节碳棒的伸出长度，并随时清除熔渣，检查刨削质量。

⑦ 刨削结束后，关闭电源和风源，整理设备及工具，做到文明生产。

表 8-4　碳弧气刨工艺参数

类别	碳棒规格/mm	电流/A	碳弧气刨速度/(m·min⁻¹)	槽的形状/mm	使用范围
圆碳棒	ϕ5	250	—	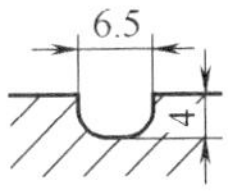	用于厚度 4～7mm 板
	ϕ6	280～300	—	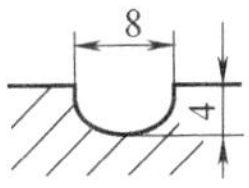	
	ϕ7	300～350	1.0～1.2	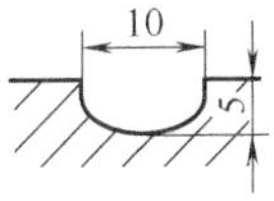	用于厚度 8～24mm 板
	ϕ8	350～400	0.7～1.0	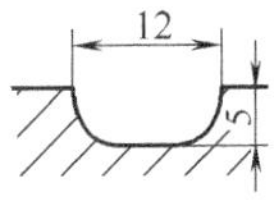	
	ϕ10	450～500	0.4～0.6	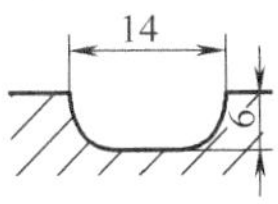	
扁碳棒	4×12	350～400	0.8～1.2		—
	5×20	450～480	0.8～1.2		
	5×25	550～600	0.8～1.2		

（2）刨削操作姿势

碳弧气刨根据刨削位置的不同有多种操作姿势。其中平面直缝刨削有两种姿势：

① 一种姿势是和焊条电弧焊的操作姿势基本相同，操作者右手持刨枪，左手拿面罩，蹲在刨缝的侧面从右向左刨，但引燃起刨位置一般不应超过右膝。同时，操作者身体不能向刨削方向倾斜过大，以免影响刨削视线及刨削角度。随着刨削的进行，要随时调整身体的位置。

② 另一种操作姿势是操作者蹲在刨削缝前，右手反持刨枪，由两膝间的前方向前刨削。采用这种方法，操作时视线好，易观察刨缝和沟槽的形状，适合刨削长直缝。

（3）刨削操作要点

① 刨削前：

a. 检查电源极性。

b. 调节电流，根据碳棒直径选择并调节好电流。

c. 调节碳棒，使其伸出长度为 80～100mm。

d. 调节出风口，使出风口能对准刨槽。

② 刨削：

a. 先打开气阀，再引燃电弧。

b. 碳棒与焊件夹角按要求的槽深而定，刨槽要求深，倾角就应大一些；刨槽要求浅，倾角就应小一些，一般可在 30°～45°。如图 8-3 所示。

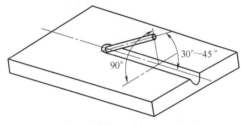

图 8-3 碳棒与工件间的角度

c. 碳棒中心线应与刨槽中心线重合，否则，刨槽形状不对称。

d. 刨削速度要保持均匀，均匀清脆的嘶嘶声表示电弧稳定，能得到光滑均匀的刨槽。速度太快易短路，造成夹碳；太慢易断弧，刨槽质量也差。

e. 每段刨槽衔接时，应在弧坑上引弧，防止触伤刨槽或产生较大的凹痕。

f. 厚钢板的深坡口刨削时，宜采用分段多层刨削法。

中厚板刨削顺序如图 8-4 所示，大厚板的刨削顺序如图 8-5 所示。

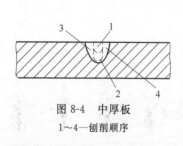

图 8-4 中厚板

1～4—刨削顺序

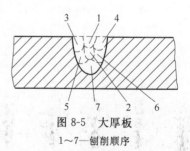

图 8-5 大厚板

1～7—刨削顺序

g. 在垂直位置刨削时，应由上向下移动。

③ 刨削后：

a. 刨削结束时，应先断弧，过几秒后再断气，以使碳棒冷却。

b. 刨槽后应清除刨槽及其边缘的熔渣和氧化皮，用钢丝刷清除刨槽内的碳灰和铜斑。

8.3　碳弧气刨的缺陷及自动碳弧气刨简介

8.3.1　碳弧气刨缺陷的产生及防止

（1）夹碳

刨削速度太快或碳棒送进太猛，使碳棒头部触及铁水或未熔化的金属上，电弧因短路熄灭，碳棒的端部脱落粘在了未熔化的金属上，形成"夹碳"缺陷。

清除夹碳缺陷的方法是用角形磨光机磨掉或从夹碳缺陷前端重新起刨，将夹碳连根一起刨掉，如图 8-6 所示。

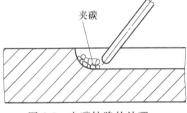

图 8-6　夹碳缺陷的处理

（2）粘渣

碳弧气刨操作时，吹出来的铁水叫"渣"，它的表面是一层氧化铁，内部是含碳量很高的金属。如果渣粘在刨槽的两侧，即"粘渣"。

清除粘渣可用风铲或砂轮机。

（3）槽道不正和深浅不均

碳棒歪向刨槽的一侧即会引起刨槽不正，如图 8-7 所示；碳棒移动时上下跳动即会引起刨槽深浅不均，如图 8-8 所示。

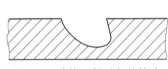

图 8-7　碳棒歪斜引起的缺陷

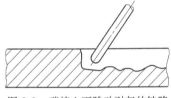

图 8-8　碳棒上下跳动引起的缺陷

（4）刨偏

碳棒偏离预定的刨槽目标即形成刨偏。

（5）铜斑

碳棒上的镀铜皮成块剥落后以熔化状态粘在刨槽表面即形成铜斑。

清除铜斑可用钢丝刷或砂轮机。

常见碳弧气刨缺陷的产生原因和防止措施见表 8-5。

表 8-5　碳弧气刨中常见缺陷的产生原因和防止措施

缺陷	产生原因	防止和消除措施
夹碳	刨削速度太快或碳棒进给过速	正确掌握刨削速度 注意碳棒进给 立即停止刨削，在夹碳处的前部反方向刨除缺陷或用角形砂轮把夹碳段磨去
粘渣	压缩空气压力低 刨削速度太慢 碳棒角度过小	调整压缩空气压力 注意掌握刨削速度和碳棒角度 产生的粘渣应清除干净（如用风铲或砂轮打磨）

缺陷	产生原因	防止和消除措施
槽道歪斜和深浅不均	碳棒偏向一侧 操作过程中碳棒上下波动或角度变动	注意碳棒与工件的相对位置 提高操作熟练程度
刨偏	未看清刨槽目标 熔渣堆积于槽前方 注意力不集中	操作时集中注意力 采用合适的碳刨枪 提高操作熟练程度
铜斑	电流过大 镀铜层质量差	采用合适的电流 选用质量合格的碳棒 用钢丝刷或砂轮清除铜斑

8.3.2　自动碳弧气刨简介

平直焊缝的背曲刨槽或圆筒体环焊缝的焊根刨槽可以采用半自动或自动碳弧气刨，以减轻劳动强度，提高刨削质量和生产效率。在半自动碳弧气刨中，只有碳棒自动地送给，其余动作仍需工人操作和控制；自动碳弧气刨除碳棒能自动进给外，气刨枪借助小车可沿预定轨道以一定速度自动地移动，完成自动刨削工作。若小车套在柔性的磁轨道上，就可以实现平、横、立、仰各种位置的自动气刨工作。

自动碳弧气刨的适应性差，而且随着单面焊双面成形技术的应用，在国内应用已不多。

8.4　碳弧气刨安全

碳弧气刨时除必须遵守电焊工安全操作规程外，还需注意以下几点：

① 露天作业时，尽可能顺着风向操作，防止吹散的熔渣烧伤周围其他作业人员，并做好现场的安全防火工作。

② 碳弧气刨由于弧光较强，操作人员应戴上深色护目镜。

③ 在容器内或狭小部位操作时，必须有通风排烟措施。

④ 碳弧气刨使用电流较大，在连续使用过程中要防止焊机过载、过热。

⑤ 碳弧气刨的粉尘、烟雾对人体有较大危害，操作时戴好特制防毒口罩。

第9章

起重机钢结构焊接质量的检验

焊接质量的检验在起重机钢结构制造过程中是必不可少的重要一环。作为一名焊接操作工，了解和掌握焊接检验的方法、焊接缺陷的分类及产生原因、焊接缺陷的返修等内容对提高焊接技能、保证焊接质量起到至关重要的作用。

9.1 概述

起重机焊接检验就是根据有关标准、工艺规范、技术要求，控制和检验焊接质量的方法和过程。

（1）焊接检验的目的

焊接检验的目的是发现焊接缺陷，找出缺陷出现的规律，指出消除缺陷的办法，以确保起重机的质量和安全使用，使焊接结构满足设计和使用要求。

（2）焊接检验的主要作用

① 确保焊接结构件的制造质量，满足技术要求。

② 在产品使用中不断地进行监测，保证其安全运行。

③ 改进焊接技术，提高产品质量。

④ 降低产品成本，提高经济效益。

⑤ 焊接检验既关系到企业的经济效益，也关系到社会效益。

因此，焊接检验对生产者是保证产品质量的手段；对主管部门是对企业进行质量评定和监督的手段；对用户则是对产品进行验收的重要手段。检验结果是产品质量、安全和可靠性评定的依据。

9.2 起重机钢结构焊接检验的分类

9.2.1 起重机钢结构焊接检验的依据

焊接生产过程中必须按图样、技术标准和验收文件规定进行检验。而焊接检验的依据主要是：

① 产品的图样。

② 技术标准。

③ 产品制造的工艺文件。

④ 订货合同。

9.2.2 起重机钢结构焊接检验方法

9.2.2.1 起重机钢结构焊接检验方法及其分类

起重机焊接质量检验的方法按其特点可分为三大类：破坏性检验、非破坏性检验、工艺性检验。表9-1为主要焊接检验方法分类、特点及内容。

表9-1 起重机主要焊接检验方法分类、特点及内容

类别	特点	内容	
破坏性检验	检验过程需破坏被检对象的结构	力学性能试验	包括：拉伸、弯曲、冲击、硬度、疲劳、韧度等试验
		化学分析与试验	化学成分分析；晶间腐蚀试验；铁素体含量测定
		金相与断口的分析与试验	宏观、微观组织分析；断口检验与分析
非破坏性检验	检验过程不破坏被检对象的结构和材料	外观检验	包括：母材、焊材、坡口、焊缝等表面质量和成品半成品的外观几何形状及尺寸等检验
		强度试验	水压、气压强度试验
		致密性试验	气密性、吹气、载水、水冲、沉水、煤油、渗漏、氨检漏等试验
		无损检测试验	射线、超声波、磁粉、渗透、涡流
工艺性检验	在产品制造过程中为了保证工艺正确性而进行的检验	材料焊接性、焊接工艺评定试验；焊接电源、工艺装备、辅机及工具、结构的装配质量、焊接工艺参数、预热、后热及焊后热处理等的检验	

9.2.2.2 非破坏性检验

非破坏性检验是不破坏被检对象的结构和材料的检验方法，包括外观检验、压力（强度）试验、致密性试验和无损检测试验等。

（1）外观检验

外观检验是用肉眼或借助样板或用低倍放大镜观察焊件，以发现表面缺欠以及测量焊缝的外形尺寸的方法。

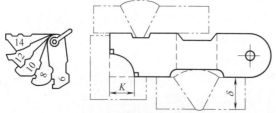

图9-1 样板组和焊缝的测量

焊件表面缺欠主要是：未熔合、咬边、焊瘤、裂纹、表面气孔等。在多层焊时，应重视根部焊道的外观质量。焊接接头外部出现缺欠，通常是产生内部缺陷的标志。焊缝外形及其尺寸的检查，通常借助样板或量规进行，见图9-1。其评定标准有 GB/T 985.1—2008、 GB/T 985.2—2008 和 JB/T 7948.1～9—2017 等，焊缝宽度、余高及余高差、焊缝边缘直线度、焊脚尺寸偏差等见表9-2～表9-4。

表9-2 余高 h 值

焊接方法	焊缝形式	焊缝宽度 C/mm		焊缝余高 h/mm
		C_{min}	C_{max}	
埋弧焊	I形焊缝	$b+8$	$b+28$	0～3
	非I形焊缝	$g+4$	$g+14$	

焊接方法	焊缝形式	焊缝宽度 C/mm		焊缝余高 h/mm
		C_{min}	C_{max}	
手工电弧焊及气体保护焊	Ⅰ形焊缝	$b+4$	$b+8$	平焊:0~3
	非Ⅰ形焊缝	$g+4$	$g+8$	其余:0~4

表 9-3　焊缝边缘直线度 f 值

焊接方法	焊缝边缘直线度 f/mm
埋弧焊	≤4
手工电弧焊及气体保护焊	≤3

表 9-4　焊脚尺寸 K 值偏差

焊接方法	尺寸偏差/mm	
	$K<12$	$K≥12$
埋弧焊	+4	+5
手工电弧焊及气体保护焊	+3	+4

(2) 压力试验

压力试验包括水压或气压试验。用于评定锅炉、压力容器、管道等焊接构件的整体强度性能、变形量大小及有无渗漏现象。

① 水压试验。水压试验是以水为试验介质，使用的仪表设备有高压水泵、阀门和两个同量程的压力表等。

② 气压试验。气压试验一般用于低压容器和管道的检验。

气压试验是以气体为试验介质，使用高压气泵、阀门、缓冲罐（稳压罐）、安全阀、两个同量程并经校正的压力表等。由于气压试验的危险性比水压试验大，进行试验时必须按《压力容器安全技术监察规程》进行。检查方法是涂肥皂水检漏，或检查工作压力表数值变化。如果没有发现漏气或压力表数值稳定，则为合格。

(3) 致密性试验

致密性试验是检查焊缝有无漏水、漏气和漏油等现象。

① 气密性试验。气密性试验是将压缩空气压入焊接容器内，利用容器内外气体压力差，检查有无泄漏的试验方法。

检验小容积的压力容器时，把容器浸于水槽中充气，若焊缝金属致密性不良，水中呈现气泡；检验大容积的压力容器，容器充气后，在焊缝处涂肥皂水检验渗漏。

② 氨气试验。对被检压力容器充以含有 10%（体积）氨气的混合压缩空气，不必把容器浸入水槽里，只在焊缝外面贴一条比焊缝宽约 20mm 的浸过 5%硝酸汞水溶液的试纸，若焊缝区有泄漏，则试纸上的相应部位将呈现黑色斑纹。

③ 煤油试验。煤油试验适用于敞开的容器和储存液体的大型储器上焊缝检测，在规定时间内未发现油斑痕即为合格。

(4) 无损探伤试验

无损探伤又称无损检测（NDT），是一项使用非常方便，检验速度快而又不损伤成品的有效技术。

凡能对材料或构件实行无损检测的各种力、声、光、热、电、磁、化学、电磁波或核辐射等方法，广义上都可认为是无损检测方法。目前主要应用的无损检测方法及其基本特点见表9-5。超声波、射线、磁粉、渗透、涡流这五种方法称为常规无损探伤法。

表9-5　主要无损检测（NDT）方法的适用性和特点

序号	检测方法	缩写	适用缺陷类型	基本特点
1	超声波	UT	表面与内部	速度快,平面型缺欠灵敏度高
2	射线	RT	内部	直观,体积型缺欠灵敏度高
3	磁粉	MT	表面	仅适于铁磁性材料
4	渗透	PT	表面开口	操作简单
5	涡流	ET	表层	适于导体材料
6	声发射	AE	缺欠的萌生与扩展	动态检测与监测

① 超声波探伤。超声波一般是指频率高于20kHz、人耳不易听到的机械波。高频的超声波波束具有与光学相近的指向性．故可用于探伤。超声波探伤法（UT）是利用超声波探测材料表层和内部缺欠的无损检验方法。

② 射线探伤。射线探伤（RT）是一种采用X射线或γ射线照射焊接接头，检查内部缺欠的无损检验的方法。目前应用的主要有射线照相法、透视法（荧光屏直接观察法）和工业X射线电视法。其中应用最广泛、灵敏度较高的是射线照相法。

焊缝常见缺欠有裂纹、气孔、夹渣、未熔合和未焊透等。

③ 磁粉探伤。利用在强磁场中，铁磁性材料表层缺欠产生的漏磁场吸附磁粉的现象而进行的无损检验法称磁粉探伤（MT）。

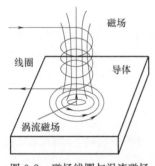

图9-2　磁场线圈与涡流磁场

④ 渗透探伤。利用某些液体的渗透性等物理特性来发现和显示缺欠的无损探伤法称渗透探伤（PT）。可检测表面开口缺欠。几乎适用于所有材料和各种形状表面检查，此法设备简单、操作方便、检测速度快，而且适用范围广，被广泛采用。

⑤ 涡流探伤。涡流探伤法是以电磁感应原理为基础，如图9-2所示。涡流磁场变化会引起线圈阻抗的变化，测出该阻抗变化的幅值与相位即能间接地测量出工件表面缺欠尺寸，此即涡流探伤（ET）。与超声波探伤法相比，涡流法不需耦合剂和与工件直接接触，因此，检测速度高，并便于实现高温检测。

9.2.3　起重机质量检验方式

起重机常用的检验方式见表9-6。

表9-6　起重机质量检验方式的分类及其特征

分类	检验方式	基本特征
按工艺流程	预先检验	在制作前对原材料、外协件、外购件的检验
	中间检验	制作过程中完成每道工序（或数道工序）后的检验
	最后检验	完成全部制作或装配后对成品进行完工后的检验

分类	检验方式	基 本 特 征
按检验地点	定点检验	在固定检验点(或站)进行的检验
	现场检验	在产品生产线上现场对产品的检验
按检验频次	全数检验	对检查对象逐件检验,即百分之百进行检验
	抽样检验	在批量生产中按原先规定的百分比抽检
按预防性	首件检验	对改变工艺方法或生产条件后的前几件进行的检验
	统计检验	运用数理统计和概率原理进行的检验
按检验制度	自行检验	制作者在工序完成后的自行检验
	专人检验	专职检验人员的检验
	监督检验	由制造厂、用户以外的第三方监督部门进行的检验

(1) 全检

全检,即 100％的产品检验。在批量生产中宜采用。如:

① 产品价值很高, 出现一个废品能带来很大经济损失时。

② 产品质量不好会给人们生命安全带来很大危害时。

③ 条件允许的检验, 如焊接的表面缺欠等。

④ 抽检后发现不合格品较多或整批不合格时。

(2) 抽检

抽检,即部分产品检验。可以缩短生产周期, 减少检验费用。如:

① 有相同类型的焊缝, 且在同一工艺条件下焊接。

② 产品数量很多, 而加工设备优良, 质量比较稳定可靠时。

③ 被检对象是生产线上连续性产品。

④ 对产品的力学、物理性能要做破坏性试验时, 或对特殊产品做爆破试验时, 如液化石油气钢瓶、乙炔钢瓶等产品。

9.2.4　起重机钢结构焊接检验过程

(1) 焊前检验

焊前检验的主要内容见表 9-7。

表 9-7　焊前检验

序号	名称	主要内容	说明
1	原材料	①来料单据 ②材质及规格 ③外观质量 ④检查划线、移植标记	注意检查材质及规格、划线的正确性和标记的齐全性,并做好检查记录,无误后才可转入下道工序(备料)
2	焊接材料	①焊丝 ②焊条 ③焊剂 ④气体	注意检查核对其牌号(型号)及规格的正确性;应符合标准、图样、工艺等规定;若需代换需有审批手续
3	设计鉴定	应具有良好的可检性	指有适当的探伤空间位置

序号	名称	主要内容	说明
4	备料检查	焊口边缘及坡口的检查	焊口边缘的清理质量；坡口的形状、尺寸及表面加工质量
5	焊接试板	①焊前试板 ②工序试板 ③产品试板	焊前试板：单批生产中确定工艺规程； 工序试板：复杂工序间； 产品试板：评定成品焊缝的质量
6	设备检查	①电源 ②焊机 ③气体、气瓶	相关设备（焊机）的型号、完好率；气体的纯度和压力大小
7	焊件装配	①装配结构 ②装配工艺 ③定位焊缝质量检查	组装尺寸；定位焊缝作为主焊缝时其质量检验要求同主焊缝
8	辅机工装	①变位机 ②转胎 ③装配夹具 ④焊接夹具	应注意规格、动作灵活性、定位精度和夹紧力等
9	工具检查	面罩、焊把线、电缆线	焊把线不得裸露接头、护目镜颜色深浅合适
10	焊接环境	安全性、温度、湿度、风速、雨雪	不利于焊接时应有有效的防护措施再施焊
11	焊接	预热方式、预热温度	温度测量点应距焊缝边缘100～300mm
12	焊工资格	检查焊工合格证	应注意有效期并注意考试项目与所焊产品的一致性

(2) 焊接过程检验

过程检验指形成焊缝、后热、热处理过程。主要内容见表9-8。

(3) 焊后检验

焊后检验：外观、无损、力学性能、金相、焊缝晶间腐蚀、焊缝化学成分、致密性、焊缝强度（水压、气压试验）检验等。

表9-8 焊接过程检验

序号	名称	主要内容	说明
1	焊接规范	各种工艺方法：手工焊、埋弧焊、气保焊等	原则上均应严格执行工艺。当有变化时，应有工艺更改手续
2	复核焊接材料	①焊接材料牌号（型号）及规格 ②焊缝外观特征	确保牌号（型号）及规格符合标准、图样、工艺等规定；当有变化时，应有相关更改手续
3	焊接顺序	①施焊顺序 ②施焊方向	注意施焊方向正确无误
4	表面质量	焊缝表面不应有裂纹、夹渣、气孔等焊接缺陷	多层焊时每一次的单道焊缝焊后均要进行检查，如发现缺陷应及时清除
5	后热	①检查后热温度 ②检查后热保温时间	工艺要求：焊后立即对焊件进行全部或局部加热或保温处理时所进行的检查
6	焊后热处理	①焊后正火热处理 ②焊后消除应力热处理	均应严格按相关工艺要求进行检查

（4）起重机安装调试质量检验

起重机安装调试质量检验：对现场组装的焊接质量进行检验；对起重机制造时的焊接质量进行现场复查。

① 检查程序和检验项目。

a. 检查资料的齐全性。

b. 核对质量证明文件。

c. 检查实物与质量证明的一致性。

d. 按有关安装规程和技术文件规定进行检验。

e. 重要部位，易产生质量问题、运输中易损和易变形的部位都应重点检查。

② 检验方法和验收标准。检验所采用的检验方法、检验项目、验收标准应该符合有关标准的规定，应与起重机制造过程中所采用的检验方法、检验项目、验收标准相同。

③ 焊接质量问题的现场处理。

a. 发现漏检，应作补充检验并补齐质量证明文件。

b. 因检验方法、检验项目或验收标准等不同而引起的质量问题，应尽量采用同样的检验方法和评定标准，确定焊接合格与否。

c. 可修可不修的焊接缺陷一般不退修。

d. 焊接缺陷明显超标，应进行退修。大型结构应尽量在现场修复，较小结构而修复工艺复杂者应及时返厂修复。

（5）起重机服役质量检验

① 起重机运行期间的质量控制。起重机在役运行时，可用声发射技术进行质量监督。

② 起重机检修质量的复查。为保证起重机安全运行，应有计划地定期复查焊接质量。安全监察规程中均有检修计划的具体规定，以便发现缺陷，保证安全运行。主要内容：

a. 质量复查程序。

a）查阅质量证明文件或原始质量记录。

b）拟订检修方案。

b. 质量复查的检验部位。

a）按有关安全监察规程或技术文件规定进行检验。

b）修复过、缺陷严重的部位；应力集中部位；同类产品运行时常出现问题的部位。

③ 起重机质量问题现场处理。对重要焊接结构件的退修要进行工艺评定，验证焊接工艺，制订返修工艺措施，编制质量控制指导书和记录卡，以保证在返修过程中掌握质量标准、记录及时、控制准确。

④ 焊接结构破坏事故的现场调查与分析。

a. 现场调查。

b. 取样分析。

c. 设计校核。

d. 复查制造工艺。

对破坏事故的调查和分析，可以确定结构的断裂原因，提出防止事故的措施，为设计、制造和运行等提供改进依据。

9.3 起重机钢结构焊接缺陷

9.3.1 起重机钢结构焊接缺陷的概念及分类

(1) 焊接缺陷的概念

在焊接结构（件）中要获得无缺陷的焊接接头，在技术上是相当困难的，也是不经济的。由于不同的焊接结构（件）使用的场合不同，对其质量要求也不一样，因而对缺陷的容限范围也不相同。焊接过程中在焊接接头中产生的不符合标准要求的缺陷称为焊接缺陷。

(2) 焊接缺陷的分类

焊接缺陷的种类很多，有熔焊产生的缺陷，也有压焊、钎焊产生的缺陷。本节主要介绍熔焊缺陷的分类，其他方法的焊接缺陷这里不做介绍。

根据 GB/T 6417.1—2005《金属熔化焊接头缺欠分类及说明》，可将熔焊缺欠分为以下六类：裂纹、孔穴、固体夹杂、未熔合和未焊透、形状和尺寸不良、其他缺欠。六类缺欠的名称见表 9-9。

表 9-9 熔焊焊接接头中常见缺欠的名称

分类	名称	分类	名称
裂纹	横向裂纹	形状和尺寸不良	咬边
	纵向裂纹		焊瘤
	弧坑裂纹		下塌
	放射状裂纹		下垂
	枝状裂纹		烧穿
	间断裂纹群		未焊满
	微观裂纹		角焊缝凸度过大
孔穴	球形气孔		角度偏差
	均布气孔		错边
	局部密集气孔		焊脚不对称
	链状气孔		焊缝超高
	条形气孔		焊缝宽度不齐
	虫形气孔		表面不规则
	表面气孔	其他缺欠	电弧擦伤
固体夹杂	夹渣		飞溅
	焊剂夹渣		钨飞溅
	氧化物夹杂		定位焊缺欠
	皱褶		表面撕裂
	金属夹杂		打磨过量
未熔合和未焊透	未熔合		凿痕
	未焊透		磨痕

9.3.2　焊接缺陷的特征及分布

（1）焊接裂纹

焊接裂纹是指金属在焊接应力及其他致脆因素共同作用下，焊接接头中局部区域金属原子结合力遭到破坏而形成的新界面所产生的缝隙。具有尖锐的缺口和长宽比大的特征，是焊接结构（件）中最危险的缺陷。

各种裂纹的外观形貌如图 9-3 所示，按裂纹的外观形貌和产生的部位来划分的各种裂纹的特征和分布见表 9-10。

（2）孔穴

焊接时，熔池中的气泡在凝固时未能逸出而残留下来所形成的空穴称为气孔（孔穴）。气孔有时以单个出现，有时以成堆的形式聚集在局部区域，其形状有球形、条虫形等。气孔的特征与分布见表 9-11。

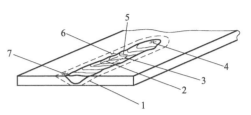

图 9-3　各种裂纹的外观形貌

1—热影响区；2—纵向裂纹；3—间断裂纹；
4—弧坑裂纹；5—横向裂纹；6—枝状裂纹；7—放射状裂纹

表 9-10　按外观形貌划分的裂纹特征和分布

名称	特征	分布
横向裂纹	裂纹长度方向与焊缝轴线相垂直	位于焊缝、热影响区或母材中
纵向裂纹	裂纹长度方向与焊缝轴线相平行	
弧坑裂纹	形貌有横向、纵向或星形状	位于焊缝收弧弧坑处
放射状裂纹	从某一点向四周放射的裂纹	位于焊缝、热影响区或母材中
枝状裂纹	形貌呈树枝状	
间断裂纹	裂纹呈断续状	
微观裂纹	在显微镜下才能观察到	

表 9-11　气孔的特征与分布

名称	特征	分布
气孔	①氢气孔的断面形状多为螺钉形，从焊缝表面上看呈圆喇叭形，其四周有光滑的内壁 ②氮气孔与蜂窝相似，常成堆出现 ③CO 气孔的表面光滑，像条虫状 ④在含氢量较高的焊缝金属中出现的鱼眼缺陷，实际上是圆形或椭圆形氢气孔，在其周围分布有脆性解理扩展的裂纹，形成围绕气孔的白色环脆断区，形貌如鱼眼	①氢气孔出现在焊缝表面上 ②氮气孔多出现在焊缝的表面 ③CO 气孔多产生于焊缝内部，沿其结晶方向分布 ④横焊时，气孔常出现在坡口上部边缘，仰焊时常分布在焊缝底部或焊层中，有时候也出现在焊道的接头部位及弧坑处

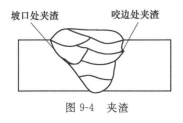

图 9-4　夹渣

坡口处夹渣　　咬边处夹渣

（3）固体夹杂

① 夹渣。焊后残留在焊缝中的熔渣称为夹渣。其形状较复杂，一般呈线状、长条状、颗粒状及其他形式。主要发生在坡口边缘和每层焊道之间非圆滑过渡的部位，在焊道形状发生突变或存在深沟的部位也容易产生夹渣（图 9-4）。在横焊、立焊或仰焊时产生的夹渣比平焊多。当混入细微的

非金属夹杂物时，在焊缝金属凝固过程中可能产生微裂纹或孔洞。

② 夹钨。在进行钨极氩弧焊时，若钨极不慎与熔池接触，使钨的颗粒进入焊缝金属中而造成夹钨。焊接镍铁合金时，则其与钨形成合金，使 X 射线探伤很难发现。

(4) 未熔合和未焊透

① 未熔合。在焊缝金属和母材之间或焊道金属与焊道金属之间未完全熔化结合的部分称为未熔合。常出现在坡口的侧壁、多层焊间及焊缝的根部（图 9-5）。

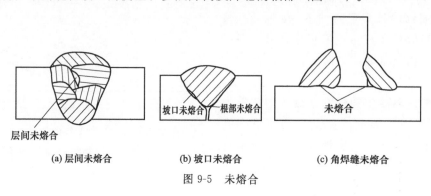

(a) 层间未熔合   (b) 坡口未熔合   (c) 角焊缝未熔合

图 9-5　未熔合

② 未焊透。焊接时，母材金属之间应该熔合而未焊上的部分称为未焊透。出现在单面焊的坡口根部及双面焊的坡口钝边（图 9-6）。未焊透会造成较大的应力集中，往往从其末端产生裂纹。

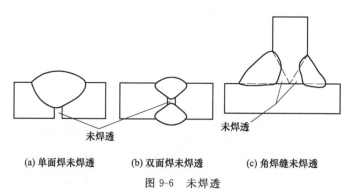

(a) 单面焊未焊透   (b) 双面焊未焊透   (c) 角焊缝未焊透

图 9-6　未焊透

(5) 形状和尺寸不良

① 咬边。由于焊接参数选择不当，或操作工艺不正确，沿焊趾的母材部位产生的沟槽或凹陷称为咬边。在立焊及仰焊位置容易发生咬边，在角焊缝上部边缘也容易产生咬边（图 9-7）。

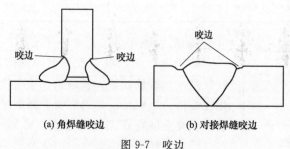

(a) 角焊缝咬边   (b) 对接焊缝咬边

图 9-7　咬边

② 焊瘤。焊接过程中，熔化金属流淌到焊缝之外未熔化的母材上所形成的金属瘤称为焊瘤。焊瘤存在于焊缝表面，在其下面往往伴随着未熔合、未焊透等缺陷。由于焊缝填充金属的堆积，焊缝的几何形状发生变化而造成应力集中（图 9-8）。

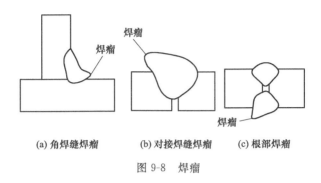

(a) 角焊缝焊瘤　　　(b) 对接焊缝焊瘤　　　(c) 根部焊瘤

图 9-8　焊瘤

③ 烧穿和下塌。焊接过程中，熔化金属自坡口背面流出，形成穿孔的缺陷叫烧穿。烧穿容易发生在第一道焊道及薄板对接焊缝或管子对接焊缝中。在烧穿的周围常有气孔、夹渣、焊瘤及未焊透等缺陷 [图 9-9（a）]。

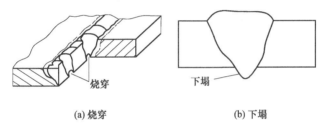

(a) 烧穿　　　　　　　　　　(b) 下塌

图 9-9　烧穿和下塌

穿过单层焊缝根部，或在多层焊接接头中穿过前道熔敷金属塌落的过量焊缝金属称为下塌 [图 9-9（b）]。

④ 错边和角度偏差。由于两个焊件没有对正造成板的中心线平行偏差称为错边 [图 9-10（a）]。当两个焊件没有对正而造成它们的表面不平行或不成预定的角度称为角度偏差 [图 9-10（b）、(c)]。

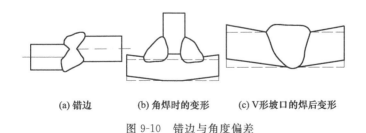

(a) 错边　　　(b) 角焊时的变形　　　(c) V 形坡口的焊后变形

图 9-10　错边与角度偏差

⑤ 焊缝尺寸、形状不合要求。焊缝的尺寸缺陷是指焊缝的几何尺寸不符合标准的规定（图 9-11）。

焊缝形状缺陷是指焊缝外观质量粗糙，鱼鳞纹高低、宽窄发生突变，焊缝与母材非圆滑过渡等（图 9-12）。

（6）其他缺欠

① 电弧擦伤。在焊缝坡口外部引弧时产生于母材金属表面上的局部损伤（图 9-13）。如果在坡口外随意引弧，有可能形成弧坑而产生裂纹，又很容易被忽视、漏检，导致事故的发生。

② 飞溅。熔焊过程中，熔化的金属颗粒和熔渣向周围飞散的现象称为飞溅。不同药皮成分的焊条具有不同的飞溅损失，图 9-14 为飞溅较严重的情形。

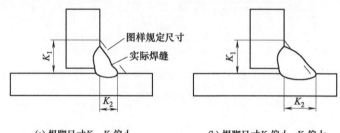

(a) 焊脚尺寸K_1、K_2偏小　　　　　(b) 焊脚尺寸K_1偏小，K_2偏大

图 9-11　角焊缝的尺寸缺陷

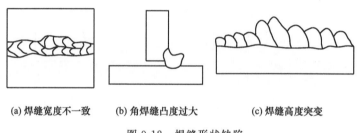

(a) 焊缝宽度不一致　　　(b) 角焊缝凸度过大　　　(c) 焊缝高度突变

图 9-12　焊缝形状缺陷

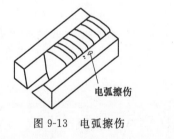

图 9-13　电弧擦伤

图 9-14　严重的飞溅

9.3.3　产生焊接缺陷的主要因素

产生焊接缺陷的因素是多方面的，对不同的缺陷，影响因素也不同。本节主要从材料（被焊材料及填充材料）、结构、工艺方面对产生焊缝缺陷的主要因素进行分析（见表 9-12）。

实际上焊接缺陷的产生过程是十分复杂的，既有冶金的原因，又有应力和变形的作用。通常焊接缺陷容易出现在焊缝及其附近区域，而那些区域正是结构中拉伸残余应力最大的地方。一般认为，焊接缺陷之所以会降低焊接结构的强度，其主要原因是缺陷减小了结构承载截面的有效面积，并且在缺陷周围产生了严重的应力集中。

表9-12 产生焊接缺陷的主要因素

类别	名称	材料因素	结构因素	工艺因素
热裂纹	结晶裂纹	①焊缝金属中的合金元素含量高 ②焊缝金属中的P、S、C、Ni含量较高 ③焊缝金属中的Mn/S比例不合适	①焊缝附近的刚度较大(如大厚度、高拘束度的构件) ②接头形式不合适,如熔深较大的对接接头和各种角焊缝(包括搭接接头、丁字接头和外角接焊缝) ③接头附近的应力集中(如密集、交接的焊缝)	①焊接能量过大,使近缝区的过热倾向增加,晶粒长大,引起晶粒裂纹 ②熔深与熔宽比过大 ③焊接顺序不合适,焊缝不能自由收缩
	液化裂纹	母材中的P、S、B、Si含量较多	①焊缝附近的刚度较大,如大厚度、拘束度高的构件 ②接头附近的应力集中,如密集、交叉的焊缝	①线能量过大时过热区晶粒粗大,晶界熔化严重 ②熔池形状不合适,凹度太大
	高温失塑裂纹	—		线能量过大,使温度过高,容易产生裂纹
冷裂纹	氢致裂纹	①钢中的C或合金元素含量增高,使淬硬性倾向增大 ②焊接材料中的含氢量较高	①焊缝附近的刚度较大(如材料厚度大、拘束度高) ②焊缝布置在应力集中区 ③坡口形式不合适(如V形坡口的拘束应力较大)	①接头熔合区附近的冷却时间(800~500℃)小于出现铁素体800~500℃临界冷却时间,线能量过小 ②未使用低氢焊条 ③焊接材料未烘干,焊口及工件表面有水分、油污及铁锈 ④焊后未进行保温处理
	淬火裂纹	①钢中的C或合金元素含量增高,使淬硬性倾向增大 ②对于多组元合金的马氏体钢,焊缝中出现块状铁素体		①对冷裂倾向较大的材料,其预热温度未做相应的提高 ②焊后未立即进行高温回火 ③焊条选择不合适
	层状撕裂	①焊缝中出现片状夹杂物(如硫化物、硅酸盐和氧化铝等) ②母材基体组织硬脆或产生时效脆化	①接头设计不合理,拘束应力过大(如T形填角焊、角接头和贯通接头) ②拉应力沿板厚方向作用	①线能量过大,使拘束应力增加 ②预热温度较低 ③焊接裂纹的存在导致层状撕裂的产生
再热裂纹	—	气孔	—	①熔渣的氧化性增大时,CO引起气孔的倾向增加;当熔渣的还原性增大时,则氢气孔的倾向增加 ②焊件或焊接材料不清洁(有铁锈、油类和水分等杂质) ③与焊条或焊剂的成分及保护气体的气氛有关 ④焊条偏心,药皮脱落
夹渣	—	①焊条和焊剂的脱氧、脱硫效果不好 ②夹渣的流动性差 ③在原材料的夹渣中含硫量较高及硫的偏析程度较大	立焊、仰焊易产生夹渣	①电流大小不合适,熔池搅动不足 ②焊条药皮成块脱落 ③多层焊时焊接条件突然改变,母材熔深突然减小 ④操作不当
未熔合		—	—	①焊接电流小或焊速快 ②坡口或焊道有氧化皮、熔渣及氧化物等高熔点物质 ③操作不当

类别	名称	材料因素	结构因素	工艺因素
未焊透		焊条偏心	坡口角度太小,钝边太厚,间隙太小	①焊接电流小或焊速太快 ②焊条角度不对或运条方法不当 ③电弧太长或电弧偏吹
形状和尺寸不良	咬边	—	立焊、仰焊时易产生咬边	①焊接电流过大或焊接速度太慢 ②在立焊、仰焊和角焊时,电弧太长 ③焊条角度和摆动不正确或运条不当
	焊瘤	—	坡口太小	①焊接不规范,电压过低,焊速不合适 ②焊条角度不对或电极未对准焊缝 ③运条不正确
	烧穿和下塌	—	①坡口间隙过大 ②薄板或管子的焊接易产生烧穿和下塌	①电流过大,焊速太慢 ②垫板托力不足
	错边	—	—	①装配不正确 ②焊接夹具质量不高
	角度偏差	—	①角度偏差程度和坡口形状有关(如对接焊缝 V 形坡口的角度偏差大于 X 形坡口) ②角度偏差与板厚有关,板厚为中等时角度偏差最大,厚板、薄板的角度偏差较小	①焊接顺序对角度偏差有影响 ②在一定范围内,线能量增加,则角度偏差也增加 ③反变形量未控制好 ④焊接夹具质量不高
	焊缝尺寸、形状不合要求	①熔渣的熔点和黏度太高或太低都会导致焊缝尺寸、形状不合要求 ②熔渣的表面张力较大,不能很好地覆盖焊缝表面,使焊纹粗、焊缝高、表面不光滑	坡口不合适或装配间隙不均匀	①焊接规范不合适 ②焊条角度或运条方法不当
其他缺欠	电弧擦伤	—	—	①焊工随意在坡口外引弧 ②接地不良或电气引线不好
	飞溅	①熔渣的黏度太大 ②焊条偏心	—	①焊接电流增大时,飞溅大 ②电弧过长则飞溅增大 ③碱性焊条的极性不合适 ④焊条药皮水分过多,则飞溅增加 ⑤交流电源比直流电源飞溅大 ⑥焊机动特性、外特性不佳时,则飞溅大

9.3.4 起重机钢结构焊接缺陷的危害及对质量的影响

焊接缺陷对质量的影响,主要是对起重机负载强度和耐腐蚀性能的影响。由于缺陷的存在减小了结构承载的有效截面积,更主要的是在缺陷周围产生了应力集中。因此,焊接缺陷对起重机的静载强度、疲劳强度、脆性断裂以及抗应力腐蚀开裂都有重大的影响。

9.3.5　起重机钢结构焊接缺陷的防止措施

（1）焊条电弧焊

① 焊前准备。

a. 对焊条烘干。去除受潮焊条中的水分，减少熔池和焊缝中的氢，以防止产生气孔和冷裂纹。

b. 焊前清理。是指焊前对接头坡口及其附近（约 20mm 内）被油、锈、漆和水等污染的表面进行清除。

c. 预热。是指焊前对焊件整体或局部进行适当加热的工艺措施。其主要目的是减小接头焊后的冷却速度，避免产生淬硬组织和减小焊接应力与变形。

② 正确的焊接工艺参数。

a. 焊接电流。焊接电流是焊条电弧焊的主要工艺参数，它直接影响焊接质量和生产率。

a）焊接电流过大，焊条后部发红，药皮失效或崩落，保护效果变差，造成气孔和飞溅，出现焊缝咬边、烧穿等缺陷。此外，还使接头热影响区晶粒粗大，接头的韧性下降。

b）焊接电流过小，则电弧不稳，易造成未焊透、未熔合、气孔和夹渣等缺陷。

b. 电弧长度。焊条电弧焊中电弧电压不是焊接工艺的重要参数，一般不需确定。但是电弧电压是由电弧长度来决定，电弧长则电弧电压高，反之则低。

c. 焊条直径。焊条直径大小对焊接质量和生产率影响很大。通常是在保证焊接质量前提下，尽可能选用大直径焊条以提高生产率。如果从保证焊接质量来选焊条直径时，则须综合考虑焊件厚度、接头形式、焊道层次和允许的线能量因素等。

③ 操作技术。

a. 引弧。引弧不得在非焊部位，正确的引弧是指引弧点最好选在离焊缝起点 10mm 左右的待焊焊缝中。引燃后立即提起（弧长约等于焊条直径）并移至焊缝的起点，再沿焊接方向进行正常焊接，焊接经过原来引燃点而重熔，从而消除该点可能残留下的弧疤或球滴状焊缝金属，避免焊瘤或龟裂等缺陷。

b. 运条。焊接时正确运条可以控制焊接熔池的形状和尺寸，从而获得良好的熔合和焊缝成形。

c. 收弧。焊接结束时，若立即断弧则在焊缝终端形成弧坑，使该处焊缝工作截面减少，从而降低接头强度，导致产生弧坑裂纹，还引起应力集中。因此，必须是填满弧坑后收弧。

④ 后热与焊后热处理。

a. 后热。焊接后立即对焊件的全部（或局部）进行加热或保温，使其缓冷的工艺措施称后热。后热的主要目的是使扩散氢从焊缝中逸出，从而防止产生氢致裂纹。

b. 焊后热处理。焊后为了改善焊接接头的组织和性能或消除残余应力而进行的热处理，称焊后热处理。对于易产生脆性破坏和延迟裂纹的重要结构、尺寸稳定性要求很高的结构、有应力腐蚀的结构等都应考虑焊后进行消除应力的热处理。

(2) CO_2 气体保护焊

CO_2 气体保护焊的焊接缺陷与手工电弧焊大致相同,防止的工艺措施除与其类似外,由于 CO_2 气体保护焊的焊接主要缺陷是气孔和飞溅问题,故本节主要针对这两个问题阐述。

① 气孔的防止。

a. 选择的焊丝成分中必须有足够的脱氧元素如 Si、Mn,以减少焊缝中的含氧量,可以防止气孔的产生。

b. 加强 CO_2 的保护和控制 CO_2 的纯度。

c. 操作时注意 CO_2 气体保护效果:选择合适的气体流量;及时清理喷嘴,保证气体畅通;喷嘴与工件间距不得过大;作业区环境应有风防止措施。

d. 工件及焊丝表面均应无油污和铁锈,保持干燥。

② 飞溅问题。金属飞溅是 CO_2 焊接的主要问题,特别是粗丝大电流焊接飞溅更为严重,有时飞溅损失达焊丝熔化量的 30%～40%。飞溅增加了焊丝及电能消耗,降低焊接生产率和增加焊接成本。减少飞溅的措施有:

a. 选用合适的焊丝材料或保护气体。例如选用含碳量低的焊丝,减少焊接过程中产生 CO 气体;选用药芯焊丝;选用 CO_2 气体加入 Ar 的混合气体保护;改善熔滴过渡形式等。

b. 在短路过渡焊接时,合理选择焊接电源特性,并匹配合适的可调电感,以便当采用不同直径的焊丝时,能调得合适的短路电流增长速度。

c. 采用直流反接进行焊接。

d. 当采用不同熔滴过渡形式焊接时,要合理选择焊接工艺参数,以获得最小的飞溅。

(3) 埋弧焊常见缺陷及防止

埋弧焊常见缺陷及其产生的原因、防止与消除方法见第 5 章 5.5 节。

9.3.6 常用结构件类型及其焊缝质量等级

由于焊接结构(件)应用广泛,使用的环境、条件不同,对其质量的要求也不一样。表 9-13 为常用焊接结构件的类型及其焊缝质量等级。

表 9-13 常用焊接结构件的类型及其焊缝质量等级

焊接结构(件)类型	实例				焊缝质量等级
	名称	工作参数	接头形式	检验方法	
核容器、航空航天器件、化工设备中的重要结构件等	核工业用储运六氟化铀、三氟化氯、氟化氢等的容器	工作压力:40～60Pa 工作温度:−196～200℃	对接	①外观检查 ②射线探伤 ③液压试验 ④气压试验或气密性试验 ⑤真空密封性试验	Ⅰ级
锅炉、压力容器、球罐、化工机械、采油平台、潜水器、起重机械等	钢制球形储罐	工作压力≤4MPa	对接、角接	①外观检查 ②射线或超声波探伤 ③磁粉或渗透探伤 ④液压试验 ⑤气压试验或气密性试验	Ⅱ级

续表

焊接结构(件)类型	实例				焊缝质量等级
	名称	工作参数	接头形式	检验方法	
船体、公路钢桥、游艺机、液化气钢瓶等	海洋船壳体		对接、角接	①外观检查 ②射线或超声波探伤 ③致密性试验	Ⅲ级
一般不重要的结构	钢质门、窗		对接、角接、搭接	外观检验	Ⅳ级

对于某些焊接结构（件）来说，位于不同部位的焊缝，其质量等级要求也不完全相同，应由相应的技术条件和标准来确定。

9.4 起重机钢结构焊接缺陷的返修

经焊接检验，发现有超过标准评定为不合格的缺陷，在不违背焊接工艺规定的情况下，允许进行返修。返修后的检验和质量评定与返修前相同。还应指出，真正实施严格的焊接质量控制和焊接工艺保证条件的检验，只可能在极个别的条件下才会出现少量焊接缺陷。当焊缝中产生大量焊接缺陷，说明焊接过程有问题，应加强质量控制，找出产生缺陷的原因，改进工艺措施，减少焊缝返修，提高焊接质量和效率。

9.4.1 返修过程

（1）焊接缺陷的确定

修复前，应尽可能准确地确定缺陷的种类、部位和尺寸，从而保证返修一次成功。对于表面及近表面缺陷，可通过目视、磁粉、渗透等无损检验方法进行确定；对于内部缺陷，可通过射线、超声波等无损检验方法进行确定。

（2）修复方案的确定

对于较重要产品的焊接结构件的焊接缺陷修复，应有专业的技术论证，确定返修方案；返修方案应经过有关人员审批。返修方案的制订应立足于保证一次返修合格。

（3）焊接缺陷的清除

焊接缺陷的清除应根据材料的特点，板厚，缺陷的性质、部位、尺寸等，采用机械磨削或碳弧气刨的方法。

① 机械磨削。机械磨削可以用电动或风动砂轮打磨，铣削或用风铲、扁铲凿削等方法清除缺陷，这些方法属于冷加工，清除缺陷过程不会使焊接接头受热而产生组织和性能的变化，但是效率低，劳动强度大。适于屈服点大于 400MPa 的普低钢、高合金铬镍钢、耐腐蚀钢和复合钢。

② 碳弧气刨。碳弧气刨是利用碳极电弧的高温，把焊接缺陷部位的金属加热到熔化状态，同时用压缩空气把熔化金属及氧化渣吹掉的方法。它具有效率高、操作灵活方便等优点；但是属于热加工方法，使焊接接头再次受热，而且操作不慎还可能形成渗碳、夹碳、铜斑、粘渣等缺陷。因此，在碳弧气刨后应用砂轮打磨干净沟槽或用其他方法认真清理沟槽才能防止这些缺陷对补焊质量的影响。这些清除缺陷方法可用于低碳钢、强度不高的低合金钢

和无腐蚀要求的不锈钢材料。如果冷裂倾向大的材料用这种方法清除缺陷，应该采取预热措施，防止淬硬和产生冷裂纹。

③ 技术要点。缺陷消除应彻底、干净，这是保证返修成功的关键，缺陷消除是否干净可通过清除过程观察，也可借助无损检验方法检查。清除缺陷后待补焊的坡口的形状和大小，应便于补焊操作，过渡要圆滑，尺寸应尽量小，减少补焊工作量。

(4) 补焊要点

① 补焊工艺方法。补焊工艺方法一般以焊条电弧焊为主，它适用各种复杂的焊补坡口、各种焊接位置和材料的焊补；对于薄件及补焊工作量很小的补焊，可用手工钨极氩弧焊。对于补焊焊缝较长、工作量大的可采用气体保护焊或埋弧自动焊方法（采用多层多道焊时注意层间清渣）。

② 缺陷的清除。对于补焊部位数量多，且相邻间距较少的补焊，这时应将各个缺陷挖补坡口连接起来，成为一个长坡口焊缝，这样可使焊处的焊接应力水平降低，减少焊补变形量，且便于焊补操作，容易保证质量。

③ 工艺要求。补焊时的焊接材料、焊接工艺规范（包括焊前预热、后热等）应与正式焊接时基本相同。采用的焊条直径可比正式焊缝焊接时小一些，预热温度高一些。操作时宜采用多层多道焊，严格控制层间温度，层间接头应错开，同时注意层间清渣要彻底。

④ 消除应力。对不需焊后消除应力热处理的结构件补焊，补焊过程可以逐层锤击，以消除部分焊接应力，减少裂纹倾向，尤其是对裂纹倾向较大的材料焊补。对需焊后热处理的结构件，焊缝返修应在热处理前进行，如热处理后发现缺陷还需返修，则返修后需重新热处理。

9.4.2 其他要求

① 焊缝返修完后，将焊补部位打磨圆滑过渡，以减少应力集中。

② 焊补后应放置一段时间（一般要求 24h 以上）以后，按原焊缝要求的探伤方法及合格标准对焊补区进行检验。如果返修部位仍发现有缺陷，说明缺陷清除不彻底或返修操作工艺不当，应认真分析原因，加强质量控制，制订返修方案，重新进行返修。由于多次返修会对焊接接头质量有不良的影响，因此，同一部位的返修次数应尽量少，对锅炉、压力容器等重要结构件，规定同一部位的返修次数不得超过两次。

第10章

起重机钢结构焊接与切割劳动卫生与防护

焊接与切割属于特种作业，不仅对操作者本人，也对他人和周围设施的安全构成重大影响。焊接生产在安全与劳保工作中必须贯彻"安全第一，预防为主"的方针，以保障焊接作业人员的安全和健康，预防伤亡事故和职业病的发生。

10.1 焊接有害因素及其危害

焊接有害因素分化学有害因素和物理有害因素两大类。前者主要是金属烟尘和有害气体，后者有电弧辐射、高频电磁场、放射线和噪声等，受害面最广的是金属烟尘和有害气体。

10.1.1 金属烟尘

(1) 金属烟尘的形成

在电气焊接过程中都产生有害粉尘，包括烟和粉尘。被焊材料和焊接材料熔融时产生蒸气，在空气中迅速氧化和冷凝，从而形成金属及其化合物的微粒。直径小于 $0.1\mu m$ 的微粒称为烟，直径在 $0.1\sim10\mu m$ 之间的微粒称为粉尘。焊接及相关工艺过程中产生有害健康的气态和颗粒状态的物质，包括气体、烟雾、灰尘等。

这些微粒飘浮在空气中就形成了烟尘。焊接电弧的温度在 3000℃ 以上，而弧中心温度高于 6000℃。气焊时氧乙炔火焰的焰心温度也高于 3000℃。可见电气焊接过程中在如此高温下进行，就必然引起金属元素的蒸发和氧化，这些金属元素来源于被焊金属和焊材。

把表 10-1 所列金属元素的沸点与上述高温比较可以看出会出现金属蒸发现象。

表 10-1　几种金属元素的沸点

元素	Fe	Mn	Si	Cr	Ni
沸点/℃	3235	1900	2600	2200	3150

(2) 焊接烟尘的危害

电焊烟尘的成分因使用焊条的不同而有所差异。焊条由焊芯和药皮组成。焊芯除含有大量的铁外，还有碳、锰、硅、铬、镍、硫和磷等；药皮内材料主要由大理石、萤石、金红石、纯碱、水玻璃、锰铁等组成。焊接时，电弧放电产生 4000～6000℃ 高温，在熔化焊条和焊件的同时，产生了大量的烟尘，其成分主要为氧化铁、氧化锰、二氧化硅、硅酸盐等，烟尘粒弥漫于作业环境中，极易被吸入肺内。焊接黑色金属材料时，烟尘主要成分是铁、硅、锰。焊接其他不同材料时，烟尘中还可能有铝、氧化锌、钼等，其中毒性最大的是锰。铁、硅的毒性虽然不大，但因其尘粒在 $5\mu m$ 以下，在空气中停留时间较长，容易经呼吸道进入肺内形成尘肺。氧化铁、氧化锰微粒和氟化物等通过上呼吸道进入末梢细支气管和肺泡，再进入体内，易引起焊工金属热。黑色金属焊接时发尘量及其主要毒物见表 10-2。

表 10-2　黑色金属焊接时发尘量及主要毒物

	焊接工艺	发尘量/μm	粉尘中主要毒物	备注
手工电弧焊	低氢型低碳钢焊条（E5015）	10.1～12.1	F、Mn	成分/%：Mn3.2～4.4、可溶性氟8.5～10.7、全氟21.4
	钛钙型低碳钢焊条（E4303）	7.7	Mn	成分/%：Mn7.7、可溶性氟17、全氟1.7
	钙钛矿型低碳钢焊条 高效率铁粉焊条	11.5 10～22	Mn Mn	发尘量与电流关系较大
气体保护焊	CO_2 保护药芯焊丝 CO_2 保护实心焊丝 Ar+5% O_2 保护焊实心焊丝	11～13 8 3～6.5	Mn Mn Mn	发尘量与电流无关

　　焊工长期接触这样的金属烟尘，如果防护不良，吸进过多的烟尘，将引起头痛、恶心、气管炎、肺炎，甚至有形成焊工尘肺、金属热和锰中毒的危险。可被吸入部分（尤其是小于 $3\mu m$ 的颗粒）会侵入到肺的深处，具有更大的危害性。对健康的短期影响表现为对呼吸道的刺激、咳嗽、胸闷、金属蒸气所致的低热以及急性流感症状等；长期的影响是肺部的铁沉着病及良性瘤，但还未发现导致肺癌的直接证据。

　　特别要提醒的是在狭窄空间内进行气保焊操作时，由于空气被保护气体所替换，操作者可能在几秒内就失去知觉甚至死亡。其原因不仅是新鲜空气的缺乏，而且是血液中的氧会被其他气体所代替。

　　① 焊工尘肺。尘肺是指由于长期吸入超过规定浓度的粉尘，引起肺组织弥漫性纤维化变化的病症。

　　现代研究指出，焊接区周围空气中除了大量氧化铁和铝等粉尘之外，尚有许多种具有刺激性和促使肺组织纤维化的有害因素。例如硅、硅酸盐、锰、铬、氟化物及其他金属氧化物。还有臭氧、氮氧化物等混合烟尘和有毒气体，在肺组织中长期作用就形成混合性尘肺。因而焊工尘肺不同于铁沉着病和硅沉着病。

　　② 锰中毒。焊工长期使用焊条及高锰焊条以及焊接高锰钢，如果防护不良，则锰蒸气氧化而成的氧化锰及四氧化三锰等氧化物烟尘，就会大量被吸入呼吸系统和消化系统，侵入机体。排不出体外的余量锰及其化合物则在血液循环中与蛋白质相结合，以难溶盐类形式积蓄在脑、肝、肾、骨、淋巴结和毛发等处，并影响末梢神经系统和中枢神经系统，引起器质性的改变，造成锰中毒。

　　锰中毒发病很慢，大多在接触了 3～5 年后甚至长达 20 年后才逐渐发病。早期症状为乏力、头痛、失眠、记忆力减退以及植物性神经功能紊乱。中毒进一步发展，神经精神症状均更加明显，动作迟钝困难，甚至走路左右摇摆，书写时震颤等。

　　③ 焊工金属热。焊接金属烟尘中的氧化铁、氧化锰微粒和氟化物等物质容易通过上呼

吸道进入末梢细支气管和肺泡，再进入体内，引起焊工"金属热"反应。手工电弧焊时，碱性焊条比酸性焊条容易产生金属热反应。其主要症状是工作后寒战，继而发烧、倦怠、口内金属味、恶心、喉痒、呼吸困难、胸痛、食欲不振等。据调查，在密闭罐内、船舱内使用碱性焊条焊接的焊工，当通风措施和个人防护不利时，容易得此症。

10.1.2　有毒气体

在焊接电弧所产生的高温和强紫外线作用下，弧区周围会产生大量的有毒气体，其中主要有臭氧、氮氧化物、一氧化碳和氟化氢等。

在电弧高温和强烈紫外线作用下，弧区周围可形成多种有毒气体，有毒气体成分及量的多少与焊接方法、焊接材料、保护气体和焊接规范有关。例如熔化极氩弧焊焊接碳钢时，由于紫外线激发作用而产生的臭氧量高达 $73\mu g/min$；二氧化碳气体保护焊焊接碳钢时，臭氧产生量仅为 $7\mu g/min$。气焊和气割过程中产生的有毒气体相对电弧焊少些，主要是一氧化碳和氮氧化物。但当使用含有氟化物的溶剂时，还产生氟化氢有毒气体。各种有毒气体被吸入人体内，将影响操作者的健康。

（1）臭氧

臭氧是一种淡蓝色的有毒气体，有特殊的刺激性气味，它对呼吸道黏膜及肺有强烈的刺激作用。短时间吸入低浓度（$0.4mg/m^3$）的臭氧时，可引起咳嗽、咽喉干燥、胸闷、食欲减退、疲劳无力等症状，长期吸入低浓度臭氧时，则可引发支气管炎、肺气肿、肺硬化等。

空气中的氧在短波紫外线的激发下，被大量地破坏而生成臭氧。明弧焊可产生臭氧，氩弧焊和等离子弧焊更为突出。臭氧浓度与焊接材料、焊接规程、保护气体等有关。一般情况下，手工电弧焊时的臭氧浓度较低。

（2）一氧化碳

一氧化碳为无色、无味、无刺激性气体。各种电气焊都能产生一氧化碳有毒气体，二氧化碳保护焊产生的一氧化碳浓度最高。

电弧焊时一氧化碳一是由二氧化碳气体在高温作用下发生分解而形成，二是由电气焊时二氧化碳与熔化了的金属元素发生反应生产一氧化碳。气焊氧炔焰也产生一氧化碳。

一氧化碳是一种窒息性气体，它使人体输送和利用氧的功能发生障碍，造成人体组织因缺氧而坏死。

焊接中一般不会发生较重的一氧化碳中毒现象，只有在通风不良的情况下，焊工血液中的碳氧血红蛋白才高于常人。

（3）氮氧化物

由于焊接高温作用，引起空气中氮、氧分子离解，重新结合而成为氮氧化物。氮氧化物是有刺激性气味的有毒气体，其中常接触到的氮氧化物主要是二氧化氮。它为红褐色气体，有特殊臭味，当被人吸入时，经过上呼吸道进入肺泡内，逐渐与水起作用，形成硝酸及亚硝酸，对肺组织产生剧烈的刺激与腐蚀作用，引起肺水肿。

（4）氟化氢

氟化氢主要产生于手工电弧焊。使用碱性焊条时，焊条药皮里常含有萤石（CaF_2），在电弧的高温作用下形成氟化氢气体。

氟化氢为无色气体，极易溶于水形成氢氟酸，其腐蚀性很强，毒性剧烈。吸入较高浓度的氟化氢气体，可严重刺激眼、鼻和呼吸道黏膜，可发生支气管炎、肺炎等。

10.1.3　电弧光辐射

电弧放电时，一方面产生高热，同时还会产生弧光辐射。弧光辐射主要包括可见光线、红外线和紫外线。作用在人体上，被体内组织吸收，引起组织的热作用、光化学作用或电离作用，造成人体组织急性或慢性损伤。

电焊弧光的光谱中，包含了红外线、可见光线、紫外线三个部分。焊接电弧的可见光线的光度，比人眼能正常承受的光线光度可大一万倍。这样强烈的可见光，将对视网膜产生烧灼，造成视网膜炎。此时将感觉眼睛疼痛，视觉模糊，有中心暗点，一时看不见东西，通常叫点焊"晃眼"，一段时间后才能恢复。如长期反复作用，将逐渐使视力减退。

焊接电弧中红外线对眼睛的损伤是一个慢性过程。眼睛晶状体长期吸收过量的红外线后，将使其弹性变差，调节困难，使视力减退。严重者还可能造成红外线白内障，视力下降，甚至失明。焊工工作一天后，如感觉双眼发热，大多是吸收了过量红外线所致。

焊接电弧中的强烈紫外线对人体健康有一定的危害，可引起皮炎，皮肤上出现红斑，甚至出现小水泡、渗出液和浮肿，有烧灼、发痒的感觉。紫外线照射人眼后，导致角膜和结膜发炎，产生"电光性眼炎"，属急性病症，使两眼刺痛、眼睑红肿痉挛、流泪、怕见亮光，症状可持续 $1{\sim}2$ 天，休息和治疗后，将逐渐好转。电光性眼炎是明弧焊工和辅助工人一种常见的职业性眼病。

应强调指出，一些论述电焊弧光对眼睛损伤的文章，多偏重于讲述电光性眼炎，而对可见光，特别是对红外线慢性损伤视力关注不够。近年来，不少地区和企业都已发现一些技术熟练的中年电焊工，因视力减退，正当壮年而不能充分发挥相应技能。这无论对个人，还是对社会，都是损失。

10.1.4　噪声

等离子弧焊接和切割过程中，由于等离子流以高速喷射，发生摩擦，产生噪声。在焊接生产现场会出现不同的噪声源，如对坡口的打磨、装配时锤击、焊缝修整、等离子切割等，在生产现场，操作人员在噪声 90dB 时工作 8h，就会对听觉和神经系统有害。无防护情况下，强烈的噪声可引起听觉障碍、噪声性外伤、耳聋等症状。长期接触噪声，还会引起中枢神经系统和血液系统失调，出现厌倦、烦躁、血压升高、心跳过速等症状。

10.1.5　放射性物质

氩弧焊和等离子弧焊接、切割使用的钍钨棒电极中的钍是天然放射性物质，能放出 α、β、γ 三种射线。放射性物质以两种形式作用于人体：一是体外照射；二是焊接操作时，含有钍及其衰变产物的烟尘通过呼吸系统和消化系统进入人体，很难被排出体外，形成内照射。

内照射危害较大。人体长期受到超过容许剂量的照射，或者放射性物质经常少量进入并积蓄在体内，可引起病变，造成中枢神经系统、造血器官和消化系统的疾病，严重的可能发生放射病。

根据对氩弧焊和等离子弧焊的放射性测定，一般都低于最高允许浓度，但在钍钨棒磨尖、修理，特别是储存地点，可达到或接近最高允许浓度。

10.1.6　高频电磁场

在非熔化极氩弧焊和等离子弧焊割时，常用高频振荡器来激发引弧，有的交流氩弧焊机还用高频振荡器来稳定电弧。人体在高频电磁场作用下会产生生物学效应，焊工长期接触高频电磁场能引起植物功能紊乱和神经衰弱，表现为全身不适、头昏头痛、疲乏、食欲不振、失眠及血压偏低等症状。据测定，手工钨极氩弧焊时，焊工各部位受到高频电磁场强度均超过标准，其中以手部强度最大，超过卫生标准五倍多。

此外，电气焊接切割过程中都会发生金属飞溅现象，这是焊接熔池冶金反应和熔滴过渡所产生的，是所有明弧焊所共有的危害因素。它很容易引起灼伤或烧坏衣服及存在引起失火的可能性。

10.2　焊接与切割劳动卫生与防护技术

生产劳动过程中需要进行保护，就是要把人体同生产中的危险因素和有毒因素隔离开来，创造安全、卫生和舒适的劳动环境，以保证安全生产。

10.2.1　通风防护措施

（1）焊接通风特点与分类

电气焊接过程中只要采取完善的防护措施，就能保证电气焊工只会吸入微量的烟尘和有毒气体。通过人体的解毒作用和排泄作用，就能把毒害减到最小程度，从而避免发生焊接烟尘和有毒气体中毒现象。

焊接通风是防止焊接烟尘和有害气体对人体造成危害的最重要措施，也是降低焊接热污染的主要措施。凡在车间内、各种容器及舱室内进行焊接作业时，均应采取通风措施，以保证作业人员的身体健康。

鉴于电焊烟尘具有粒径小、黏性大、温度高、发尘量大的特性，焊接通风应具有以下几个特点：

① 净化方式应能清除小颗粒的烟尘，如采用静电除尘、布袋除尘等。

② 通风时的清灰系统必须有效。

③ 通风管道等要有耐热性。

④ 系统的容尘量要大。

焊接通风方法分类见表 10-3。

表 10-3　焊接通风方法分类

分类方法	通风方法	方法特点
按通风换气范围分	局部通风	直接从焊接工作点捕集烟尘，经净化后排放，效果好
	全面通风	对整个车间进行换气，不受焊接工艺影响
按推动空气流动动力分	机械通风	以风机作为动力，换气量稳定，风压较大
	自然通风	不需动力，受环境变化影响较大，换气量不够稳定

(2) 全面通风

全面通风可采用全面自然通风和全面机械通风。全面自然通风是通过车间侧窗及天窗实现通风换气；全面机械通风则通过管道从风机等组成的通风系统实现全车间的通风换气，其方法可以是上抽排烟、下抽排烟和横向排烟等。全面通风应保证每个焊工的通风量不小于 $57m^3/min$。

(3) 局部通风

局部通风主要通过局部排风的方式进行，它可分固定式局部排风系统和可移动式小型排烟防尘机组两类。局部排风系统由排烟罩风管、净化装置和风机等组成。局部排风时，焊接烟尘和有毒气体刚产生，便被近距离的排风罩口迅速吸走。因此，所需风量小，且不污染环境，不影响焊工，通风效果好。若焊接工作点附近的风速控制在 30m/min 以内，不会破坏焊接的气体保护。

10.2.2 个人防护措施

加强个人防护措施，对防止焊接时产生的有毒气体和粉尘的危害具有重要意义。

个人防护措施包括眼、耳、口、鼻、身各方面的防护用品。焊接、切割用个人防护措施见表 10-4。遮光镜片的要求见表 10-5。

表 10-4 焊接、切割用个人防护措施

措施	保护部位	品种	说明	用途
眼镜	眼	镀膜眼镜 墨镜 普通白色眼镜	镜片镜架造型应能挡住正射、侧射和底射光。镜片材料可用无机或有机合成材料	气焊工 电焊工 辅助工
焊工头盔面罩	眼鼻口耳	滤光玻璃片： ①反射式 ②吸收式	焊工头盔材料：玻璃钢或钢纸。反射式玻璃滤波范围$(2000\sim4500)\times10^{-9}$m	电焊 等离子切割 碳弧气刨
护耳器	耳	低熔点蜡处理的棉花 超细玻璃棉(防声棉) 软聚氯乙烯、耳塞 硅橡胶耳塞、耳罩	降低噪声 29～30dB	等离子喷镀 风铲清焊根
工作服	躯干四肢	棉工作服	用于臭氧轻微的场合	一般电焊工
		非棉工作服	用于臭氧强烈的场合	氩弧焊 等离子切割
		石棉工作服	特殊高温作业	
通风焊帽	眼、鼻口、脸颈、胸	肩托式 头盔式	带活动翻窗，头披、胸围和送风系统	封闭容器和舱室内焊割作业
手套	手	棉、革、石棉		
绝缘鞋	足	普通胶鞋 棉胶鞋 皮靴	—	
鞋盖	足	—	—	飞溅强烈的场合

焊工操作时必须穿戴好必要的劳动保护用品，如工作服、帽、手套及绝缘鞋等。在锅

炉、容器内焊接时，或用钨极氩弧焊焊接有色金属时，最好头戴通风焊帽（通净化的压缩空气）。不能采用氧气，以免发生燃烧事故。

表 10-5　焊工护目遮光镜片号

焊接切割种类	焊接电流/A			
	≤30	>30～75	>75～200	>200～400
电弧焊	5～6	7～8	8～10	11～12
碳弧气刨			10～11	12～14
焊接辅助工	3～4			

10.2.3　常用焊接方法的安全防护技术

10.2.3.1　手工电弧焊的安全防护技术

手工电弧焊时，由于明弧作业，且操作距电弧很近，对人体危害因素较多，所以，焊接施工过程中尤其应注意安全与防护。

（1）电弧光的防护

焊接施工时应注意弧光的防护，具体措施如下：

① 焊接作业时，必须按有关规定穿戴好白色工作服、鞋、帽、手套和眼镜等防护用品，不允许卷起衣袖、敞开衣领或将上衣扎在裤内。

② 焊接操作时必须使用适用、可靠且镶有特制滤光镜片的防护面罩。滤光镜片对可见光、红外线、紫外线应具有良好的吸收或反射能力，并根据焊工视力和焊接电流的强度加以选择。

③ 为防止焊接弧光伤害他人，可在焊接作业场地周围设置具有耐火、隔热性能的防护屏风，操作引弧时要注意避闪周围人员。

④ 如果发生因电弧引起的电光性眼炎，一般采用奶汁点治法、凉物覆盖法、凉水浸敷法、火烤治疗法或去医院就诊。

（2）有害物质的防护

焊接过程会产生金属烟尘及有毒气体等对人体有害的物质。为有效防止有害物质对人体的伤害，应采取以下措施：

① 焊接通风。

② 加强个人防护措施。一般个人防护措施除穿戴好工作服、鞋、帽、手套、眼镜、口罩等防护用品外，必要时可采用送风式面罩及防护口罩。

（3）烫伤、火灾的防护

焊接施工时，由于明弧作业而产生的焊接火花和熔化金属的飞溅，极易引起烫伤或火灾。为防止此类事故的发生，一般要采取下列措施：

① 施焊时，应按有关规定穿戴好防护用品。若长时间进行仰焊操作，应穿皮革上衣或戴皮套袖，并且不得将上衣扎在裤内或敞开领口。

② 焊接作业场地不得有木材、木屑、油脂或其他易燃、易爆物品。此类物质一般要距离焊接现场 5～10m，且需要防火材料遮盖。露天作业要采取防风措施。风力超过 5 级，不

得焊接。

③ 高空焊接作业，要采取预防措施，注意防止火花、熔化金属散落而灼伤他人或引起火灾。

10.2.3.2 CO_2 气体保护焊的安全防护技术

CO_2 气体保护焊目前应用较多的是半自动焊，也是明弧作业，且电流密度大、电弧温度高、弧光强，CO_2 在电弧高温作用下，还会产生有毒的 CO 气体，因此，CO_2 气体保护焊除应遵守手工电弧焊的有关规定外，还应注意以下几点：

① 在 CO_2 气体保护焊的工作现场或在容器、管道内进行作业的，必须采取适当的通风措施。

② 由于 CO_2 气体保护焊时飞溅多，弧光辐射强烈，因此，焊工要穿帆布工作服，戴皮手套和防护罩。

③ 装有液态 CO_2 的气瓶，不能在太阳底下暴晒或用火烤，以免连续加热而引起瓶内压力增加发生爆炸。

④ 在提纯 CO_2 中的水分时，将气瓶倒置前应小心轻放，以免将气瓶阀撞坏而造成意外事故。

⑤ CO_2 气体预热器的电源必须采用 36V 低电压，并注意工作结束时，将电源切断。

10.2.3.3 埋弧焊的安全防护技术

埋弧焊的安全技术与手工电弧焊基本相同，但由于埋弧焊设备较为复杂，所以要求埋弧焊焊工除掌握手工电弧焊的安全技术外，还应注意以下几点：

① 操作前检查所有设备的接地线是否可靠，导线连接有否松动，绝缘是否良好，以及控制箱外壳、接地板护罩是否盖好等，如有异常，应立即进行调整、检修或更换，否则不得使用。

② 埋弧焊剂使用前必须进行筛选和烘干，避免焊接过程中因杂物的混入而引起焊接质量事故和对人体的伤害。使用过程中，要注意防止焊剂的中断送给，以免因弧光闪露而引起电光性眼炎。

③ 敲除焊渣时必须佩戴防护眼镜，以防渣粒伤害眼睛。

④ 在埋弧焊操作机及升降架上作业时，要求脚下地板绝缘良好，整洁可靠，以免触电和绊倒伤人。

⑤ 埋弧焊机出现电气故障时，必须切断电源后由电工进行检修，焊工不得擅自进行处理。

10.2.3.4 钨极氩弧焊的安全防护技术

钨极氩弧焊除应遵守手工电弧焊的有关规定外，还应该注意以下几点：

① 为防止紫外线、红外线的伤害，焊接施工时，要穿戴好盔式面罩，毛、丝或皮革制工作服，护目镜和皮制手套等防护用品。

② 高频振荡器只用于引弧，引燃电弧后要立即切断高频，并注意人体绝缘。

③ 作业场地要有良好的通风设施，以防臭氧和焊接烟尘的伤害。容器、管道内施焊时，还需配有局部通风装置，并戴有通风换气装置的盔式面具和口罩。

④ 电极材料尽量不用钍钨极，而用铈钨极或钇钨极。若用钍钨极，在磨削时，应戴口罩，工作后应以流动水和肥皂清洗手脚。手套、口罩和工作服应经常清洗。电极磨削的砂轮

应装有吸尘装置。钍钨极应有专门的储存地方，存放量大时，应藏于厚壁铁箱内，并安装排风管，将毒气排出室外。

⑤ 焊工应定期进行身体检查，积极采取措施，以保证人体健康。

10.2.4　登高焊接作业的安全措施

焊工在离地面 2m 以上的地点进行焊接操作时，称为登高焊接作业。安装焊工需经常进行登高焊接工作。

登高焊接作业除要遵守一般焊接安全技术要求外，还要注意下列安全措施：

① 接近高压线或裸导线时，或距离低压线小于 2.5m 时，必须停电，并在电闸上挂"有人工作，严禁合闸"等警告牌。

② 高空作业应设有监护人，焊接电源开关设在监护人近旁，监护人密切注视焊工的动态，遇到危险征兆时，应立即切断电源，并进行抢救。登高焊接不得使用带有高频振荡器的焊接设备，以防万一电麻而失足摔落。

③ 凡登高焊接作业者，必须使用标准的防火安全带，不能用耐热差的尼龙安全带。安全带应紧固牢靠，安全绳长度不超过 2m。

④ 凡登高进行焊接操作和进入登高作业区域，必须戴好安全帽。

⑤ 登高梯子要符合安全要求，梯子应防滑、防摔倒，上下端要放置牢靠，与地面夹角不应大于 60°。使用人字梯时，夹角在 40°～50°为宜，用限跨铁钩挂住。不准爬到梯子顶挡上工作。

⑥ 脚手板宽度单行人道不得小于 0.6m，双行人道不得小于 1.2m，上下坡不得大于1∶3，板面要钉防滑条和安装扶手。板材要经过检查，强度足够，不得有机械损伤和腐蚀。使用安全网要张挺，注意质量，不得留缺口，要层层翻高。

⑦ 登高作业所用的焊条、工具、小零件等必须装在牢固的无孔洞的工具袋内，防止落下伤人。随时清理一切物品，不得在空中投掷物件，特别是焊条头不得乱扔，否则可能会烫伤、砸伤地面人员，甚至能引起火灾。

⑧ 在火星所及的范围内，必须彻底清除可燃易爆物品，一般在地面 10m 之内用栏杆隔离。设专人照看火情，工作结束后要认真检查是否留有火种。确认无隐患后，方可离开现场。

⑨ 严禁将手把电缆线缠在身上操作，以防触电。

⑩ 登高焊接人员必须是经过体检健康合格者，患有高血压、心脏病、精神病和癫痫病以及医生证明不能登高作业者一律不准登高。

⑪ 恶劣天气（6 级以上大风、下雨、下雪和雾天等）不得登高作业。

10.2.5　采用和开发安全卫生性能好的焊接技术

在焊接结构生产中，应优先采用和努力开发安全卫生性能好的焊接技术。提倡在焊接工艺、焊接材料等方面，对焊接拉动条件予以积极的考虑。

（1）焊接工艺措施

① 提高焊接机械化、自动化程度。这不仅能提高焊接生产效率与产品质量，而且能有效地改善劳动条件，减少焊接烟尘和有害气体对操作者的危害。

② 推广采用单面焊双面成形工艺。容器、管道采用这种工艺，可避免操作者在狭窄空间内施焊，极大地改善了劳动卫生条件。

③ 推广采用重力焊工艺，重力焊又称滑轨式焊接工艺，它是一种采用专用的铁粉型高效长焊条，一人可同时操作 2～10 台重力焊装置，既提高了焊接效率，又改善了劳动条件。

④ 氩弧焊工艺中，可在氩气中加入少量的一氧化氮，施焊时两者可发生反应，使电弧周围的臭氧含量降低。等离子弧切割中提高电压，降低电流，可降低臭氧含量。

⑤ 采用水槽式等离子弧切割台，或采用水弧切割，即以一定角度和流速的水均匀地向等离子弧喷射，可使部分烟尘及有害气体溶入水中，减少作业场所污染程度。

⑥ 扩大压焊使用范围。压焊如电阻焊、摩擦焊、真空扩散焊，对环境的污染较小，焊接质量好，易于实现焊接自动化作业。

(2) 焊接材料措施

① 选用低尘、低毒电焊条。通过调整焊条药皮成分，在保证焊条基本性能的条件下，尽量降低加入药皮材料中的烟尘及有毒气体的发生量，如低毒低氢型焊条，控制发尘量和氟、锰含量；不锈钢低尘低毒焊条，控制烟尘中可溶性铬的含量等。

② 在焊条标准中作出规定，限制各类焊条发尘量不允许超过规定的最大值。

③ 采用低尘的药芯焊丝。

第**11**章

起重机钢结构焊接工艺评定

起重机钢结构的焊接属于特种设备结构焊接，一个企业内部执行的焊接工艺必须按照国家相关标准进行评定，保证在企业现有的条件下所采用的焊接工艺能够满足企业正常的生产质量要求。

焊接工艺评定就是按照拟订的焊接工艺（包括接头形式、焊接材料、焊接方法、焊接参数等），根据相关规程和标准，试验测定和评定拟订的焊接接头是否具有所要求的性能。焊接工艺评定是企业对焊接结构生产质量控制的一个重要步骤和环节，也是从事焊接工艺工作需要熟悉和掌握的一项重要任务。

11.1 焊接工艺评定的目的和特点

（1）焊接工艺评定的目的

一般认为焊接工艺评定目的是验证产品制造之前所拟订的焊接工艺是否正确，以及在评定合格的焊接工艺要求下焊接结构生产单位是否能够制造出符合技术条件要求的焊接接头。

（2）焊接工艺评定的特点

焊接工艺相较于金属（母材、焊接材料等）焊接性试验、产品焊接试板试验、焊工操作技能评定，分别有以下特点：

① 焊接评定是对设定的焊接工艺是否正确的验证或检验，验证的对象是"焊接工艺"。

② 焊接工艺评定是在生产焊接结构之前所进行的生产准备过程，不是在生产过程中进行的。

③ 焊接工艺评定中要求试验时的焊接操作人员必须有熟练的操作技能（或有一定的焊接技能评定等级），即在完全按照规则进行试验的前提下，不考虑操作因素对焊接工艺评定的影响。

11.2 焊接工艺评定规则

目前我国已针对各行业焊接产品生产特点制定了相应的焊接工艺评定的专用标准。例如：最早实行焊接工艺评定制度的锅炉、压力容器行业，国家颁布了 NB/T 47014—2011（JB/T 4708）《承压设备焊接工艺评定》。除承压设备外，如面广量大的焊接钢结构的焊接工艺评定也有了相关国家标准，在国家针对焊接钢结构的生产特点制定的 GB 50661—2011《钢结构焊接规范》中就规定了焊接工艺评定的内容和方法，该标准相较于标准 NB/T 47014 在原则、方法与程序上基本相同，但在具体的做法上有较大的区别。生产各类型起重机产品的企业进行焊接工艺评定时可按标准 GB 50661 执行，下文中主要介绍 GB 50661—2011《钢结构焊接规范》标准中焊接工艺评定的规则等内容。

11.2.1 一般规则

① 企业生产制造中首次采用的钢材、焊接材料、焊接方法、接头形式、焊接位置、焊后热处理制度以及焊接工艺参数、预热和后热措施等各种参数的组合条件，应在钢结构件制作之前进行焊接工艺评定。

② 企业应根据所设计产品的结构形式，使用的钢材类型、规格，采用的焊接方法，焊接位置等，制订焊接工艺评定方案，拟订相应的焊接工艺评定指导书，按照相应标准施焊试件、切取试样并由具有相应资质的检测单位进行检测试验，测定焊接接头是否具有所要求的使用性能，并出具检测报告；应由相关机构对施工单位的焊接工艺评定施焊过程进行见证，并由具有相应资质的检查单位根据检测结果及焊接评定标准中相关规定对拟订的焊接工艺进行评定，并出具焊接工艺评定报告。

③ 焊接工艺评定的环境应反映企业产品制作现场的条件。

④ 焊接工艺评定中的焊接热输入、预热、后热制度等施焊参数，应根据被焊材料的焊接性制订。

⑤ 焊接工艺评定所用设备、仪表的性能应处于正常工作状态，焊接工艺评定所用的钢材、焊接材料必须能覆盖产品制作中实际所用材料并应符合相关标准要求，并应具有生产厂出具的质量证明文件。

⑥ 焊接工艺评定试件应由生产单位中持证的焊接人员施焊。

⑦ 焊接工艺评定所用的焊接方法、施焊位置分类代号应符合表 11-1、表 11-2 及图 11-1、图 11-2 的规定，钢材类别号应符合表 11-3 的规定，试件接头形式应符合表 11-4 的要求。

表 11-1 起重机常用焊接方法分类

焊接方法类别号	焊接方法	代号
1	焊条电弧焊	SMAW
2-1	半自动实心焊丝二氧化碳气体保护焊	GMAW-CO_2
2-2	半自动实心焊丝富氩+二氧化碳气体保护焊	GMAW-Ar
2-3	半自动药芯焊丝二氧化碳气体保护焊	FCAW-G
3	半自动药芯焊丝自保护焊	FCAW-SS
4	非熔化极气体保护焊	GTAW
5-1	单丝自动埋弧焊	SAW-S
5-2	多丝自动埋弧焊	SAW-M

表 11-2 板材施焊位置分类

焊接位置	平	横	立	仰
代号	F	H	V	O

表 11-3　起重机常用钢材的分类

类别号	标称屈服强度	钢材牌号举例	对应标准号
Ⅰ	≤295MPa	Q235	GB/T 700
Ⅱ	>295MPa 且≤370MPa	Q345	GB/T 1591

表 11-4　常见接头形式代号

接头形式	对接	T 形	十字	角接	搭接
代号	B	T	X	C	F

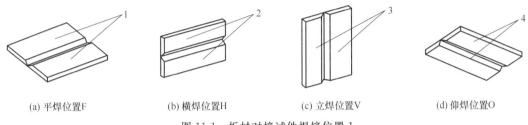

(a) 平焊位置F　　(b) 横焊位置H　　(c) 立焊位置V　　(d) 仰焊位置O

图 11-1　板材对接试件焊接位置 1

1—板平放，焊缝轴水平；2—板横立，焊缝轴水平；3—板 90°放置，焊缝轴垂直；4—板平放，焊缝轴水平

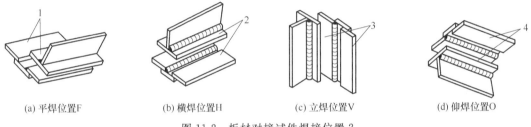

(a) 平焊位置F　　(b) 横焊位置H　　(c) 立焊位置V　　(d) 仰焊位置O

图 11-2　板材对接试件焊接位置 2

1—板 45°放置，焊缝轴水平；2—板平放，焊缝轴水平；3—板竖立，焊缝轴垂直；4—板平放，焊缝轴水平

⑧ 焊接工艺评定结果不合格时，可在原焊接上就不合格项目重新加倍取样进行检验。如果还不能达到合格标准，应分析原因，制订新的焊接工艺评定方案，按原步骤重新评定，直到合格为止。

⑨ 除相关国家标准规定的免予评定条件外，对于焊接难度等级为 A、B、C 级（依据 GB 50661）的钢结构产品生产，其焊接工艺评定有效期为 5 年。

11.2.2　焊接工艺评定替代规则

钢结构生产过程中，因焊接参数变化产生的焊接工艺是复杂多样的，但各种焊接工艺参数对焊接工艺评定的影响程度强弱不同，因此存在使用一种焊接工艺的评定结果替代某些因素变化后的其他焊接工艺的规则，即焊接工艺评定替代规则。熟练运用焊接工艺评定的替代规则可节约企业在焊接工艺评定方面的投入成本。影响焊接评定结果互相替代的因素主要有以下几种：焊接方法、钢材、接头形式、评定试件厚度、施焊位置、衬垫。评定结果替代规则的内容如下：

(1) 焊接方法

① 不同焊接方法的评定结果不得互相替代。

② 不同焊接方法组合焊接可直接进行组合焊接评定，也可用相应板厚的单种焊接方法评定结果替代。但进行不同焊接方法组合评定时，弯曲及冲击试样切取位置应包含不同的焊接方法。

(2) 钢材

① 不同类别钢材的焊接工艺评定结果不得互相替代。

② 相同供货状态下，Ⅰ、Ⅱ类同类别钢材中高级别（强度和质量等级）钢材的焊接工艺评定可替代低级别钢材。Ⅲ、Ⅳ类同类别钢材中不同级别钢材的焊接工艺评定不得互相替代。

③ Ⅰ 和Ⅱ类钢材组合焊接时的焊接工艺评定可由单类钢材的评定结果替代，除Ⅰ、Ⅱ类别钢材外，不同类别的钢材组合焊接的评定结果不得相互替代。

④ 同类别钢材中轧制钢材与铸钢、耐候钢与非耐候钢的焊接工艺评定结果不得互相替代。控轧控冷（TMCP）钢、调质钢与其他供货状态的钢材焊接工艺评定结果不得互相替代。

⑤ 国内与国外钢材的焊接工艺评定结果不得互相替代。

(3) 接头形式

① 十字形接头评定结果可替代 T 形接头评定结果。

② 全焊透或部分熔透的 T 形或十字形接头对接与角接组合焊缝评定结果可替代角焊缝评定结果。

③ 除以上①、②中所述情况外，不同接头形式的焊接工艺评定结果不得互相替代。

(4) 评定所覆盖的板材厚度范围（工程适用厚度范围）

符合表 11-5 的要求。

表 11-5　评定合格的试件厚度与所覆盖的板材厚度范围

焊接方法类别号	评定合格试件厚度 t /mm	评定所覆盖的板材厚度	
		最小	最大
1、2、3、4、5	≤25	3mm	$2t$
	$25 < t \leqslant 70$	$0.75t$	$2t$

(5) 施焊位置

① 板材焊接工艺评定中，横焊位置评定结果可替代平焊位置，平焊位置评定结果不可替代横焊位置。

② 立、仰焊接位置与其他焊接位置之间不可互相替代。

(6) 衬垫

① 有衬垫与无衬垫的单面焊全焊透接头不可互相替代。

② 有衬垫单面焊全焊透接头和反面清根的双面焊全焊透接头可互相替代。

③ 不同材质的衬垫不可互相替代。

11.2.3　重新进行焊接工艺评定的规定

当一些焊接条件发生变化时，应重新进行工艺评定。不同焊接方法的规定内容如下：

（1）焊条电弧焊

① 焊条熔敷金属抗拉强度级别变化。

② 由低氢型焊条改为非低氢型焊条。

③ 焊条规格变化。

④ 直流焊条的电流极性改变。

⑤ 多道焊和单道焊的改变。

⑥ 清焊根改为不清焊根。

⑦ 立焊方向改变。

⑧ 焊接实际采用的电流值、电压值的变化超出焊条产品说明书的推荐范围。

（2）熔化极气体保护焊

① 实心焊丝与药芯焊丝的变换。

② 单一保护气体种类的变化，混合保护气体的气体种类和混合比例的变化。

③ 保护气体流量增加 25％以上，或减少 10％以上。

④ 焊炬摆动幅度超过评定合格值的±20％。

⑤ 焊接实际采用的电流值、电压值和焊接速度的变化分别超过评定合格值的 10％、7％和 10％。

⑥ 实心焊丝气体保护焊是熔滴颗粒过渡与短路过渡的变化。

⑦ 焊丝型号改变。

⑧ 焊丝直径改变。

⑨ 多道焊和单道焊的改变。

⑩ 清根改为不清根。

（3）非熔化极气体保护焊

① 保护气体种类改变。

② 保护气体流量增加 25％以上，或减少 10％以上。

③ 添加焊丝或不添加焊丝的改变；冷态送丝和热态送丝的改变；焊丝类型、强度级别、型号改变。

④ 焊炬摆动幅度超过评定合格值的±20％。

⑤ 焊接实际采用的电流值、电压值和焊接速度的变化分别超过评定合格值的 25％和 50％。

⑥ 焊接电流极性变化。

（4）埋弧焊

① 焊丝规格改变；焊丝与焊剂型号改变。

② 多丝焊与单丝焊的改变。

③ 添加与不添加冷丝的改变。

④ 焊接电流种类和极性的改变。

⑤ 焊接实际采用的电流值、电压值和焊接速度变化分别超过评定合格值的 10％、7％和 15％。

⑥ 清焊根改为不清焊根。

11.3 焊接工艺评定程序及内容

11.3.1 焊接工艺评定程序

焊接工艺评定的一般过程是：根据金属材料的焊接性，按照设计文件规定和制造工艺拟订预焊接工艺规程（PWPS）、施焊试件和制取试样、检测焊接接头是否符合规定要求，并形成焊接工艺评定报告（PQR），对预焊接工艺评定规程进行评价。

各企业的生产管理系统不尽相同，评定程序在具体运作过程中也会存在差异，所以各生产单位需根据自身的实际情况，灵活调整评定程序。参照部分企业的具体做法可得出焊接工艺评定的一般程序，内容如下：

（1）焊接工艺评定立项

通常由生产单位的设计或工艺技术管理部门根据新产品结构、材料、接头形式、所采用的焊接方法和钢板厚度范围，以及老产品再生产过程中因结构、材料或焊接工艺的重大改变，需重新编制焊接工艺规程时，提出需要焊接工艺评定的项目。

（2）下达焊接工艺评定任务书

所提出的焊接工艺评定项目经过一定的审批程序后，根据有关法规和产品的技术要求编制焊接工艺评定任务书。任务书的主要内容包括：产品订货号、接头形式、母材钢号与规格、对接头性能的要求、检验项目和合格标准。

（3）编制焊接工艺指导书

焊接工艺指导书即预焊接工艺规程（PWPS），由焊接工艺工程师根据金属材料的焊接性，按照焊接工艺评定任务书提出的条件和技术要求进行编制。

（4）编制焊接工艺评定试验

计划内容包括为完成所列焊接工艺评定试验的全部工作，试件备料、坡口加工、试件组焊、焊后热处理、无损检测和理化检验等的计划进度、费用预算、负责单位、协作单位分工及要求等。

（5）试件的准备和焊接

试验计划经批准后即按焊接工艺指导书领料、加工试件、组装试件、焊接材料烘干和焊接。试件的焊接应由考试合格的熟练焊工，按焊接工艺指导书规定的各种工艺参数施焊。焊接全过程在焊接工程师监督下进行，并记录焊接工艺参数的实测数据。如试件要求焊后热处理，则应记录热处理过程的实际温度和保温时间。

（6）焊接试件的检验

试件焊完后先进行外观检查，再进行无损探伤，最后进行焊接接头的力学性能试验，如检验不合格，则分析原因，重新编制焊接工艺指导书，重焊试件。

（7）编写焊接工艺评定报告（PQR）

所要求评定的项目经检验全部合格后，即可编写焊接工艺评定报告。报告内容大体分成两部分：第一部分记录焊接工艺评定试验的条件，包括试件材料牌号、类别号、接头形式、焊接位置、焊接材料、保护气体、预热温度、焊后热处理制度、焊接线能量参数（如焊接电流、电弧电压、焊接速度）等；第二部分记录各项检验结果，其中包括拉伸、弯曲、冲击、硬度、宏观金相、无损检验和化学成分分析结果等。焊接工艺评定报告由完成该项评定试验的焊接工程师填写并签字，内容必须真实完整。

11.3.2　试件和检验试样的制备

（1）试件制备应符合的要求

① 选择试件厚度应符合评定试件厚度对工程构件厚度的有效适用范围。

② 试件的母材材质、焊接材料、坡口形式、尺寸和焊接必须符合焊接工艺评定指导书的要求。

③ 试件的尺寸应满足所制备试样的取样要求。各种接头形式的试件尺寸、试样取样位置应符合图 11-3、图 11-4 的要求。

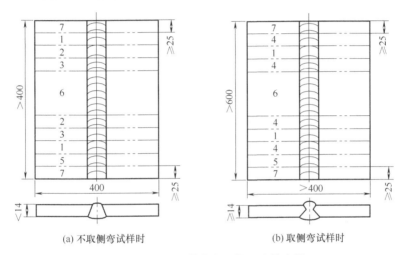

图 11-3　板材对接接头试件及试样取样

1—拉伸试样；2—背弯试样；3—面弯试样；4—侧弯试样；
5—冲击试样；6—备用；7—舍弃

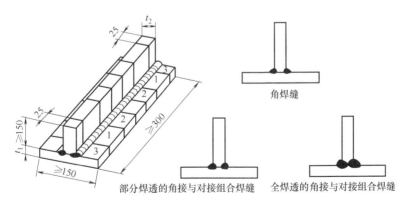

图 11-4　板材角焊缝和 T 形对接与角接组合焊缝接头试件及宏观试样的取样

1—宏观酸蚀试样；2—备用；3—舍弃

（2）检验试样种类及加工应符合的规定

检验试样种类和数量应符合表 11-6 的规定。

表 11-6　板材的检验试样种类和数量

试件形式	试件厚度/mm	无损探伤	试样数量						
			拉伸	面弯	背弯	侧弯	冲击		宏观酸蚀及硬度
							焊缝中心	热影响区	
对接接头	<14	要	2	2	2	—	3	3	—
	≥14	要	2	—	—	4	3	3	—
角接接头	任意	要	—						2

注：1. 当相应标准对母材某项力学性能无要求时，可免做焊接接头的该项力学性能试验。

2. 是否进行冲击试验以及试验条件按设计选用钢材的要求确定。

3. 硬度试验根据产品实际情况确定是否需要进行。

(3) 对接接头检验试样的加工

对接接头检验中拉伸试样、弯曲试样、冲击试样的加工应符合表 11-7 中现行国家标准。

表 11-7　对接接头检验试样加工标准及要求

试样	标准	要求
拉伸试样	GB/T 2651	①根据试验机能力可采用全截面拉伸试样或沿厚度方向分层取样 ②分层取样时试样厚度应覆盖焊接试件的全厚度 ③应按试验机的能力和要求加工
弯曲试样	GB/T 2653	①焊缝余高或衬垫应采用机械方法去除至与母材齐平，试样受拉面应保留母材原轧制表面 ②当板厚大于 40mm 时可分片切取，试样厚度应覆盖焊接试件的全厚度
冲击试样	GB/T 2650	①单面焊时其取样位置应位于焊缝正面，双面焊时应位于后焊面，与母材原表面的距离不应大于 2mm ②热影响区冲击试样缺口加工位置应符合图 11-5 的要求，不同牌号钢材焊接时其接头热影响区冲击试样取自对冲击性能要求较低的一侧 ③不同焊接方法组合的焊接接头，冲击试样的取样应能覆盖所有焊接方法焊接的部位（分层取样）

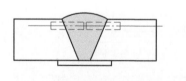

(a) 焊缝区缺口位置

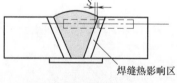

(b) 热影响区缺口位置

图 11-5　对接接头冲击试样缺口加工位置

热影响区冲击试样根据不同焊接工艺，缺口轴线至试样轴线与熔合线交点
的距离 $S=0.5\sim1mm$，并应尽可能使缺口多通过热影响区

(4)　T 形角接接头宏观酸蚀试样的加工

应符合图 11-6 要求。

(5)　取样时，宜采用锯切的方式切取试样

若采用热切割取样时，应根据热切割工艺和试件厚度预留加工余量，确保试样性能不受

热切割的影响。

11.3.3　试件和试样的试验与检验

(1) 对接、角接及 T 形接头试件的外观检验应符合的规定

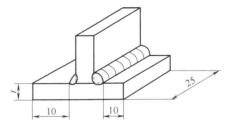

图 11-6　角接接头宏观酸蚀试样

① 用放大倍数不小于 5 倍的放大镜检查试件表面，不得有裂纹、未焊满、未熔合、焊瘤、气孔、夹渣等超标缺陷。

② 焊缝咬边总长度不得超过焊缝两侧长度的 15%，咬边深度不得超过 0.5mm。

③ 承受静载荷结构和需疲劳验算结构的焊缝外观尺寸应分别符合标准 GB 50661 中相应的一级焊缝的要求，试件角变形可以冷矫正，可以避开焊缝缺陷位置取样。

(2) 试件的无损检测

应在外观检验合格后进行，无损检测标准及要求应符合表 11-8 的要求。

表 11-8　无损检测的标准及要求

检测方式	标准	要求
射线探伤	GB/T 3323.1	不低于 BⅡ级
超声波探伤	GB/T 11345	不低于 BⅡ级

(3) 试样的力学性能、硬度及宏观酸蚀试验方法

应符合表 11-9 中对应标准的要求。

表 11-9　试验方法对应标准

项目	拉伸试验	弯曲试验	冲击试验	宏观酸蚀	硬度试验
标准	GB/T 2651	GB/T 2653	GB/T 2650	GB/T 226	GB/T 2654

注：① 弯心直径为 4δ（δ 为弯曲试样厚度），弯曲角度为 $180°$；面弯、背弯时试样厚度应为试件全厚度（$\delta <$ 14mm）；侧弯时试样厚度 $\delta = 10$mm，试件厚度不大于 40mm 时，试样宽度应为试件的全厚度，试件厚度大于 40mm 时，可按 20～40mm 分层取样。

② 采用维氏硬度 HV10，硬度测点分布应符合图 11-7～图 11-9 的要求，焊接接头各区域硬度测点为 3 点，其中部分焊透对接与角接组合焊缝在焊缝区和热影响区测点可为 2 点，若热影响区狭窄不能并排分布时，该区域测点可平行于焊缝熔合线排列。

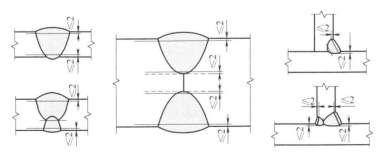

图 11-7　硬度试验测点位置

(4) 试样检验合格标准应符合的规定

① 接头拉伸试验。接头母材为同钢号时，每个试样的抗拉强度不应小于该母材标准中

相应规格规定的下限值；对接接头母材为两种钢号组合时，每个试样的抗拉强度不应小于两种母材标准中相应规格规定下限值的较低者；厚板分片取样时，可取平均值。

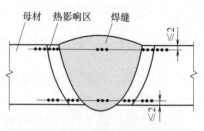

图 11-8　对接焊缝硬度试验测点分布

② 接头弯曲试验。试样弯至 180°后应符合下列规定：各试样任何方向裂纹及其他缺欠单个长度不应大于 3mm；各试样任何方向不大于 3mm 的裂纹及其他缺欠的总长不应大于 7mm；四个试样各种缺欠总长不应大于 24mm。

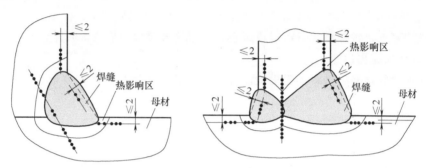

图 11-9　对接与角接组合焊缝硬度试验测点分布

③ 冲击试验。焊缝中心及热影响区粗晶区各三个试样的冲击功平均值应分别达到母材标准规定或设计要求的最低值，并允许一个试样低于以上规定值，但不得低于规定值的 70%。

④ 宏观酸蚀试验。试样接头焊缝及热影响区表面不应有肉眼可见的裂纹、未熔合等缺陷，并应测定根部焊透情况及焊脚尺寸、两侧焊脚尺寸差、焊缝余高等。

⑤ 硬度试验应符合下列规定。Ⅰ类钢材焊缝及母材热影响区维氏硬度值不得超过 HV280，Ⅱ类钢材焊缝及母材热影响区维氏硬度值不得超过 HV350，Ⅲ、Ⅳ类钢材焊缝及热影响区硬度应根据工程要求进行评定。

11.3.4　焊接工艺评定报告管理

焊接工艺评定报告经审批后，原件一般由企业档案部门或工艺技术管理部门妥善保存，若由企业档案部门保存则需复印一份交工艺技术管理部门，其需依据焊接评定报告编制焊接工艺规程（WPS）。另外，还需复印一份供相关技术监督部门和用户审查使用，由企业中负责对接审查的部门保存。

一般对于起重机行业来说，完整的焊接工艺评定文件，有效期应为 5 年，企业中负责焊接工艺评定的部门应在评定有效期结束前规划并完成新的焊接工艺评定。

第12章

起重机械典型钢结构制造工艺及要求

最常见的通用起重机械主要有桥式和门式起重机，这里仅以桥式起重机主要钢结构件为例介绍其制造工艺及要求。

桥式起重机主要钢结构件包括桥架、小车架，其中桥架由主梁、端梁组成。

12.1　主梁

12.1.1　下料及拼板要求

（1）下料

主梁盖板、腹板下料时长度方向预留工艺余量。主要是指为满足主梁最后交检尺寸长度的准确及保证焊接结构件的焊缝收缩量（0.5/1000～1/1000），而在跨度 S 尺寸的基础上多加的二次下料的余量（待装配时研配割除），余量值按表 12-1 选取。

表 12-1　余量值

跨度 S/m	工艺长度/mm	工艺余量（α 值）/mm
$S \leqslant 20$	$S + \alpha$	$\alpha = 1/1000 \times S + 40$
$20 < S \leqslant 30$	$S + \alpha$	$\alpha = 1/1000 \times S + 50$
$S > 30$	$S + \alpha$	$\alpha = 1/1000 \times S + 60$

腹板下料时，预制一定的上拱度，以确保起重机装配之后主梁跨中 $S/10$ 范围内具有不小于 $0.7S/1000$ 的上拱。腹板预拱值与跨度、板厚、工艺规范以及焊接工艺方法、焊接顺序等因素有关。因此，除考虑主梁自重下挠还应注意上述因素，使产品的最终跨中上拱度达到检验标准（若合同有特别要求时，按照合同要求执行）。常规腹板上拱值 F 按照表 12-2 选取。

表 12-2　普通桥式起重机主梁腹板的参考预拱值　　　　　　单位：mm

跨度	6	8	10	12	14～16	18～24
10.5m	35	30	30	25	20	20
12.5m	45	40	40	35	30	30
16.5m	60	55	55	50	40	40
19.5m	80	75	75	65	60	50
22.5m	100	95	90	80	75	60

续表

跨度	6	8	10	12	14～16	18～24
25.5m	105	100	95	90	85	70
28.5m	115	110	100	100	90	80
31.5m	125	125	115	110	100	90
备注	①表中为腹板 6mm 时的预拱度值。当腹板厚度为 8mm 时，跨度＜19.5m 时预拱度值减小 5mm，跨度≥19.5m 时预拱度值减小 10mm ②跨度＜19.5m 时腹板长度方向加长 10mm，跨度≥19.5m 时腹板长度方向加长 20mm ③轻量化起重机主梁腹板（主 8mm 副 6mm），当上盖板厚度≤16mm 时预拱度值减小 5mm，18～24mm 时预拱度值减小 10mm。跨度小于 19.5m 时腹板长度方向加长 30mm，跨度≥19.5m 时腹板长度方向加长 40mm					

（2）拼接

① 主梁的盖板和腹板拼接。

a. 主梁同一截面的盖板和腹板的对接焊缝必须相互错开 200mm 以上；盖板和腹板横向需要拼接时，横向拼接跨度应大于 300mm；长度方向拼接长度应大于 1000mm。

b. 小筋板与上盖板、腹板的对接焊缝，工作级别 A6 以下的应错开 50mm 以上，工作级别 A6 或 A6 以上的应错开 100mm 以上。

c. 大筋板与盖板、腹板的对接焊缝，工作级别 A6 以下的应错开 100mm 以上，工作级别 A6 和 A6 以上的应错开 150mm 以上。

d. 盖板和腹板的对接焊缝需要熔透。当合同未进行特殊要求时，针对如下位置进行无损检测，用射线无损检测时不应低于 GB/T 3323.1 中的Ⅱ级，用超声波检测时不应低于 JB/T 10559 中的 1 级。

受压盖板的纵向对接焊缝两端各 160mm 范围内，横向焊缝由焊缝端部向内 10％盖板跨度但不小于 160mm 范围内；

受拉盖板的纵向焊缝两端各 300mm 范围内，横向焊缝全长范围内；

腹板横向焊缝邻近受压盖板处 160mm 范围内，横向焊缝与纵向焊缝的每个“T”字接头处横向焊缝 300mm 范围内，横向焊缝邻近受拉盖板处 2/3 腹板宽度范围内；

腹板纵向焊缝两端各 160 范围内，中间部位抽检，探伤总长不小于焊缝长度的 20％。

e. 焊前，焊缝两端必须点固引、收弧板。焊接时，采用气体保护焊打底填充，埋弧自动焊盖面。焊后割除引、收弧板后进行检验。

f. 盖板、腹板拼接时应先拼接宽度，然后再拼接长度。通常盖板宽度较窄，不需要拼接长度（偏轨箱形梁盖板较宽，有时需要拼接）。主梁上下盖板和腹板要求焊透，达到等强度接头。焊缝的缺陷是不可避免的，缺陷存在就会有应力集中，如图 12-1 所示。

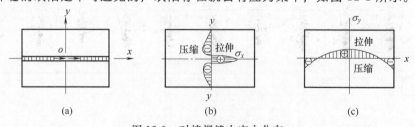

图 12-1 对接焊缝内应力分布

② 筋板的拼接。筋板是否可以拼接，首先应按合同和图纸要求。如合同和图中无特别要求时，则可按如下要求进行：工作级别 A6 以下（包括 A6）的筋板可以拼接，但是焊缝必须保证焊透，同时要求对接焊缝应离圆角 10mm 以上。工作级别 A7（包括 A7）以上时必须采用数控整体下料。

12.1.2　主梁的制造工艺

桥式起重机的主梁是典型的箱形梁结构，由上下盖板、两块腹板、大小筋板和加强肋等板、型材组焊而成。主梁制造时，有采用以上盖板和以腹板为基准面两种组装方法，以上盖板为基准组装方法最为常用，以腹板为基准组装方法适用于带 T 形钢的宽型梁组装。组装过程根据机械化程度以上盖板为基准面进行装配的工艺过程如下。

(1)　π形梁组装

① 划线。

a. 将上盖板平铺在平台或地面上，先划出跨中心、盖板中心、两侧腹板及各筋板、加强肋（如有）的组装位置线；筋板位置划线应考虑主梁纵向焊接收缩量，相邻两筋板划线时留 1/1000 的余量，避免累积而造成筋板最终在焊完后错位。

b. 腹板平铺于平台或地面上，先划出跨中心线以及各筋板、加强肋等的组装位置线。加强肋的组装位置线应该与腹板具有相同的拱度线。

c. 要求划线用粉线和石笔线，粗细符合：粉线 < 0.75mm、石笔线 < 0.5mm。

② 组焊加强肋。按线在腹板或上盖板上组焊加强肋。腹板上的纵向加强肋要与腹板的上拱度一致也带有拱度。注意加强肋与盖板、腹板间要贴紧，间隙 ≤ 0.5mm。

③ 组装各筋板。按线在上盖板上装配定位焊大小筋板。注意保证筋板与盖板的垂直度：筋板侧向偏差以内侧（无走台侧）为基准 $a \leq 2H/1000$；筋板纵向前后倾斜及距离偏差应 < 10mm。自检符合要求后，方可定位焊筋板。

④ 焊接各筋板与上盖板的角焊缝。对 5～50t 通用桥式起重机要求有外旁弯的主梁，为了保证预制旁弯，焊接方向从无走台侧向有走台侧焊接，见图 12-2（a），对于其他不要求

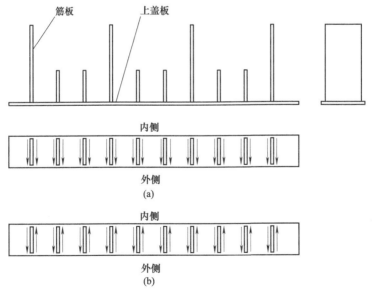

图 12-2　焊接方向示意

外旁弯的主梁，可交错焊接避免上盖板产生旁弯，见图12-2（b）。

⑤ 组装腹板。吊装腹板与上盖板（筋板）组装，使腹板的跨中心线与盖板上的跨中心线对中，然后在跨中点固定位。腹板上边采用安全卡将腹板临时紧固在大筋板上，再装配定位焊腹板，由跨中向两端定位焊至一端，然后用垫垫好（图12-3）（装配中必须随时使腹板与筋板靠严后再进行定位焊）。一端定位焊好后再由中间向另一端，用同样方法进行装配定位焊。再以同一方法组装另一腹板。用 π 形梁组对工装将腹板与筋板靠紧并点固。

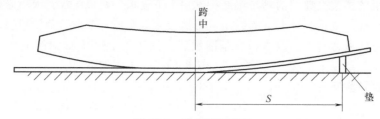

图 12-3　腹板装配过程

（2）π形梁内缝焊接

① 焊接顺序。根据主梁的技术要求采取不同的焊接顺序： 5～50t 通用桥式起重机要求主梁向走台侧弯曲，焊接内缝时，应先焊接内腹板侧焊缝，后焊接外腹板侧焊缝。对于偏轨箱形主梁要求主梁是直线形的，应先焊接副腹板侧焊缝，后焊接主腹板侧焊缝。

② 焊接方法。 π 形梁两大筋板构成的格，按焊工平均分开，最好每人一格，依焊接方向和次序进行焊接，为使受热均匀，尽量同时焊接。人少时可采用分中反方向焊接法或分段焊接法以减少变形。焊完一面翻转后，用同样方法焊接另一面。

③ π 形梁的综合检验。

a. 检测 π 形梁跨中的上拱度和每筋板处的上拱度值。

b. 检测 π 形梁的旁弯大小，使其水平弯曲控制在 $f = L/1500 \sim L/2500$ 范围内。

c. 检测每大筋板处腹板倾斜值。

d. 检测跨中大筋板处（如跨中无大筋板可在跨中左右筋板处）和两端长筋板处上盖板的水平倾斜值。

e. 检查 π 形梁内部焊缝质量，所有焊缝应符合图纸要求，且无目测可见的裂纹、气孔、未熔合、夹渣、焊瘤、烧穿。弧坑、咬边深度 >0.5mm，焊缝长度 1m 以上的咬边连续 >100mm，焊缝长度 1m 以内有连续大于 50mm 以上咬边的均要进行焊补，且要修整光滑。

（3）装配下盖板

① 将下盖板放在平台上，划出跨中心线及 π 形梁（两腹板）的位置线。组装下盖板前应做到：

a. π 形梁与下盖板的旁弯方向和大小要相一致；如果 π 形梁与下盖板的旁弯方向相反，不能与下盖板组装，必须进行调整时允许用火焰矫正的方法调整（火焰矫正见12.5节）。

b. π 形梁腹板如有较大凹陷波浪，可将 π 形梁凹陷部分进行火焰矫正。

② 将 π 形梁吊放在下盖板上，使 π 形梁的中心线与下盖板的中心线重合，支垫处下盖板两边的边缘要相等。

③ 组装定位焊下盖板。

a. 由跨中开始，两边同时施工，使用撬杠将下盖板顶起，两边盖板边缘与腹板距离要相等，盖板与腹板间隙≤ 1mm，斜面处间隙< 2mm，方可定位焊。

b. 其四条焊缝为埋弧自动焊，可先采用气体保护焊定位，定位焊焊缝要比正式焊缝小，焊接质量同正式焊缝。定位焊缝长 50～70mm，定位焊间距 300～500mm。

④ 箱形梁的综合检验（组装定位焊下盖板后、四条纵焊缝焊接前的检验）。检验主梁上拱度及旁弯；检验主梁大筋板处腹板的垂直偏斜值≤ $H/200$（H 为腹板高度），主梁上盖板的水平偏斜值≤ $B/200$（B 为上盖板宽度）。

(4) 焊接四条纵缝

① 将主梁侧放垫平，焊接四条纵缝（采用龙门埋弧自动焊机或埋弧焊小车焊接）。

② 焊接顺序。原则上是先焊下盖板侧焊缝，后焊上盖板侧焊缝；先焊无走台侧，后焊有走台侧；如拱度、旁弯不符合要求，可调整焊接顺序。拱度偏小的应先焊接下盖板与腹板的焊缝，拱度偏大的应先焊接上盖板与腹板的焊缝。

(5) 主梁的精整

焊接完成后，对主梁外观进行修磨，清理焊接飞溅，打磨。

12.1.3　主梁的检验

将同一台起重机的两个主梁水平弯曲向外放置在平台上，测量主梁拱度、水平弯曲、上盖板水平倾斜、腹板垂直倾斜、腹板波浪、盖板波浪和两根主梁高低差等，如不符合技术要求的，允许采用火焰矫正，矫正时允许配合压重等方法进行修理。

主梁制作完成后应符合以下要求（详细要求见 GB/T 14405）：

① 检验主梁的拱度值以及水平旁弯。其中最大拱度应控制在跨中 $S/10$ 的范围内（S 为跨度）。

② 主梁腹板的局部平面度，以 1m 平尺检验，在受压区离上（或下）盖板 $H/3$ 以内的区域不大于 $0.7t$，其余区域不大于 $1.2t$（t 为腹板厚度）。

③ 主梁上盖板的水平偏斜值 $c\leqslant B/200$，此值应在大筋板或节点处测量。B 为上盖板宽度。

④ 主梁腹板的垂直偏斜值 $h\leqslant H/200$，此值应在大筋板或节点处测量。H 为腹板高度。

⑤ 主梁外部尺寸达到图纸要求，焊缝质量符合要求。

12.2　端梁

12.2.1　下料要求

① 筋板的剪切或气割要求：四直角边相互垂直偏差为≤ 1.5mm。

② 腹板、上盖板、下盖板一般应按全长整体下料。有特殊要求时（或受板材尺寸限制）按图可分段下料。腹板上应按图割出手孔。

③ 盖板、腹板下料时，需要考虑焊接收缩量预留 $L/1000$ 工艺余量。

④ 中间检验。下料后组对前（各工序后）均要对外形尺寸（划线、切角）、切割（剪

切）边质量、是否开坡口、弯板、连接板、连接角钢等进行检验，检查是否符合相关技术标准要求等。

12.2.2 端梁的制造工艺

桥式起重机的端梁截面形式与主梁类同，是由上下盖板、腹板、筋板、弯板、加强板、连接角钢等板、型材焊接而成的箱形结构。

（1）端梁的结构形式

① 端梁与主梁的连接形式。一种形式是焊接连接，这种是主梁的端部延伸的上、下盖板搭接在端梁的上、下盖板上由焊接固定，主梁的腹板与端梁的腹板通过连接板焊接在一起。而端梁被分成两段或三段，并用连接板（或角钢）通过螺栓连成整体；运输时拆开。另一种形式是法兰板螺栓连接。

② 按车轮安装形式。桥式起重机的端梁同时是行走梁，按照车轮安装形式可分为两种，一种是组装角形轴承箱式，另一种是焊接45°剖分轴承座式。

（2）备料

① 弯板压弯。按图在压力机上压制弯板，弯板弯角大于90°，与直角尺上部间隙控制在0.5～1.5mm（即直角偏差 $a \leqslant 1.5$mm）。

② 钻孔。按图在连接板、连接角钢、弯板、加强板（塞焊孔的尺寸必须按图，不得随意改变）等件上钻孔。（连接板的螺栓、铰制孔可放在端梁最后工序）。

③ 组焊之前，对所有来料进行检验，是否符合图纸要求。

（3）装配 π 形梁（其装配方法与主梁的组装方法相同）

以下是按腹板、上盖板、下盖板整体下料为例的装配工艺说明。若各盖板、腹板是以分段下料时，则应先分别将腹板用 60mm×40mm 辅助定位板按图定位连接成整体，上下盖板用连接板点固后再装配。

① 吊装上盖板平放于平台上，划出其中心线以及筋板、腹板、连接板及焊后分段切口的定位线等。

② 组装定位焊筋板。按线依次吊装筋板至上盖板相应位置，组对时采用直角尺检验筋板垂直度，筋板的两侧面、上下面等相互垂直偏差 ≤ 2mm。调整合格后点固定位。

③ 焊接筋板与上盖板连接角焊缝，角焊缝按照由内腹板侧向外腹板侧的方向进行施焊。

④ 组装定位两腹板。吊装腹板至上盖板相应位置，调整筋板与腹板垂直度，腹板与上盖板垂直度 ≤ $H/300$（H 为腹板高度）为合格，腹板紧靠筋板，点固定位，并采用辅助夹具固定腹板与筋板。

（4）焊接 π 形梁内缝

① 焊接外腹板与筋板的连接焊缝（由上盖板侧向下盖板侧施焊）。

② 焊接内腹板与筋板的连接焊缝（由上盖板侧向下盖板侧施焊）。

③ 内缝焊接完成之后，检验内部各件及焊缝的技术要求。

（5）装配下盖板

① 将下盖板放于平台上，划出其中心线及连接板、π 形梁（两腹板）的位置线。

② 将 π 形梁吊放在下盖板上，使 π 形梁的中心线与下盖板的中心线重合（用直角尺测

量、调整，使上下盖板对齐；用水平尺测量上、下盖板的平行度 $b ≤ B/200$，使两盖板的平行度达到要求后定位焊下盖板。

(6) 焊接端梁四条纵向焊缝

用埋弧自动焊，先焊接下盖板与腹板的焊缝，后焊接上盖板与腹板焊缝。

(7) 组对腹板的外侧加强板，进行塞焊及其他焊接

(8) 装配焊接梁两端的其余各件（弯板或轴承座板）

① 弯板的装配焊接（适用于角箱式车轮组）。

a. 弯板完成矫正后在检验校正胎上按图纸位置关系两两一组配对并用角钢点固。同时在角钢上划出弯板对称中心线、位置线。

b. 端梁倒置垫平，汇装弯板组合件，保证弯板中心线、高度、轮距等参数后点固，同时点固相关筋板。

c. 焊接两端弯板的连接焊缝。

② 剖分轴承座的装配焊接（适用于剖分轴承座式车轮组）。

a. 先把剖分轴承座的结合面按图加工，并用垫片、螺栓紧固和点焊好。

b. 粗车剖分轴承座的内孔和端面，单面留有 $5 \sim 8mm$ 的加工余量，一般车到 70% 见光即可。

c. 焊接剖分轴承座，一定要先把剖分轴承座的位置测量好，中心线位置偏差小于 4mm，再点装固定，然后复检，合格后焊接。

d. 焊接时要注意变形，一般应采用气保焊，利用对称焊接、间断焊接等方法减小变形，焊接冷却后若变形过大，应通过火焰加热进行矫正。

e. 根据加工余量的大小，剖分轴承座的位置偏差应能保证最后的加工尺寸，且留有 1mm 的保证余量。

f. 特殊情况也可把剖分轴承座与车轮组加工为成品，并组装成一体，然后焊接到端梁上，其检验项目参照大车运行机构。

③ 割各分段切口（针对盖板、腹板整体下料，若分段下料的仅需要去除工艺板条），按图在腹板、上下盖板的断开处，依次割出断口，并且各两端留 $15 \sim 20mm$ 不割断。磨平后为 3mm 或去掉盖/腹板上的连接定位块。

④ 将连接角钢两两配对用螺栓连接牢固，并对称焊在各断口两侧（中间连接角钢需塞焊时，要按图塞焊）。

(9) 校形、倒棱、清理等

12.2.3　端梁的检验

① 端梁上盖板的水平偏斜值 $c ≤ B/200$，B 为上盖板宽度。

② 端梁腹板的垂直偏斜值 $h ≤ H/200$，H 为腹板高度。

③ 各弯板直角偏差 ≤ 1.5mm。

④ 同端两个弯板平面度（同位差）≤ 2mm。

⑤ 主动端弯板与从动端弯板的中心线同位差 $e ≤ 5mm$，平面度 ≤ 4mm。

⑥ 弯板孔距的偏差值 ≤ ±3mm。

12.3　小车架

12.2.1　下料要求

① 按图纸下料，尤其是不同板厚的面板，应分别下料后拼接（不允许用大板割出空位）。

② 中间支承梁的面板原则上按图下料，但是对于厚度相同、长度相近的相邻面板，允许把二块合成一块下料，不允许把大块或整块板割开后又焊接。

③ 角箱弯板的支承板和加强板（或其他异形件）应用数控切割或仿形切割。

④ 对于工作级别 A7 或 A7 以上小车架的各种支座、支承板，其上平面需按图进行机加工，因此应按每米长度内，留有加工余量 3mm 左右。

⑤ 划线前若材料有变形应矫正。

⑥ 板材需拼接时，应按图纸开坡口。

⑦ 定滑轮耳板可用数控切割一次成形，然后去除尖角。

12.3.2　小车架的制造工艺

小车架工艺概述：主要是由几个箱形结构梁（支承梁、端梁、连接梁）和不同厚度的板材、型材焊接而成的结构件。

（1）备料

① 制作弯板。对角箱弯板类零件，应在压力机上用压模压成，用样板检验圆弧半径，并检验是否有裂纹。有裂纹时应磨掉，再焊补修平。压弯之后应检验、矫正。角箱弯板压弯后应在专用检验校正台上进行检验矫正，弯板端部外侧与检验校正台的基准面的间隙 $a \leqslant$ 1.5mm，并不允许出现扭曲，否则，应用千斤顶顶压、锤击或火焰矫正。

② 钻孔。按图划线，然后用钻床钻孔。

（2）小车架的各梁装配及焊接

① 小车架的各梁装配及焊接有两种方法。

a. 小车架的各梁单独按图组装定位焊（基本与主梁的组装方法一样），即各梁单独按图组装焊接，最后再总体研配组装成小车架。

b. 在平台上划出整个小车架的各梁（上盖板）的位置线，平铺各梁的上盖板，并划出各梁的筋板和腹板的定位线，再同时依次组装各梁的筋板和腹板及堵头板。注意组装的各梁接头要无间隙，并打上对接标记。拆开各∏形梁，焊接内缝后组装下盖板和焊接四条纵向角焊缝。（由于各梁接头都是事先对好的，只要打好对接标记，各梁两端不加研配余量。）

② 以小车架的端梁为例，具体组装焊接工艺过程如下（其他梁可参照此工艺过程）。

a. 首先把上盖板铺在平台（或水平地面）上，划出各筋板和腹板的位置线。

b. 点装各筋板和左、右腹板，端部补强板，组装成∏形梁。

c. 焊梁内各焊缝，注意要水平施焊。

d. 交检梁内各焊缝。

e. 装下盖板。

f. 焊端梁的四条主焊缝。焊接时首选埋弧自动焊，并从一端起焊。

g. 装焊支承梁。

a）支承梁为箱形梁结构时，应按端梁的制作工序执行，下盖板暂不焊接。但要先在安装定滑轮轴的腹板上划线，钻、攻轴端挡板螺孔后再组焊。

b）支承梁为工字梁结构时，应在小车架总装时组焊。

h. 检验：端梁、中间梁的几何尺寸和焊缝应符合图纸和相关技术要求。

（3）总装（小车架的装焊应在平台上进行）

① 按图点装两端梁和支承梁，注意调整轨距和端梁与支承梁的垂直度，调整滑轮座板的焊接位置。

② 点装面板上其他连接板、连接型材、小车架上各处加强板等件。

③ 焊接小车架其余焊缝。注意要水平焊接，在利用焊接工装时要支承牢固。

④ 点装角箱弯板并焊接。可用划线方法、弯板焊接胎具或车轮组总成等确定角箱弯板的位置。

⑤ 点装、焊接定滑轮耳板。

⑥ 检验：小车架的几何尺寸和焊缝应符合图纸及相关技术要求。

⑦ 小车架的焊接原则。

a. 各盖板的翼缘太宽易产生焊接变形时，应采取措施减小变形，如预制反变形（图 12-4）、分段焊接、加辅助筋板等。

b. 平行的主焊缝应从一端起焊，以减小扭曲变形。

c. 小车架立放焊接时应使用小车架焊接工装，并支承牢固。

（4）点装、焊接各支座

① 先在面板上按图划出各支座（电机座、减速机座、制动器座、卷筒座等）的位置，然后把支座放在各自相应的位置，检验支座与小车架面板的间隙和总体高度，不合适时修整。

② 焊接各支座。在焊接尺寸较大的支座时，应采取防变形措施，如把两个对称件上平面点装在一起、增加辅助支承、分段施焊等。焊接各支座和定位块时要注意：

a. 定位块与被定位件要靠紧，无间隙。

b. 定位块要大面与支座接触。

c. 有开式齿轮的卷筒和减速机，一定要在开式齿轮的径向、卷筒和减速机的外侧各焊接两个定位块。

③ 各支座与相配装的部件用螺栓连接，然后按小车装配工艺规程装配、调整各部件。

④ 矫正变形：各支座上平面的平面度在每米长度内应小于 2mm，否则应用机械或火焰矫正。

（5）制作、焊接其他零部件

按图制作小车栏杆、安全尺、各种防护罩、各种开关座、缓冲器座等辅件，然后预装。需焊在小车架上时预装后焊牢。

（6）精整

尖角倒钝。对外露且人体易碰触部分的尖角进行倒钝，如小车架面板四周等。型材一般只对切开端面的尖角倒钝。

12.3.3 小车架的检验

① 各弯板直角偏差（间隙 $a \le 1.5$mm），见图 12-4。

② 同侧两组弯板平面度 ≤ 2mm。

③ 四组弯板平面度 ≤ 3mm。

④ 各梁腹板垂直度 $h \le H/200$mm，见图 12-5。

⑤ 小车架主动侧弯板与从动侧弯板的同位差 $e \le 5$mm，见图 12-6。

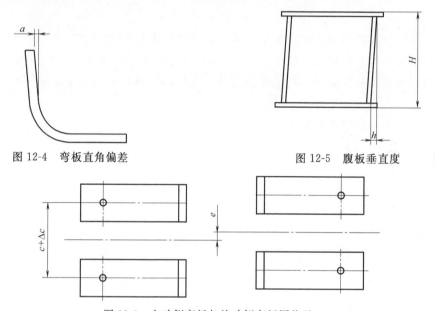

图 12-4　弯板直角偏差　　　　　　　　　图 12-5　腹板垂直度

图 12-6　主动侧弯板与从动侧弯板同位差

⑥ 两组弯板中心距偏差：

当轨距 $K \le 2.5$m 时，偏差 ΔK 为 ± 3mm，两端相对差 $|K_1 - K_2|$ 为 4mm；

当 $K \ge 2.5$m 时，偏差 ΔK 为 ± 4mm，两端相对差 $(K_1 - K_2)$ 为 5mm，见图 12-7。

⑦ 小车架弯板间距 B，两侧相对差 $|B_1 - B_2| \le 6$mm，见图 12-7。

⑧ 四组弯板中心对角线差 $(D_1 - D_2) \le 8$mm，见图 12-7。

⑨ 小车架面板的平面度为每米长度内 3mm，超出 2m 时整体平面度为 6mm。

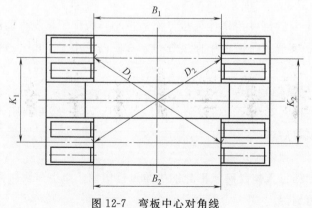

图 12-7　弯板中心对角线

12.4　桥架

12.4.1　桥架的制造工艺

（1）工艺概述

桥架的制造工艺主要分为：主梁与端梁的组装、轨道的安装、走台的装配、栏杆及门的装配等。其中主梁与端梁的组装为主要工序，走台的装配影响到主梁的旁弯，轨道的安装影响到主梁的上拱度，在组装时均应引起注意。

（2）桥架汇装焊接的工艺选择

① 作业场地的选择。只要主梁有温度差存在，就会有拱度的变化或水平旁弯的变化，相应引起小车轨道高低差和小车轨距的变化，给桥架制造的工艺参数控制带来不利因素。因此，有条件的工厂，箱形梁构成的桥架应选择在厂房内组装焊接。厂房内的玻璃窗最好用毛玻璃、变色玻璃，避免强光照射。无条件在厂房内而在露天条件下进行桥架制造的，必须掌握主梁温度变化规律，凡有温差存在时，应对主梁拱度和水平弯曲进行修正，同时应在早、晚或夜间进行检测。

② 垫架位置选择。因自重对主梁拱度有影响，主梁垫架位置应选择在主梁跨端或接近于跨端的位置。起重量较小的桥架在最后测量调整时应尽量垫在端梁处。

③ 为减少桥架整体焊接变形，在桥架组装前应尽量焊完所有部件本身的焊缝。不要等到整体组装后再补焊。

（3）桥架制造的工艺要点

① 走台的装配。

a. 按图划出主梁走台横向角钢、槽钢的装配位置线和斜拉筋板的位置线。

b. 装配走台横向角钢、横向支承槽钢，保证横向角钢的水平偏差小于 3mm，保证横向支承槽钢的水平偏差小于 2mm。

c. 焊装纵向角钢。与横向支承槽钢在一个平面上，水平偏差应小于 1mm。

d. 按图划出主梁走台外侧边梁角钢的螺栓孔的位置，并钻孔。按图划走台的贴主梁角钢和其他角钢的位置线。

e. 按图装配主梁走台外侧角钢。

f. 按图纸焊缝要求，焊接走台所有型材组成的构架。

g. 装焊走台花纹板。

h. 检验。按工艺技术要求，除检验走台等结构外，还要复检跨度、对角线、拱度、旁弯、波浪度等主要相关参数。不合要求则需进行矫正，矫正的方法同主梁。

② 小车轨道安装的装焊。（轨道的安装可在桥架组装后进行，以下是以轨道的安装在桥架组装前进行为例的工艺过程。）

a. 轨道按图纸要求拼接长度。

b. 将主梁上盖板对接焊缝在轨道安装处磨平。

c. 主梁各项技术参数检验合格后，按图在主梁上盖板上划出轨道安装位置线。

d. 按线吊放钢轨，调整好轨距后用槽钢固定。先用轨道压紧工装安装一根轨道（轨道弯曲时应用火焰或压机矫平直），使轨道底面与上盖板的筋板处贴合，并经调整保证相关的技术要求（如接头的位置、间隙、高低差、侧向偏差等），合格后把压板焊牢压紧。注意：

a）轨道接头的间隙处一般应满焊，然后磨平。

b）轨道接头间距不等于小车的基距（大于或小于基距均可）。

e. 焊装轨道端部挡块和小车限位开关座。

③ 主梁、端梁的装配。

a. 将两个垫架（或槽钢）水平且平行放置，距离为起重机跨度的 0.85 左右，且位于主梁的大筋板处（即梁的变截面处下部）。

b. 把两主梁放在垫架上（注意拱度曲线接近的对称放置，且凸曲向走台侧），在主梁上盖板的两端划出主梁的纵向、横向十字中心线，调整使两主梁保持水平，两主梁中心距的偏差 $\Delta K_x < 3\text{mm}$，横向中心偏差 $\Delta e < 2\text{mm}$，对角线偏差 $|D_1 - D_2| \leqslant 5\text{mm}$，其他按桥架的工艺技术要求调整。全部调整合适后，用工艺角钢在两主梁的两端上盖板处点焊固定。

c. 划线。

a）在端梁上盖板处划出纵向中心线和与主梁装配的十字中心线。

b）以弯板竖直部分安装轴承箱的边缘为基准（对于 45°剖分轴承座应以轮轴孔的中心为基准），用线坠吊线返回到端梁上盖板上，与端梁上盖板纵向中心线相交，作为样冲眼中心，在交点处打样冲眼，样冲眼要保证清晰，直径大于 1mm，深度大于 1mm。以样冲眼为基础进行桥架对角线的测量（该样冲眼应作为永久性标记保留，涂油漆时不得涂平，不得用划线等非永久性标记代替）。

d. 起吊端梁与主梁装配。先将端梁插入主梁端头上下盖板内，使主梁与端梁的十字中心线对正，保持端梁纵向水平，横向外倾 2mm，同时注意端梁上盖板的上平面与主梁上盖板下平面圆滑过渡；然后在样冲眼处测量桥架的对角线和跨度，考虑到焊接连接板和走台等焊缝的收缩，跨度在工艺技术要求的基础上可适当加大 5～10mm 左右（经验值）。小吨位、大跨度取上限，大吨位、小跨度则取下限。

e. 将主梁与端梁连接的补强板点固焊牢在主、端梁上之后，点装主梁上、下盖板于端梁上，再把主、端梁连接的水平三角板点固。

f. 检验。按工艺技术要求检验跨度、对角线等相关参数。

g. 焊接补强板和三角板，应注意焊接顺序。

a）先焊主梁与补强板的接触焊缝，再焊接端梁与补强板的接触焊缝。

b）焊上盖板、下盖板与端梁的焊缝。

c）焊上、下三角板连接焊缝。

④ 装焊栏杆、斜梯和栏杆门。

a. 按图弯制栏杆、斜梯和栏杆门的各零件，然后装配、焊接各段栏杆和门，栏杆门的平面扭曲应小于 5mm，对角线差小于 3mm。

b. 按图装焊走台和端梁上的各栏杆部件、栏杆门、定柱管等。注意焊牢门的铰链。

⑤ 组装各附件。

a. 按图装焊电缆导电架连接板。

b. 按图装焊电器类固定类附件，如电阻器座、控制屏座、行程开关架、分线盒架、穿线管等，穿线管端口要装防护套。

c. 按图装焊其他附件。如缓冲器支座、端梁上的挡架（清轨器）、吊笼及大车导电架、司机室安装等。缓冲器及支座一般与端梁配装后不再拆开，但有合同规定和特殊情况下可拆下另行包装。

d. 各处外露且人体易接触的部分要把尖角倒钝。

12.4.2　桥架的检验

① 桥架跨度 S 的偏差 A：$S \leqslant 10\text{m}$，$A = \pm 2.5\text{mm}$；

$S > 10\text{m}$，$A = \pm [2.5 + 0.1 (S - 10)]\text{mm}$，$S$ 单位为 m 。

② 桥架的对角线偏差：$|D_1 - D_2| \leqslant 5\text{mm}$ 。

③ 桥架的主梁上拱度：$S \leqslant 19.5\text{m}$，$(1.2 \sim 1.4) S/1000\text{mm}$；

$S > 19.5\text{m}$，$(1.4 \sim 1.6) S/1000\text{mm}$；

S 为主梁跨度。

④ 主梁腹板的局部翘曲：用 1 米平尺测量，距上翼缘板 $\leqslant H/3$ 范围内应 $\leqslant 0.7t$，其余 $\leqslant 1.2t$，t 为腹板厚度，H 为腹板高度。

⑤ 主梁水平弯曲值：正轨箱形梁及半偏轨箱形梁 $\leqslant S_1/2000$，当 $G_n \leqslant 50\text{t}$，只能向走台侧凸曲。G_n 为起重量，S_1 为两端始于第一块大筋板的长度。

⑥ 主梁腹板垂直偏斜值：箱形梁 $h \leqslant H/200$。H（mm）为腹板的高度。

⑦ 主梁上翼缘板水平偏斜值 $C \leqslant B/200$。B（mm）为上翼缘板的宽度。

⑧ 小车轨距 $S \leqslant 16\text{m}$ 时，轨距 S 的公差 A 不得超出下列数值：

a. $G_n \leqslant 50\text{t}$ 的对称正轨箱形梁及半偏轨箱形梁：

在轨道端部，为 $A \pm 2\text{mm}$；

在轨道中部，轨道长度 $\leqslant 19.5\text{m}$ 时为 $A\text{mm}$；当 $S > 19.5\text{m}$ 时为 $A\text{mm}$。

b. 其他梁时，A 为 $\pm 5\text{mm}$。

⑨ 小车轨道上任一点处，车轮接触点高度差为 Δh_r，不应超过下列数值：

轨距 $S \leqslant 2\text{m}$ 时，$\Delta h_r = 2\text{mm}$；

轨距 $S > 2\text{m}$ 时，$\Delta h_r = 1.0S\text{mm}$，且 $\Delta h_r \leqslant 4\text{mm}$，$S$ 单位为 m 。

⑩ 小车轨道上任一点处，在与之垂直的方向上，相对应两轨道测点之间的高度差 E 应符合下列要求：

$S \leqslant 2\text{m}$ 时，$E = 3.2\text{mm}$；

$S > 2\text{m}$ 时，$E = 2.0S\text{mm}$，且 $E \leqslant 8\text{mm}$，S 以 m 为单位。

⑪ 小车轨道安装。

a. 接头处钢轨顶部的垂直错位值 $H_F \leqslant 1\text{mm}$，水平错位值 $H_s \leqslant 1\text{mm}$，应将错位处以 1：50 的斜度磨平（焊接接头也参照执行，但焊缝必须磨平）。

b. 连接后的钢轨顶部在水平面内的直线度 b，在任意 2m 测量范围内不应大于 1mm。

c. 接头处的接口间隙 $e \leqslant 2\text{mm}$。

d. 对正轨箱形梁及半偏轨箱形梁，当不采用焊接方法时，轨道接头应放在筋板上，允许偏差不大于 10mm。

e. 轨道底面与承轨梁翼缘横隔板处应接触良好。

⑫ 附件、焊缝、外观要符合图纸和相关标准，外观的特殊要求有以下几点。

a. 对外部且人体易接触的板材尖角要倒钝，如主梁、端梁的边缘等，型材仅断口处的尖角要倒钝。

b. 装配走台时焊在主梁上的纵向角钢与横向角钢的空位要一致和对称，吊装孔要加活动封盖等。

12.5 火焰矫正

12.5.1 火焰矫正原理及基本参数

(1) 火焰矫正的原理

金属具有热胀冷缩的特性，力学性能也随温度而变化。当在金属结构上局部加热时，加热区的金属热膨胀受到周围冷金属的阻止，不能自由变形，某些部位的金属被塑性压缩。冷却后，残留的局部收缩使结构获得矫正所需要的变形。桥架变形的火焰矫正也就是在结构上局部加热，使结构的某些部位被塑性压缩，冷却后由残留的局部收缩达到矫正桥架拱度不足、旁弯或腹板波浪度的目的。

(2) 火焰矫正基本参数选择

① 氧-乙炔火焰选择。火焰矫正一般采用的是氧-乙炔比为 1.1～1.2 的中性焰或氧-乙炔比不大于 1.25（若大于 1.25，加热区会产生氧化皮）的氧化焰，为防渗碳等不良影响，尽量避免使用碳化焰。

② 加热温度和冷却介质。按火焰矫正的加热温度可分为低温矫正（500～600℃）、中温矫正（600～700℃）和高温矫正（700～800℃）三种。进行低温矫正时，可用水直接冷却；中温矫正时，用水或在空气中冷却；高温矫正时，在空气中冷却。钢材矫形加热温度不允许超过 850℃，严禁过热。钢材表面的颜色与加热温度的关系见表 12-3。

表 12-3 火焰矫正加热温度

温度/℃	低碳钢颜色	温度/℃	低碳钢颜色
530～580	暗褐色	800～830	亮樱红色
580～650	赤褐色	830～880	亮红色
650～750	暗樱红色	880～1050	橘红色
750～780	深樱红色	1050～1150	暗黄色
780～800	樱红色	1150～1250	亮黄色

注：钢的颜色只作参考，实际操作时，宜用点温计、测温仪等测量。

(3) 火焰矫正对主梁承载能力的影响

根据测试，火焰矫正引起的应力与焊接应力一样都是内应力，但不同于焊接应力。由于火焰矫正加热范围较宽，通常在盖板整个宽度范围内和腹板的三角形范围内均匀加热，温度相对较低，温度场分布比焊接温度场平缓。因此通常火焰矫正应力比焊接应力小，但分布范围较大。根据矫正量的大小，火焰矫正内应力的数值可在较大范围内变化。不恰当的火焰矫正产生较大数值的矫正内应力，与焊接内应力和负载应力叠加，会使主梁局部区域的总应力超过许用应力而降低承载安全系数，甚至超过屈服极限而产生永久变形，出现拱度减小甚至下挠现象。此外，在钢结构制造中如靠火焰矫正法达到一定的技术要求，则随着使用时间的增长，由于时效内应力将重新分布而使钢结构变形。因此，在钢结构制造中采用火焰矫正法要慎重，只能作为矫正较小变形而采取的辅助手段。

主梁在制造过程中，应避免采用火焰矫正法增加拱度和翘度值。应在腹板下料时预制合适的上拱度（见 12.1 中腹板预拱），并在制造工艺过程中予以控制，避免出现拱度或翘度不足。

桥架组装调整两根主梁或小车轨道高低差时，应在主梁受压区加热矫正，使拱度（或翘度）大的主梁在允许偏差范围内减小拱（翘）度值，调整高度差。避免在主梁受拉区进行火焰矫正。

如果在制造过程中出现拱度不足万不得已要在主梁受拉区烤火时，需要注意：烤火位置不得在主梁最大应力截面附近；矫正处烤火面积在一个截面上不得过大，可选几个截面；宜采用点状加热方式（见 12.5.2 节中点状加热）；加热温度不超过 700℃。

12.5.2　火焰矫正的操作方法

（1）火焰矫正加热方法
火焰矫正按加热部位的形状分为点状加热、线状加热和三角形加热等方式。

① 点状加热法。加热区域为一定直径的圆状点形。按工件变形情况可采用一点或多点加热，圆点直径一般为 30mm 左右，加热点距离为 50～100mm。

② 线状加热法。加热时火焰沿直线方向移动，同时在宽度方向上做一定的横向摆动；一般加热宽度为 20～90mm，板厚小时取窄一些。

③ 三角形加热法。加热区域为三角形，根据变形量的大小，确定三角形的形状和面积。

（2）火焰矫正的过程
① 正确测量变形值，并在其部位划好记号。

② 根据具体变形情况和加热区域来选择火焰矫正的操作方法（点状、线状、三角形、梯形、矩形等），确定是否需加支承、重铊、千斤顶等工具，估计需几把烤具同时进行。

③ 火焰矫正过程要分几次（批）进行。首次（批）加热区的数量要小于预计的总数。每次加热后必须冷却至室温，测量变形大小，再确定下次（批）加热区的位置和数量。

（3）火焰矫正的注意事项
① 火焰矫正的效果如何主要有三个因素：加热位置、加热温度、加热区的形状。

② 在矫正弯曲变形时，往往在第一批加热区冷却后，在第二、三批加热区已经存在拉应力（或者有一部分抵消了所加外力产生的压应力），将使后续加热区在加热后的压缩塑性变形减少，从而降低了矫正效果。因此，要尽可能合理地确定首批加热区位置和数量，既要尽可能接近所需的矫正量，又要避免矫正过量。防止矫正过量，可在主梁跨中下盖板底下放一垫架，与下盖板保留一定的间隙（图 12-8）。若拱度偏小，可将主梁两端垫起，并用螺栓拉紧器固定，跨中用千斤顶向上顶，然后在下盖板和腹板下部火焰矫正。

③ 加热温度不宜过高甚至烧化金属。矫正时要随时注意观察金属的颜色，当达到要求温度时要立刻将火焰抬高或移开。

④ 火焰矫正时，不允许在 300～500℃ 时锤击，主梁腹板、上下盖板尽量避免火焰加热

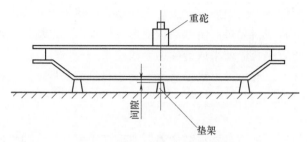

图 12-8　防止矫正过量的措施

后用锤打方法矫正变形。

⑤ 应在加热区逐点扩大加热，每加热一点都应超过最低温度值，然后移动到另一点，避免以预热方式大面积往复缓慢加热。否则压缩塑性变形量小，矫正效果差，而且容易产生局部变形。

⑥ 火焰矫正加热区应远离梁中心和在主梁的最大应力截面处（如焊缝区域等）。同时应避免同一部位重复加热，以防止产生更大的局部变形和金属的过多氧化，而引起金相组织和力学性能的变化。

⑦ 加热的面积在一个截面上不能过大，可多选几个截面分别进行。

⑧ Q345B（16Mn）钢的矫形，加热到高温时不得用水激冷。若想加快冷却速度，待空冷至 650℃ 以下时才能用水冷却。

（4）主梁拱度、旁弯火焰矫正的操作

火焰矫正是一个用新的变形去抵消已经发生的变形的复杂过程（有时单纯矫正一种变形，还有可能会引发其他变形），矫正变形时必须要综合考虑结构的特性。除了尽可能地合理确定首次加热区的位置和数量及矫正量外，还要有一定的经验积累才能取得较好的矫正效果。因此，以下方法仅为参考，具体操作方法和量度的掌握可依个人的实践经验而定。

① 拱度矫正。当主梁拱度大时，沿上盖板有筋板处，先进行横向带状或点状加热，火烤起点从盖板中心向两边腹板扩展，最终加热成三角形。加热面积一般取三角形底边 $b=60\sim80\text{mm}$，高 $h=（1/4\sim1/3）H$。若同时矫正旁弯则两边的三角形大小不一样，盖板加热也是梯形面积。若使主梁向外弯，腹板上部向外倾斜，则在内腹板烤大三角形，外腹板烤小三角形，上盖板梯形长底边在内。若使主梁向内弯，腹板上部向内倾斜，则在内腹板烤小三角形，外腹板烤大三角形，上盖板梯形长底边在外。需微调整拱度时，在上盖板大筋板处点状加热，中间可断开，即间断加热，当主梁最后还需要加热时，可加热间断处。矫正时允许压重砣火焰矫正（但必须注意重砣重量不能超过结构的承受能力）。

当主梁拱度小时，可使用千斤顶在主梁跨中顶起或将主梁反过来在跨中加压，再在主梁的下盖板上，离开跨中 $L/10$ 处，横向点状加热，加热点间距 $40\sim60\text{mm}$，加热点直径 $\phi20\sim\phi60\text{mm}$，调整量大时相应的腹板下部也可以点状加热。当拱度小、外弯大时，可在外腹板下部多加些大直径的加热点或在下盖板下面沿外腹板对应处纵向带状加热，调整量大时带状可长些和稍宽些。应尽量避免在下盖板上作横向带状加热和在腹板下部作三角形加热。

② 主梁水平旁弯的矫正。通常可在矫正拱度的同时矫正旁弯。如果拱度合适可单独用火焰矫正旁弯。若使主梁外弯，可在主梁内腹板上对应大筋板处点状加热，加热点的直径和间距视调整量的大小而定。若使主梁内弯，可在主梁外腹板上对应大筋板处点状加热。

③ 主梁腹板倾斜的矫正。在火焰矫正拱度的同时，便可以矫正主梁的腹板倾斜，如主梁内腹板下部外倾超差，则在下盖板外侧火焰加热三角形。反之若主梁内腹板下部内倾超差，则在下盖板内侧火焰加热三角形。

④ 主梁腹板、盖板波浪变形矫正。对凸形波浪采取火焰矫正时，用圆点加热法配手锤或千斤顶、重铊等工具，加热圆点从波峰开始作螺旋形移动，圆点直径 30～60mm，板厚大或变形面积大的取大值，加热温度范围 600～800℃。凸起波峰矫正后，与之相关的凹陷程度将减小，如仍存在明显凹陷，可将凹陷的波谷焊接吊环拉平并配合火焰加热进行矫正，在凹陷区中部焊接的吊环割掉后，必须用角向砂轮磨光、磨平。被矫正的部位不得留有缺陷。

⑤ 两主梁同一截面高低差的矫正：按矫正梁的拱度过大或不足的方法，予以修正。

12.6 起重机主、端梁互换性加工工艺

目前，国内起重机主、端梁的连接装配加工均采用焊接汇装后加工的方式，以保证起重机相关尺寸参数和连接尺寸准确，满足起重机使用精度要求。这种工艺方法的特点是需要先将主梁、端梁进行汇装，然后主梁、端梁配对整体加工，该工艺方法导致的主要问题一是装配周期长；二是不利于提高产品质量和降低制造成本，更无法实现主、端梁模块化互换性装配。

要解决上述问题，需要探索将起重机主、端梁的制造方法改为模块化工艺生产方式，考虑通过采用焊后加工工艺方法消除结构变形，保证连接尺寸精度和形位精度，满足主、端梁在单独生产工艺条件下，同一型号起重机可任意选用装配，并且装配精度能够得到有效保证，实现主、端梁模块化互换性生产。

12.6.1 主、端梁模块化加工工艺的整体思路

起重机主、端梁要想实现互换性工艺方案，就需要分别对影响主、端梁装配尺寸的连接部位按照统一基准的原则进行焊后加工，以避免焊接变形对起重机桥架装配精度的影响并实现互换性要求。由于采取焊后加工的工艺方法，主、端梁的精度可以由适宜的加工机床及专用工装来保证，并通过辅以先进的测量方法和技术，从根本上保证主梁及端梁的尺寸和位置精度，从而满足主梁及端梁的互换性装配要求，实现批量化生产的目的。通过对起重机主、端梁生产制造全过程进行分析，要实现主、端梁单独加工互换性工艺，必须解决以下问题：一是主、端梁如何确定统一的加工基准，即划线、加工、装配时基准的一致性；二是关键工序加工设备及工艺装备的选用；三是加工工艺和检测方法的应用。

主、端梁结构简图如图 12-9、图 12-10 所示，主梁为典型的焊接箱形梁结构，其尺寸规格较大。主、端梁通过图示连接板面 1 和连接孔 2 进行装配，因此，若要保证装配尺寸精度和形位精度，其连接板面 1 及系列连接孔 2（该系列孔中其中两个孔采用销定位），即可形成一面两销定位方式，因此在主梁和端梁的分别加工过程中只要保证连接板面 1 和连接孔

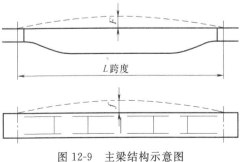

图 12-9 主梁结构示意图

2 的尺寸和形位精度，兼顾大车和小车轨距，尽可能通过采取一次装夹，加工所有加工部位的工艺方法，起重机的装配尺寸精度和形位精度就可以保证，互换性也就自然可以实现。

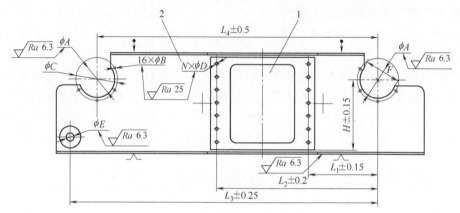

图 12-10　端梁结构示意图

1—连接板面；2—连接孔

12.6.2　主梁加工工艺方案的制定

为保证主、端梁模块化加工的高质量、高精度，需要对主、端梁体制作精度，主、端梁的挂板和连接板安装精度进行精确控制，并严格保证主、端梁的划线、加工基准一致，采用专用机床和刀具进行结合面加工，采用高精度测量仪器对加工精度进行检测。

（1）主、端梁上挂板和连接板的安装

主、端梁挂板的安装精度是保证整体加工质量的前提，利用光学测距方法，保证挂板之间的安装距离。

（2）摆放主梁

主梁制作完成后，将两根主梁按照图 12-11 所示方法摆放（桥式起重机一般为双主梁），并调整两主梁，使小车轨道上任一点处在与之垂直的方向上，相对应两轨道测点之间的高低差符合 GB/T 14405—2011 中 5.7.9 的要求，对角线差 $|D_1-D_2| \leqslant 2mm$ 等技术参数合适后用工艺拉撑固定两主梁。固定完成后按桥架汇装检验各参数并记录。

（3）装配焊接连接挂板

如图 12-11 所示，划出各主梁的纵横中心线并分别记作 L_1、L_2。挂板最外端距离用 M 表示。以 L_1 为中心线使用钢卷尺测量 $(M-400)$ mm 并在主梁两端划线分别记作 L_3、L_4。L_2 与 L_3、L_4 的交点分别记作 A_1、A_2，即 $A_1A_2 = (M-400)$ mm。使用激光测距仪对 A_1A_2 进行长度校核，保证两主梁上的 A_1A_2 的长度一致，然后按图纸尺寸划出上下盖的切头线，按切头线切掉上、下盖板上的多余部分，再将主、端梁连接中的挂板安装到主梁两端，分别以 L_3、L_4 为基准测量挂板最外端面的距离，保证端部到 L_3、L_4 的距离为 200mm。

使用线垂对主梁挂板进行测量，保证两挂板的垂直度不大于 0.5mm，且挂板只允许下端向内侧倾斜。在同侧两块挂板的端面最外端拉线，保证线与挂板间隙不大于 0.5mm；在同侧两块挂板的顶面最外端拉线，线与挂板间隙不大于 0.5mm，以此保证挂板不发生水平

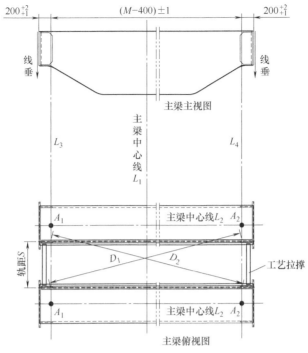

图 12-11　主梁挂板安装示意图

偏斜。测量完成后将挂板焊接点固到主梁上，再次测量两挂板外端面之间的距离，距离为 M^{+4}_{+2} mm。将主、端梁连接中连接板点固到主梁腹板上并检验。焊接挂板和连接板与主梁的焊缝并检验。

（4）划线

按图纸要求轨距，在轨道上划出轨距线，并在轨道上打样冲标记，作为后续机加工的基准线。在各挂板和主梁腹板靠近挂板处使用划针划出水平腰线，在各挂板上划出铅垂线。

12.6.3　主梁的模块化加工

加工过程中采用了专用工装及光学测量技术，以保证主梁模块化加工的质量，达到互换性工艺的要求，实现主、端梁的模块化、互换性生产。具体工艺方案如下。

（1）划线

本工艺要求保证主梁两端挂板平行，且与主梁上轨道垂直，由于起重机主梁的跨度最大可达 31.5m，如此大的距离，要保证两主梁制造和装配关联精度难度很大，需要使用高精度光学经纬仪、内径千分尺等精密测量工具，并采用立体测量技术和基准偏移理念，结合物理、几何原理完成主梁找正校平，最终保证起重机制造精度及互换性要求。具体方法是：将两根主梁分别固定在自制专用工作台上，配合专用工装，将两根梁的端头对齐，按主梁上轨道中心线校平行，用光学水准仪对轨道两端头四点进行找平，误差不大于 2mm，按挂板上的铅垂线调主梁歪斜度，然后用固定压板压紧。

现场配置轨道垂直挂线架，如图 12-12 所示，采用长度不小于 5000mm 的工字钢，横担于主梁上并采用机械夹紧方式固定，并用光学经纬仪按轨道中心校准，转 90°确定挂线位置，锉出 V 形槽，挂线。反复测量，修锉，直至挂线准确无误，并经检验复查确认。

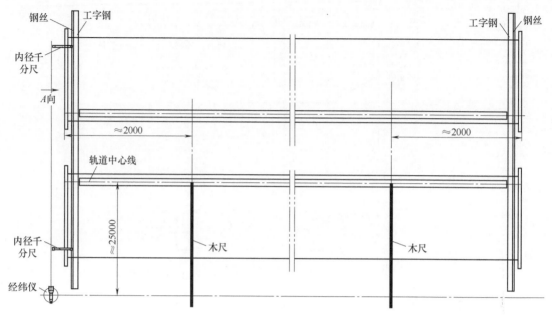

图 12-12　主梁划线示意图

(2) 机床的选用和安装调整

由于工件尺寸较大，加工设备采用移动镗床，用于加工主梁两端挂板平面及连接孔。如图 12-13 所示，首先将机床安装平台吊运到合适位置，并将移动镗床吊放到该平台上，调整平台，使机床主轴方向按前高后低校正，斜度保证在 0.5/1000 以内，轨道水平校平精度保证在 0.2/1000 以内。机床沿机床轨道方向来回开动，采用微电流探测技术，精确测出机床主轴端面到挂线的距离，调整机床，直到机床开到任何位置，主轴端面到挂线的位置的距离差不大于 0.1mm 为止。机床调整好后，用压板将机床固定在平台上。

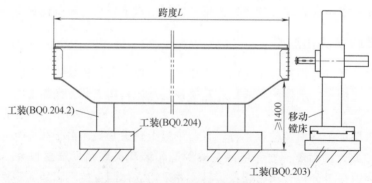

图 12-13　机床及主梁安装示意图

(3) 工装的设计及工件安装检测

主梁工装如图 12-14 所示，该工装采用可调支承平台结构，平台侧边均设计有可调支腿，方便平台的调节。机床安放平台上还设计有能够对机床进行水平方向微量移动的装置，能够方便快速地调节机床，使机床主轴与主梁挂板平面垂直，实现主梁及移动镗床的精确安装及调整。

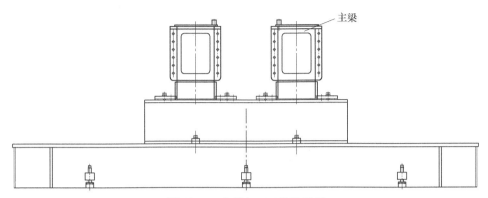

图 12-14　主梁加工工装示意图

　　要保证两主梁安装精度难度很大，本书利用全站仪立体测量找正技术和基准偏移理念，结合物理、几何原理完成主梁找正校平，有效保证主梁两挂板的平行度要求，进而保证大车跨度、车轮偏斜的精确度。此外，还使用激光测距仪对两挂板之间的距离进行长度校核，保证两主梁上挂板间的长度一致。

　　(4) 主梁连接挂板加工

　　按主梁长度尺寸要求采用铣削的方法加工挂板平面，以轨道顶部为基准加工挂板平面 $Ra6.3$，如图 12-15 所示，平面加工完成后，以挂板平面与轨道中心线铅垂面交点为基准确定机床坐标，采用机床上数显装置以纵坐标的形式钻出各连接孔，其中对角线上两个钻孔采用钻铰方式加工，以便用于销轴定位，如图 12-16 所示，保证孔距误差不大于 0.1mm。对于双主梁起重机，为确保两个主梁尺寸和形位精度一致，采用两个主梁配对加工的工艺方式，实现主梁的加工。考虑到主梁的结构尺寸（一般长度为 10.5～28.5m），加工现场应充分考虑机加工的要求，根据待加工主梁总长两端整理出不小于 3000mm 的空地，以方便移动镗床工作。主、端梁加工面底边距地面不小于 1400mm，否则应垫高至符合要求。

图 12-15　主梁加工示意图

图 12-16　加工后的主梁挂板及连接孔

12.7　大型桥架焊后整体加工工艺

　　随着冶金、矿山及重型机械行业的高速发展，对超大吨位起重机的需求量也越来越大，这类起重机一般用于吊运重量较重且较为危险的物料，所以起重机的稳定性、安全性及运行可靠性就显得尤为重要。由于设计的可行性往往受到工艺的制约，对于超大型起重机制造而言，桥架台车支座焊后整体加工工艺一直是此类起重机的制造难题（如图 12-17 所示）。为解决上述问题，通过对起重机桥架结构的分析，有针对性地开发了超大型起重机桥架整体加工工艺和工装，使得桥架整体加工后，车轮装配的水平、垂直方向的偏差及同位差精度可以有效保证，避免起重机"啃轨"现象的发生，且由于制造精度较高，使得起重机在运行时非常平稳。

图 12-17　桥架整体汇装示意图

12.7.1　桥架焊后整体加工工艺设计

为确保加工精度及效果，桥架在采用整体加工工艺之前必须完成所有的焊接作业工序，避免焊接变形对已加工的桥架精度造成影响，保证桥架的加工精度保持和延续。根据台车支座的结构特点，制订了整体加工的方案，如图 12-18 所示。具体工艺流程为加工时将桥架按起重机在运行时的状态进行调平校正，然后按照特定工艺进行加工前的划线作业，以便为加工过程中工件的安装、校正提供基准，把事先粗加工好留有精加工余量的台车支座按划线位置焊装到图纸要求的位置，设计专用镗孔工装和机床调整工装进行桥架台车支座的精加工。

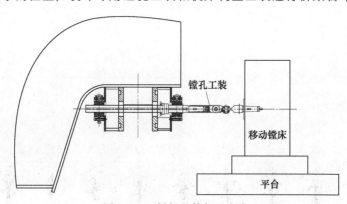

图 12-18　桥架整体加工方案

12.7.2　具体工艺措施和方法

由于大车运行机构装配后，两端车轮的平行度主要靠桥架台车支座整体加工时划线来保证，因此桥架划线精度的控制尤为重要，桥架的划线方法如下（参考图 12-19）。

① 选一根小车运行轨道，轨道两端在宽度方向取中心点，拉线划出轨道中心线，此线作测量基准线，用等距测量法在另一根小车轨道上划出轨距 5000mm 中心线，此线只在轨道两端各划出约 1000mm 长线段即可。

② 分别按两端梁的实际宽度取中点，测量出两中点的实际距离，并与桥架跨距比较，对称修正两点至跨距尺寸，并平移至工步①所划出的基准线上，复查两点尺寸应为跨距尺寸，打样冲，此点作为轨道 1 基点 1。

③ 划另一轨道上跨距点，用测量对角线的方法，以轨道 1 上基准点分别测出轨道 2 中心线上相等对角线的两点。其几何意义为在两平行线上作出等腰梯形，两对角线相等。测量轨道 2 上两点的距离，与跨距比较，分别修正两点至跨距尺寸，并复查两对角线尺寸，相差绝对值不能大于 2mm，打样冲，以此点作为轨道 2 上的基点 2。

④ 架设经纬仪，分别在桥架两端按轨道 1 和轨道 2 基准点校准视准轴，用等距法在主梁外侧划出两测量点作为辅助基准，划跨距中心线于主、端梁下盖板上，同时检查加工孔的端面加工余量并做记录，焊基准块，测量辅助基准块的跨距，应符合工艺要求，否则重新修正。

⑤ 使用水准仪作为测量工具，分别在桥架两端以轨道 1 轨顶平面为基准，分别划出支承孔水平中心线，保证各孔高度尺寸达图纸要求。

⑥ 划各台车支座孔的垂直中心线，在主、端梁上平面，以轨道 1 中心线为基准，划出基距方向各孔的孔距尺寸线，用吊线法分别引划出各孔垂直中心线，保证各孔水平距离达到图纸要求。

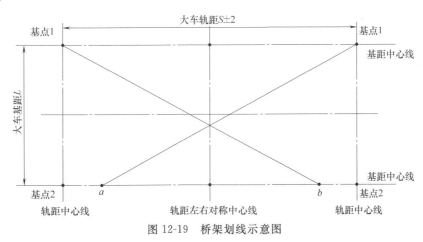

图 12-19　桥架划线示意图

划线时利用平行线判定定理、等腰梯形的特性等基本几何原理保证桥架或小车架的两条轨距线相互平行，轨距线与基距线相互垂直，使用高精度的经纬仪，对所划的线进行检验和校正，所采用的光学经纬仪的角度误差为 0.6s，能够保证划线的精度。

12.7.3　加工设备选择及调整

由于大吨位起重机的桥架较重，一根主梁就重达 80t，吊运时相当困难，选择便于吊运的小型移动镗床（TPX6211）来对桥架及小车架进行整体镗孔。采用此种方法加工时，将桥架和小车架位置固定，通过变动移动镗床的位置来完成桥架和小车架的镗孔工作，以减轻劳动强度，降低工作难度。

加工工件前移动镗床要进行调平，常规情况下采用下垫调整楔铁方式进行调整，此种方式调整效果较差，所需调节时间较长。为提高机床调整效率，设计了机床专用调整平台，如图 12-20 所示，该平台重量达 8t，并设计有防滑可调支腿，保证机床在固定到该平台上后的稳定，加工工件过程中不会因受切削力的影响发生位移。使用平台上的 6 个可调支腿，能够快速方便地对平台及机床进行校平。为方便对机床进行水平方向的微量调节，在平台上设计了四组微调装置，能够快速对机床进行水平方向的微调，保证机床能够快速精确地按线找正。这种平台大大节约了机床的调整时间，大大降低了机床调整难度，有了该平台后直接用水平仪对平台进行校平，之后吊装镗床到平台上，机床不需要再进行调平，快速方便。在平台上还设计有水平微调装置，方便对机床水平方向进行微调，易于实现机床的快速找正，大大节省了机床调整时间。

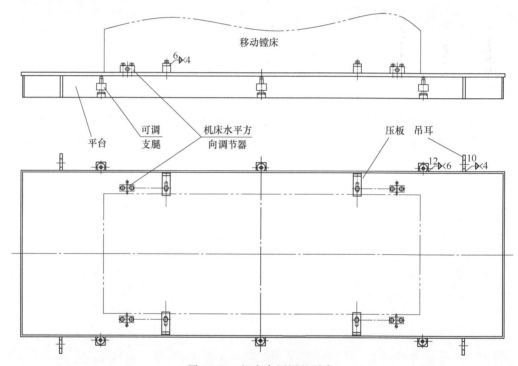

图 12-20　机床专用调整平台

采用电流接触千分尺测量技术对机床进行水平方向上的精确找正。校正机床时，按桥架上划出的基距线位置挂直径 0.5mm 的钢丝，在机床上安装上自制的电流接触千分尺测量装置。该装置主要由内径千分尺、报警装置、支架、电源等部分组成，使用时电源连接到内径千分尺、钢丝和报警装置上，当内径千分尺接触到钢丝时报警装置发出声响，运用此装置可以精确测量出机床与钢丝之间的相对距离，精确到 0.001mm。通过平台上的微调装置，并配合电流接触千分尺测量装置，对机床进行校正，使机床运行到任意位置时到钢丝的距离都相等，即完成机床的校正。机床主轴调整到与镗杆中心对齐的位置后，连接主轴与镗杆，试转应灵活，无别劲、卡、碰现象。由于桥架镗孔采用浮动镗孔工装后，对机床的校正精度要求较低，镗杆与机床之间设计有万向节，机床的功能主要是将回转动力传递给镗杆，对镗孔精度基本没有影响，因此机床的调整非常简单快捷。

12.7.4 台车支座孔整体镗削工艺

(1) 桥架镗孔工装设计

由于桥架上台车支座两侧的支承孔间距较大，设计了一套适用于间距较大且对同轴度有较高要求的桥架整体浮动镗孔工装，如图 12-21 所示，避免因镗杆刚性不足对孔的加工精度造成影响。该工装由对称双球铰装置 1、内孔三支承调整装置 2、刀具 3、万向节镗杆 4 组成。加工孔时，将保持架支腿固定到工件上，需要调整镗杆中心与孔中心同心时，拧动可调保持架上等分圆周布置的 3 个调节螺钉，能够方便快速地进行调整，大大降低了调节难度及调整时间。该镗孔工装解决了两孔轴向距离较大，直接用机床主轴装刀进行加工容易振刀的问题，同时使用该工装后，对机床的调整找正精度要求较低，减少了机床调整的时间，加工精度和表面粗糙度也不受机床振动的影响。

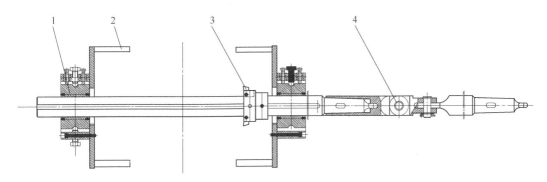

图 12-21 镗孔工装整体结构图

1—对称双球铰装置；2—内孔三支承调整装置；3—刀具；4—万向节镗杆

具体使用方法：镗孔时将两可调保持架分别焊在台车支座支承孔两侧，然后装上其余部分。可调保持架上设计有方便调节镗杆水平及竖直方向移动的螺钉，镗孔前，在镗杆上安装找正摇杆，通过调节可使保持架按挂的钢丝精确找正加工划线部位，使镗杆的中心与划线所确定的台车支座支承孔的中心精确重合，实现划线基准与工件安装校正基准一致。用框式水平仪对镗杆按外低内高 1/1000mm 进行校平，调整结束后便可进行后续的工作。

镗孔工装可调保持架及可调式球铰结构见图 12-22。

(2) 桥架台车座镗削

工件找正、装夹和机床调整结束后安装合适刀具，如图 12-23 所示，按照图纸要求的尺寸，进行镗孔、刮平面等工作，加工结束后拆去专用工装，进行已加工部位的尺寸的检验，检验合格后进行桥架其余孔的加工。

12.7.5 加工后产品检测数据分析

采用上述工艺方法和装备加工的桥架台车支承孔的相关尺寸和形位公差数据见表 12-4。

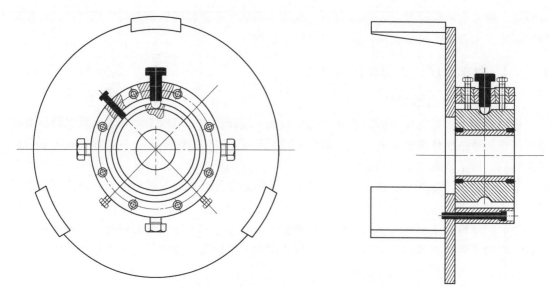

图 12-22 镗孔工装可调保持架及可调式球铰结构示意图

图 12-23 桥架整体加工

表 12-4 通过整体加工的桥架台车支承孔参数

编号	1	2	3	4	5	6	7	8
垂直偏差 tanα	0.001	0.0012	0.002	0.001	0.0008	0.0006	0.001	0.0015
水平偏差 tanα	0.0002	0.00025	0.00015	0.0003	0.0002	0.00025	0	−0.00015
同位差/mm	0	0.8	−0.5	0.4	0	0.4	0.3	0.5
高低差/mm	0	0.3	0.2	−0.5	0.4	0.1	−0.2	0

　　国家相关标准中对起重机运行机构上车轮的相关参数做如下要求：车轮的垂直偏差 $-0.0005 \leqslant \tan\alpha \leqslant 0.0025$；车轮的水平偏差 $0 < \tan\alpha \leqslant 0.0003$；车轮同位差按基准钢线测量，不大于2mm，支承孔高低差不大于1mm。通过上述数据对比，可知整体加工的桥架和小车架精度满足国家标准要求，说明上述工艺方法和装备对于桥架的整体加工效果良好。装配后的起重机精度较高，通过用户现场使用情况的反馈，起重机运行平稳，无"啃轨"等质量问题的出现，说明上述工艺方法实用有效，完全可以保证桥架的整体加工质量，取得了令人满意的效果。

第13章

起重机械典型零部件自动化焊接工艺

13.1　防爆车轮智能化焊接工艺

图 13-1 所示为一种轨道移动式工程机械不锈钢防爆车轮，该工件基体材料一般为 45 钢或 60 钢锻件，属于典型受力结构件。由于车轮在高速运行过程中与轨道产生摩擦，容易产生火花，在一些特定工作场合如化学品、易燃品较多的场所，非常不利于安全生产，因此需要在车轮上与轨道接触的踏面及轮缘部位堆焊一层不锈钢，其材料为 0Cr18Ni9Ti，然后再对车轮堆焊表面机加工成形，可以防止摩擦火花的产生。由于不锈钢堆焊作业量大，工人作业劳动强度大，且人工焊接时由于焊接速度不一致，不锈钢焊接过程中容易出现裂纹，焊接质量难以控制，经分析后决定采用焊接机器人对此工件进行不锈钢堆焊作业，取得了显著的效果。

图 13-1　防爆车轮结构简图

13.1.1　车轮不锈钢堆焊机器人方案设计准则

焊接方案设计准则以车轮的焊接工艺流程的合理性为基础，力求高柔性、高性价比、高可靠性，尽可能通过装夹定位的准确性，减少焊接作业时零件姿态调整次数及制定合理的工艺参数来提高生产效率，减少投资和制造成本，提高焊接的经济性。此外焊接机器人工作站还应具有极大的柔性，通过更换夹具，还可进行其他类似零件的焊接，在焊接过程中通过变位机变位及焊枪变姿，使工件处于最佳焊接位置（或姿态），以确保焊接质量的稳定。由于不锈钢堆焊需要一定厚度以满足后道精车的加工余量需要，焊接方法采用多层多道焊接作业方式，因此要求焊接机器人应具有多层焊接功能。具体方法是可通过预先设定多层焊接的条件如焊接面积、角度、焊脚长、多层焊层数及是否双向焊接等，再借助电弧焊自动跟踪功能对第一道焊接轨迹进行跟踪并保存跟踪后的轨迹修正量数据，后面的焊道就在第一道焊接后保存的轨迹数据的基础上自动生成，并可按记忆的轨迹修正量，对下一道焊道的焊枪轨迹进行修正后实现焊接，以提高焊接作业的方便性和精确度。

13.1.2　焊接工作站设计

结合车轮零件特点及堆焊工艺流程，该零件焊接机器人工作站设计为通用立式结构，如图 13-2 所示，主要由机器人系统、焊接系统、单支座双轴变位机、控制系统、夹具等组成。此种工作站结构设计主要特点是布局简单、灵活性好、作业效率高、作业范围广、成本

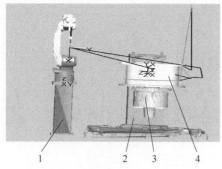

图 13-2　防爆车轮机器人焊接工作站
1—焊接机器人；2—变位机；
3—旋转电机；4—车轮

较低，适合不同尺寸车轮的批量化焊接，同时还可适用于其他结构件的自动化焊接作业。

13.1.3　焊接机器人本体的选用

焊接机器人选用了发那科 M-20iA/10L 机器人，该机器人是一种增强型工业机器人，即关节型手臂机器人。它的特点是所有轴都有一个极大的旋转范围，给焊接机器人带来极大的灵巧性能和工作范围。该机器人的手臂具有细长而紧凑的设计，由于各个轴的动态性能高，保证了优良的焊接精度、速度和可重复性。

13.1.4　焊接变位机及变位方式选择

变位机是焊接夹具的载体，利用工作台带动工件旋转及翻转运动，与焊接机器人配合，可有效实现零件的装夹和使零件处于各种焊接姿态。作为机器人的协调外部轴，变位机的旋转及翻转运动在焊接过程中可与机器人联动，由机器人控制系统控制，实现工件最佳位置的焊接。

该机器人焊接工作站采用单支座双轴变位机，变位机机体采用座式结构，工作台面采用铸件精加工而成，中间装有与电机连接的可旋转心轴，用来实现车轮的定位、安装及旋转，台面上均刻有间隔分布的 T 形槽，可方便地安装夹具，采用交流伺服电机＋RV 减速机驱动，承重 500kg，旋转工作范围为±180°，翻转工作范围为±180°，可方便、快速地使车轮处于不同的焊接工位（如图 13-3 所示）。

车轮在变位机工作台面上装夹时，其定位装夹方法是：以车轮孔及一侧端面作主定位基准，与变位机工作台面中心心轴配合，气动压紧工具压在车轮另一侧面上，从而将车轮压紧在变位机工作台面中心，并可在电机的带动下随工作台面中心线旋转，实现车轮踏面及轮缘整个圆周方向堆焊作业。

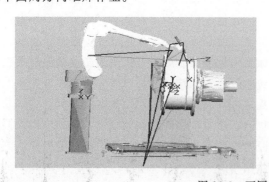
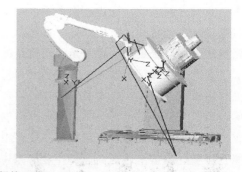

图 13-3　不同焊接工位

13.1.5　焊接系统选用

焊接系统采用了美国林肯电气的 PW455M 脉冲逆变式数字焊接电源。该电源额定输出为 450A/38V/100%，输出电流范围 5～570A。该焊机可采用 Arc Link 通信方式使起弧开始的延迟时间减少，并可通过机器人示教盘完成所有参数的设置，使焊机操作不需要手动控制。该焊机还可通过以太网连接支持电脑波形控制软件 WaveDesigner 2000，使焊接参数实现优化，从而提高焊接作业效果。该焊机送丝机构采用四轮驱动送丝机，可有效克服不锈钢焊丝送丝阻力，保证恒定的送丝速度。焊枪采用水冷焊枪，两路保护气设计，在外层通道的保护气形成轴向的保护气流，而内层通道的保护气形成径向的保护气流，由于加强了保护气的流动控制，使得层流状保护气在焊接区温柔包裹，气体不易散失，使焊接过程中的 CO_2 保护气用量大大降低，降低了气体消耗成本，同时由于两通道保护气可以到达焊枪内的多个部位，并且由于径向气流的存在，焊枪的冷却效果得到加强，使得导电嘴也得到充分的冷却，避免导电嘴的过度烧损，从而使导电嘴的寿命延长了 3～5 倍。

13.1.6　控制系统

该焊接机器人工作站程控系统与机器人系统采用了集成处理，两者之间通过接口进行通信及相关动作的链接，共同完成焊接的功能。工作站程序控制系统采用可编程程序控制系统，编程系统主控部分采用 PLC 可编程控制器作为主控单元。具有"手动""自动"选择功能，在"手动"模式下可以人工参与，在"自动"模式下机器人自动完成焊接操作。控制系统对每种工件都可方便地设定焊接工艺及参数（焊接程序），焊接程序可进行储存并被随时调用，工作时按操作者选用的焊接程序即可完成工件的自动焊接。

轨道车辆不锈钢防爆车轮采用焊接机器人进行焊接作业，其生产效率得到明显提高，焊接速度恒定，产品质量稳定性得到有效控制，并极大地降低工人的劳动强度，同时也为工程建筑机械关键零部件采用全自动化焊接操作积累了相关经验，取得了良好的应用效果。

13.2　起重机主梁断续焊工艺

在建筑钢结构箱形梁制造过程中，箱形梁焊接是最主要也是工作量最大的工序。为增加箱形梁的强度、刚度和稳定性，需要在主箱形梁腹板的一侧焊接一道角钢，同时为减小角钢与腹板焊接时引起的腹板波浪度变形量，角钢与腹板的焊接方式需要采用断续焊接的方法。其具体工艺过程为划线（断续焊缝长度）、检验、断续焊接、无损检测等，划线工序如图 13-4 所示。在进行上述焊接作业时，由于主梁腹板较长，工件一般采取铺地作业的方式，工人在焊接焊缝时就需要蹲地俯下身子作业，如图 13-5 所示，劳动强度高且焊接姿势

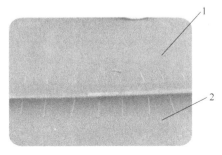

图 13-4　主梁焊接断续焊划线

1—腹板；2—角钢

图 13-5　工人蹲地焊接作业

难以长时间保持和控制，焊接质量和效率很难保证。为此决定研发一种自动化断续焊接设备来代替人工此类焊接作业过程，在确保焊接质量的同时，使工艺流程得到简化，省去划线和焊接前的检验过程，并提高生产效率。

13.2.1 采用自动焊接技术难点

结合上述问题，若能研发出一种适用于建筑箱形梁钢结构的自动化断续焊接设备，将会给箱形梁自动化焊接工艺方面带来本质的飞跃，桥门式建筑箱形梁钢结构主梁腹板角钢、门机支腿角钢的焊接将可实现自动化焊接。但是该设备的研发需要解决以下几个方面技术难题。

（1）断续焊接的多样性问题

不同吨位、不同跨度建筑箱形梁钢结构主梁断续焊的类型是不同的，主梁箱形梁断续焊接一般分为 50mm 隔 50mm 交错断续焊接、100mm 隔 100mm 交错断续焊接、200mm 隔 200mm 交错断续焊接等，同时对于焊接速度也有不同的工艺要求，因此需要在设备的自动化控制系统上解决断续焊缝的多样性和焊接工艺参数的差别问题，满足不同焊缝结构和焊接工艺的需要。

（2）解决曲线焊缝断续焊接问题

建筑箱形梁钢结构主梁箱形梁的设计结构较为特殊，为带有抛物线形状的上拱度设计，角钢的线性布置需要满足上述要求，因此角钢是采用若干段角钢按照逼近抛物线形状轨迹拼接焊在腹板上，因此焊缝不是一条直线，而是由多条直线形成的接近抛物线轨迹；此外由于腹板在火焰切割下料过程中的热变形对腹板平整度有一定影响，平整度较差时，角钢与腹板的贴合性差，焊缝轨迹一致性就较差；由于采用多段角钢拼接的方法，容易在对接处有错边，且角钢不能保证完全地垂直于腹板表面，同时建筑箱形梁钢结构主梁的长度又较长（一般为 18.5～31.5m），在如此大的长度范围内再加上上述原因，角钢与腹板的焊缝贴合位置将会有比较大的波动起伏和变化。自动化焊接设备如何很好地跟踪此类的焊缝，并做到运行平稳，能够克服运行过程中的各种偏斜，实现三维可调焊缝跟踪和自动纠偏，满足抛物线焊缝的焊接要求，这是一个迫切需要解决的关键难题。

（3）解决双面焊和多面焊同步焊接的问题

为提高生产效率，角钢与腹板的焊接采取双面焊接双面成形工艺，这就要求设备必须能够实现双面交错断续焊缝及双面对称断续焊缝的自动焊接，同时焊枪调整要方便，可满足不同尺寸角钢双面焊接需要。

13.2.2 自动化断续焊接设备设计方案

通过对上述难点分析，设计的自动化断续焊接设备如图 13-6、图 13-7 所示，该设备主要由电控装置 1、焊丝导轮 2、持枪装置 3、导向装置 4、行走车轮 5 等组成，该焊接装备通过车轮上的三维度自动纠偏装置自动纠偏，实现焊枪对不规则焊缝的准确跟踪。通过电气控制系统，控制焊枪的工作状态以及焊缝的间隔长度。由于采用的三维度自动纠偏装置，无论是哪个方向的偏斜，导向装置都能够很快地对焊接进行调整。当遇到角钢的错边，三维度自动纠偏的导向轮中采用弹簧连接，导向轮可以自动地张开，从而可以顺利地越过障碍，在动力系统的驱动下完成断续焊接，有效解决了前述的焊接难题。

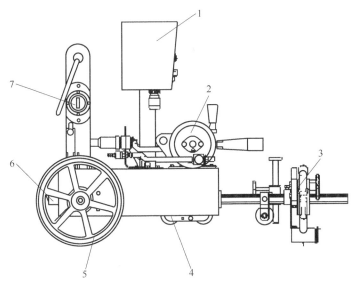

图 13-6　自动化断续焊接设备组成示意图

1—电控装置；2—焊丝导轮；3—持枪装置；4—导向装置；5—行走车轮；
6—驱动离合装置；7—焊丝悬挂装置

其工作原理如图 13-8 所示：在使用时，导向装置 4 上导向轮采用半轴设计，半轴一侧带有弹簧压紧装置，依靠设备的重力，导向轮踏面与角钢上平面配合，轮缘面通过弹簧压紧装置，紧紧地与角钢两侧面贴合，使导向装置 4 与角钢形成三面半刚性定位，通过持枪装置 3 调整好焊枪位置，使焊枪对准两侧焊缝，驱动离合装置 6 进行行走离合，在行走车轮 5 的驱动下，焊接设备导向轮带动设备沿着角钢上平面与垂直面形成的运动轨迹行进，依靠角钢自身轨迹使焊枪始终对准角钢与腹板之间的焊缝，通过电控装置 1，根据不同的断续焊接长度，

图 13-7　自动化断续焊接设备三维示意图

控制持枪装置的抬起（空进）和落下（工作），从而实现断续焊缝的自动焊接。

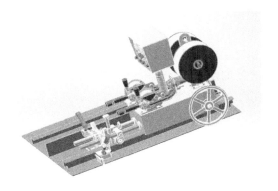

图 13-8　自动化断续焊接设备工作原理图

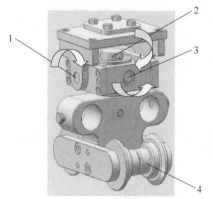

图 13-9　机械式导向寻踪装置简图
1,3—旋转销轴；2—中间旋转销轴；
4—导向轮半轴

（1）机械式三维自动纠偏导向装置的设计

如图 13-9 所示，该导向装置采用销轴定位浮动原理，销轴 1、2、3 通过轴承实现图示三个方向的旋转自由度，通过前后、左右、上下及圆周方向的浮动，能够实现三维空间方向设备运行轨迹发生变化时的焊枪的"浮动"调整。该装置的工作原理是纠偏导向装置上面的法兰盘与断续焊接小车的壳体刚性连接，导向装置上的导向轮紧贴角钢行走，在设备自身重力及导向轮半轴弹簧的作用下，能够保证导向轮踏面及轮缘两侧始终与角钢上平面、两侧面紧密贴合。当行走轮子经过高低起伏或焊渣等杂物时，此时焊接设备的起伏就会由纠偏导向装置的"浮动"变化抵消，使焊枪高度不随焊接设备行走过程中的高度变化而变化，始终对准焊缝位置。当需要焊接多条折线形成的"抛物线"时，由于导向装置中间销轴 2 的旋转自由度，同样可使焊枪始终跟随角钢的线性轨迹变化而变化，从而实现随角钢轨迹的"抛物线"的自动焊接；当角钢存在错边时，导向轮半轴 4 两边的弹簧被压缩，导向轮自动分开，越过障碍。此装置的应用保证了断续焊接设备可以沿着角钢的变形轨迹及腹板的波浪起伏，精准地跟踪不规则焊缝，达到焊缝寻踪和自动纠偏的目的。

（2）驱动装置的设计

由于该设备要通过导向轮与角钢的紧密贴合进行焊缝寻踪，此过程中会产生较大的阻力，因此该断续焊接设备需要较大的驱动力和特殊的离合方式，如图 13-10 所示，采用了双齿轮啮合方式，即使在较大动力情况下齿轮的使用强度也完全能够保证。运行离合采用机械杠杆原理，通过左右拨动离合手柄，实现齿轮的分离与啮合，使用控制极其方便。

（3）电气控制系统

控制系统采用时间控制的原理，即按照断续焊接长度和运行速度转化成时间控制，通过电气控制系统可以精确地控制空进时间与工作时间，按照时间规律自动实现持枪装

图 13-10　双齿轮啮合驱动装置

置的抬起和焊接，从而实现不同焊缝的自动化断续焊接。参数调整采用的是数字化仪表，如图 13-11 所示，空进和工作时间在控制屏上可以方便快捷地实现调整。

（4）持枪机构的设计

为保证双面双位焊接作业的实现，焊枪设计可采用双枪或多枪设计方案，同时由于角钢、板条的规格多种多样，焊枪的位置需要随时进行调节。因此焊枪的调整务必方便、高效、快捷。焊枪调整结构如图 13-12 所示，这种持枪机构可以进行空间全位置调整，保证了生产的需要，方便了操作者的使用。

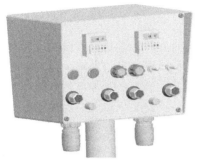

图 13-11　电气控制系统

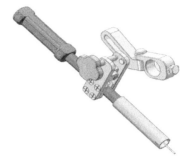

图 13-12　空间全位置持枪机构

13.2.3　使用效果

　　该设备使用机械式三维可调焊缝跟踪装置，可以有效实现抛物线焊接和消除自动焊接过程中的影响，实现纠偏作用；双枪可调装置实现双面交错断续焊缝及双面对称断续焊缝的自动焊接，通过电控系统时间控制方式实现断续焊缝间距和焊接速度在一定范围内任意调整，满足多样化焊接的需要，解决了自动化断续焊接的关键难题，取得了良好的应用效果。图 13-13 为设备在焊接应用过程中的效果。

(a)断续焊接设备稳定工作

(b)焊缝质量整齐划一

(c)无需人员近距离操作

图 13-13　自动化断续焊接设备现场使用效果

13.2.4　结论

　　该装备具有结构紧凑、自动化程度高、寻踪纠偏效果好、使用可靠性高、应用范围广的特点，焊缝的均匀性和外观都得到了显著的改善，简化了箱形梁焊接工艺流程，生产效率得到大幅度提升。

13.3　焊接机器人在连接板焊接中的应用

　　连接板是工程起重机常用的零部件，其结构如图 13-14 所示，主要由底板和四个销柱组成，销柱与底板之间采用环形角焊缝焊接方式进行固定。以往的焊接方法采用手工 CO_2 气体保护加药芯焊丝焊接工艺，由于焊缝为环形角焊缝，因而手工作业时容易造成焊缝外观

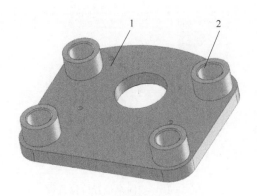

图 13-14 连接板结构示意图
1—底板；2—销柱

质量差、焊接作业效率低、焊缝环线与焊接部位环线结合性差等缺点，容易造成"脱焊"等情况，同时为保证焊缝外观质量，焊接后需要采用砂轮机对焊缝进行打磨，也容易造成焊接成本的增加。随着自动焊接技术的不断成熟和发展，焊接机器人已在各个领域得到了广泛的应用，尤其在机械制造等行业，已经逐步形成了由传统手工焊接向机器人自动焊接的发展趋势。通过分析，决定该工件采用焊接机器人进行焊接作业，关键是需要设计合理的焊接机器人操作系统和制订合理的焊接工艺，确保成本质量的有效统一。

13.3.1 焊接机器人总体方案设计

根据连接板的尺寸、结构特点以及焊缝的形式，考虑到底板和四个销柱是采用单面焊缝形式，焊缝在工件中呈规则性均匀分布，焊接过程中不需要变位即可满足所有焊缝的焊接。为降低成本和提高效率，在进行焊接机器人整体方案设计时，决定不采用翻转工装等机器人周边设备，而采用固定平台方式实现工件的焊接定位，同时为提高焊接效率，焊接机器人焊接系统方案采取一机双工位的模式，H 形布置方式，如图 13-15 所示，即机器人本体固定在两自制焊接工作定位平台之间，工作时一工位焊接机器人对一侧工件进行自动焊接，另一工位可以装卸工件，交替进行作业，保证机器人连续不停工作。为确保工件安装定位精度，减少机器人焊接寻踪次数，确保机器人焊接运行轨迹与工件所需焊接轨迹一致，在工件和焊接定位平台上设计有定位销孔，通过一面两销形式实现连接板在焊接作业平台上的精确定位。

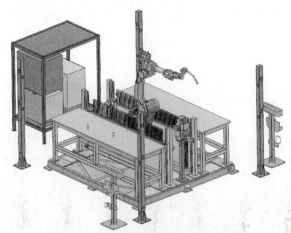

图 13-15 焊接机器人整体方案示意图

13.3.2 机器人本体选用

机器人本体采用日本松下具有六自由度的关节式焊接机器人，配套松下全数字化脉冲焊机电源，并加设自动清枪剪丝喷油装置和弧光安全防护装置，满足机器人使用过程中安全防护和清枪需要。

13.3.3　焊接工艺的确定

焊接工艺采用富氩混合气体＋实心焊丝代替原有的 CO_2 气＋药芯焊丝，富氩保护焊接具有熔池可见度好、操作方便、适宜于全位置焊接，同时电弧在保护气体的压缩下热量集中，焊接速度较快，熔池小，热影响区窄，焊接变形小，抗裂性能好，焊接过程中在惰性气体保护下，焊接质量好的特点，非常利于焊接过程中的机械化和自动化。但由于电弧的光辐射较强，因此在焊接机器人总体方案设计中，需要设计弧光安全防护装置进行安全保护。为提高焊接效率，采用一次施焊成形的工艺方法，避免由于焊接机器人重复定位而造成生产效率的降低。

13.3.4　焊丝直径选择

结合焊接质量和焊接效率的需要，焊丝采用直径为 $\phi 1.6mm$ 的实心焊丝，可以满足连接板的实际焊接需要，同时也便于焊接效率的提高。

13.3.5　焊接工艺参数确定

(1) 焊接电压及焊接电流

电弧电压是短路过渡时的关键参数，电弧电压与焊接电流相匹配，可以实现飞溅小、焊缝成形良好和稳定的焊接过程。通过多次试验，焊接电压确定为 20～25V，焊接电流确定为 200～260A。

(2) 焊接速度

焊接速度提高，焊缝熔宽、熔深和余高均减小，容易产生咬边、气孔和未焊透等缺陷；焊速过低，容易产生烧穿、组织粗大、焊接变形大等问题。通过多次试验，焊接速度定为 400～800mm/min，焊接起弧时间为点/0.5s，收弧时间为点/0.5s，机器人空走时间平均点/1.5s。

(3) 气体混合比和流量确定

采用 80% 氩气和 20% CO_2 混合气体，CO_2 气体的纯度不得低于 99.5%。气体流量的确定要充分考虑室内、室外作业地点的差别，气体流量过低，保护气体挺度不足，焊缝易产生气孔；流量过大，容易浪费气体，同时由于有可能出现紊流，而造成保护性变差，在焊缝表面形成灰色氧化层，使焊缝质量降低。一般情况下，气体流量应定为 15～25L/min。

(4) 焊丝伸出长度

焊丝伸出长度增加时，焊丝上的电阻热增加，焊丝熔化加快，生产效率高，但伸出长度过大时，焊丝容易产生过热，造成成段熔断、飞溅严重，从而使焊接过程不稳定，合适的伸出长度应为焊丝直径的 10～12 倍，因此本焊接工艺焊丝的伸出长度确定为 16mm。

13.3.6　连接板的机器人实际焊接应用

采用上述方案设计的焊接机器人实际焊接作业如图 13-16 所示，连接板按照每组四个的固定位置安装在定位平台上。在定位过程中，为避免增加辅助定位基准而造成的成本增加和工序增加，在定位方式选择上充分利用连接板自身的结构作为定位基准。该定位方法以销柱的内孔和事先按照工件尺寸在定位平台上已加工出的定位孔为基准，插入两个定位销，既可以实现连接板在定位平台上"一面两销"精确定位，又能使焊接机器人按照固定的运行轨迹和坐标数据进行编程，可以有效实现连接板的精确自动焊接作业。

图 13-16　机器人焊接实际操作

13.3.7　效果

焊接机器人采用上述工艺及方案进行连接板焊接作业，工件定位精度高，机器人动作精度准确，焊接轨迹与焊缝重合度高。采用传统焊接工艺和机器人焊接工艺焊缝成形情况如图 13-17、图 13-18 所示，可以明显看出，采用机器人的焊缝成形美观、饱满，因而焊接效率和焊接质量得到明显提高，且使用实心焊丝后，无需清理焊渣，对改善作业环境、降低工人劳动强度有明显的效果，也为企业自动化、智能化和高效化焊接机器人的全面投入使用，奠定了良好的应用基础。

图 13-17　传统焊接工艺焊缝

图 13-18　机器人焊接工艺焊缝

13.4　起重机主梁腹板焊接波浪度的控制

工业起重机主梁一般为长条箱形梁结构，箱形梁截面如图 13-19 所示，主要由上盖板、下盖板、两侧腹板组焊而成，材料一般为 Q235A。在两侧腹板焊接时，由于腹板材料板厚较薄，多数为 8～10mm，且结构类型属于典型的"长条"形结构，长度一般为 18.5～31.5m，主梁在制作时，采用的是先在盖板上划线，再将腹板按所划线焊接在上盖板上，然后翻转梁盒将腹板和下盖板焊接在一起。由于腹板较长较薄的结构特性，此种方式制作主梁时腹板和上盖板对正不易，不能保证腹板和上盖板的准确贴合，焊接质量不好，而腹板和上盖板焊接后引起焊接变形，使腹板和下盖板对正更加困难，从而造成腹板波浪度比较大。按照国标 GB/T 3811 规定，腹板波浪度在受压区应 ≤ 0.7ζ，受拉区应 ≤ 1.2ζ。腹板波浪度较大时一是容易造成产品外观质量较差，二是容易造成箱形梁的力学性能发生变化，严重影响起重机主梁的强度、刚度和稳定性，因此需要在焊接过程中尽量避免。

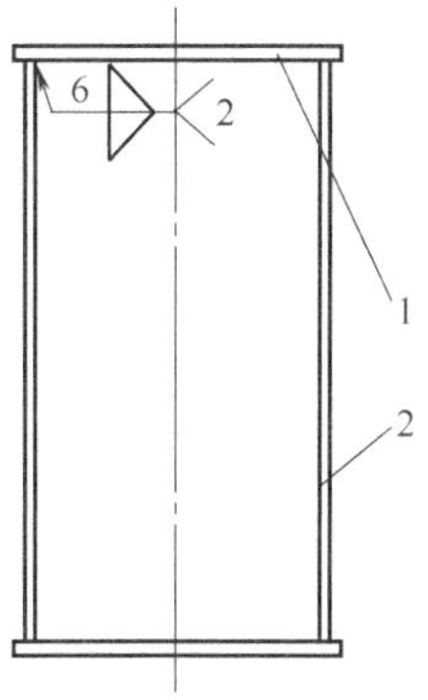

图 13-19　主梁剖面
结构示意图
1—上盖板；2—腹板

13.4.1　变形原因分析

腹板焊接时造成波浪度较大的主要原因有以下几个方面：一是腹板材料板厚较薄，属于典型的"长条"形结构，在焊接过程中受焊接应力影响产生变形；二是焊接工艺和焊接参数不当需要改进，以减小焊接变形；三是焊接过程缺乏必要的定位及反变形工艺装备，容易造成焊接变形无规律可循，变形难以控制；四是组焊过程中由于各零件下料过程存在一定误差，组焊定位靠划线保证，零件组焊时零件贴合不准，焊接收缩变形较大，也容易造成腹板焊接时"波浪度"较大。

13.4.2　采取的措施

针对上述原因，采取如下措施来减少腹板的焊接变形。

（1）材料的优化

在腹板材料选择上，一些企业往往使用钢卷板开平板，由于卷板在开平过程中会在材料内部形成较大的应力，即使后期采用抛丸处理，卷板开平后的应力也难以彻底消除，该焊接应力非常容易在腹板焊接过程中释放出来，从而引起腹板焊接变形，形成较大的"波浪度"。因此，为控制腹板焊接变形量，应采用"中板"代替开平板，同时中板在使用前应在自然环境下放置一段时间，充分消除钢板在轧制过程中的应力，尽可能减少板材应力对焊接变形的影响。此外在主梁设计结构上应进行充分优化，以综合力学性能较好的 Q345B 材料代替传统的 Q235A 材料，上述两种材料碳当量基本相当，焊接工艺性能接近，对焊接工艺的影响不大，但由于 Q345B 材料自身力学性能较好，抗变形、抗挠度、抗波浪度能力较强，因此在焊接时应力变形较小，从而降低腹板"波浪度"焊接变形倾向，同时通过使用 Q345B 材料，在设计上也可以减小零件尺寸结构，从而实现等使用条件下的起重机械轻量化设计和"低净空"效果，起到多重优化效果。

（2）焊接工艺的优化

腹板与上下盖板焊接属于典型的直通长焊缝形式，主要为"上下左右"四道长焊缝，一次焊接熔焊量大、焊接热量大，同时由于主梁结构尺寸较大，不宜通过工件翻转实现"对称焊接"工艺，因而腹板焊接变形的产生概率就高。为解决上述问题，可先采用手工点焊的方式将腹板与上下盖板点焊固定，然后再采用多层多道焊的工艺。为保证生产效率，在点焊固定后，腹板在不开坡口焊接时，一道角焊缝直接达到焊脚尺寸；腹板开坡口焊接时，第一次打底填充，第二次一道盖面角焊缝应直接达到焊脚尺寸（焊脚大小一般为 6mm 或 8mm），焊接工艺参数见表13-1。焊接装备选用上应采用半自动埋弧自动焊方式，采用低电压、小电流、慢焊速的工艺参数，焊接过程中不断使用锤击的方法降低焊接应力，焊接完成后，立即采用振动时效进行二次应力消除。

表 13-1 焊接工艺参数

焊接层数	焊接电流/A	焊接电压/V	焊接速度/(cm/min)	焊枪角度/(°)
1	330～360	24～26	45～55	25～30
2	380～410	24～28	60～70	25～30

(3) 设计组焊工装，确保板面贴合

在焊接过程中，为确保工件之间的相互"贴合"紧致，消除由于组对误差形成的间隙对焊接变形的影响，在腹板焊接过程中可使用如图13-20所示的龙门式主梁组焊机。该机为自行式液压夹紧机构，使用时将主梁放置在工装龙门架中间，两边液压推杆将腹板固定在主梁合适位置并固定，然后实施点焊将腹板固定在主梁上。为提高使用效果，可在主梁焊接时在主梁两端同时使用该工装，通过工装的两头配合使用，充分消除焊接间隙，提高焊接效率和质量。

图 13-20 采用主梁组焊工装焊接腹板

(4) 采用增加定位块设计结构代替划线定位，确保板材定位准确

为提高腹板与其他零件焊接前的组对精度，消除采用划线组对工艺的缺陷，可采用如图13-21所示的方法，用在腹板焊接前增加定位工艺板的方式来提高组对精度，即将上工艺板（垂直边向外）和上盖板焊接在一起，下工艺板以45°角和下盖板焊接在一起，然后将腹板紧贴上工艺板，然后与上盖板焊接在一起，最后翻转梁盒，利用下工艺板的倾斜角使下工艺板滑入腹板内，通过工艺定位板实现了各零件板材的准确定位，然后将下盖板和腹板点焊连接在一起，有效消除划线定位的种种缺陷。且在焊接过程中还能起到较好的防位移作用，实现盖板和腹板的准确连接，减小腹板波浪度。

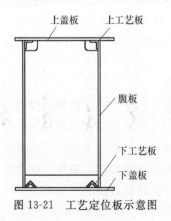

图 13-21 工艺定位板示意图

13.4.3 效果

上述措施具有易实现、工艺性好、生产效率高、精度控制好的特点，在实际应用中对起重机主梁腹板焊接"波

浪度"变形控制非常有效，腹板波浪度全部小于国家标准，同时还可以有效提高生产效率，降低工人的劳动强度，具有较好的应用效果。

13.5　起重机小车架焊接自动变位翻转工装设计

起重机属于大型结构件装备，"高、大、笨、重"可以概括目前一些起重机的结构特点。这些结构特点导致起重机制造的单工位化和劳动密集型特点，并且制造工艺的标准化和自动化程度很低，很大程度上限制了产品质量的提高以及生产效率的提升。起重机钢结构件是起重机的重要组成部分，钢结构件制造质量是评价起重机整体质量的重要因素，因此，改变现有制造方法，提升起重机结构件在制造中的自动化程度，已成为起重机制造商突破产业瓶颈的重要着力点。而起重机小车架作为承载起升机构及运行的载体，一般是由盖板、腹板、支承筋板及角钢等组成的结构件，其长度尺寸一般为几米，最大至数十米（图 13-22）。研究小车架制造的新工艺、新方法等对起重机制造工艺的整体提升具有重要的意义。如何解决小车架的多维度自动变位，以实现小车架的轻松焊接，需要根据小车架的结构特点设计合理的具有自动变位功能的工艺装备。

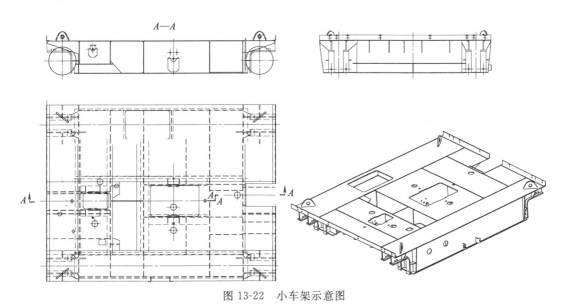

图 13-22　小车架示意图

13.5.1　技术解决整体思路

以往的小车架焊接是在地面或通过两侧固定的钢结构件支承住进行焊接，如图 13-23 所示，由起重机调运翻转，为实现最佳焊缝位置，小车架需要在平放、立起多种姿态下进行翻转和变位，劳动强度大且容易造成翻转过程中的磕碰和变形，更重要的是安全性较差、效率很低。若减少翻转次数，由于焊缝高度和方向变化较大，无法保证良好的焊接位置，焊缝成形差，焊接质量难以保证。

在借鉴国内外结构件先进制造方法的基础上，针对起重机小车架设计开发自动化翻转变位工装，实现起重机小车架在焊接过程中多方位自动翻转，本质化地改进现有制造工艺，实

图 13-23　小车架传统焊接方式

现大型焊接结构件的自动翻转来提高焊接质量及焊接效率，并改善劳动环境及降低制造成本，从而实现起重机械大型关键结构件生产制造技术瓶颈的突破。

13.5.2　自动翻转变位工装结构设计

　　该工装主要结构如图 13-24 所示，主要由工装主结构件、起升及外延工作平台、起升装置、小车架回转装置、吊桥复位推引装置、小车架定位装置及其他附件等组成，各主要功能部位具体结构如下。

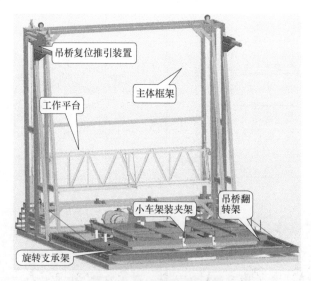

图 13-24　小车架变位装备设计简图

　　（1）工装主结构件

　　装备结构件主要由主体框架、吊桥翻转架、旋转支承架、小车架装夹架等组成。主体框架包括垂直方向支承架及水平方向垫架，垂直方向支承架上集装有变位滑轮组、吊桥复位推引装置等，水平方向垫架与安装平台直接接触，其上集装有吊桥翻转架铰链支座等。

（2）起升及外延工作平台

工作平台由型钢与花纹板焊接组装而成，通过卷扬机构实现工作平台的上下移动；另外如图 13-24 所示垂直屏幕向外方向，装有外延平台，外延平台通过连杆及铰座收起或放下，以增加焊接的可达性。

（3）起升装置

起升装置共 2 套，由电机、卷筒、减速机、制动器、滑轮及绳索等组成，分别实现工作平台的上下起升及吊桥翻转架的翻转。

（4）小车架回转装置

回转装置主要由旋转支承架、回转支承等组成，其主要实现小车架装夹架的回转。

（5）吊桥复位推引装置

吊桥复位推引装置主要由推引轴、滚轮、滑轮、重力块及绳索等组成，其主要作用即实现吊桥翻转架的复位。

（6）小车架定位装置

小车架定位装置集装在小车架装夹架上，由丝杠及定位块等组成，其主要作用为将小车架固定在装夹架上。

（7）附件

附件包括走台、安全护栏及安全防护网等。

13.5.3　可调式定位调整机构

可实现不同尺寸小车架焊接。

① 该工装通过丝杠及定位块实现小车架的定位及夹紧，定位块安装在丝杠上，可在小车架装夹架不同范围尺寸内调整。

② 工装额定翻转重量达到 38t，工装旋转重量达到 36t，几乎包括大多数类型的小车架，具有较广的应用范围。

13.5.4　效果

该小车架自动变位工装的研发使得大型结构件工艺装备的设计与制造能力得到进一步的提升，标准化、自动化生产得到进一步的改进，生产效率提高 40% 以上，通过变位实现100% 焊缝的船形位置焊接，提高焊接质量。由于不再使用起重机翻转小车架，焊接安全性得到保证，从而为企业创造了较大的经济效益和社会效益。

13.6　主梁上拱度自动化焊接工艺

13.6.1　箱形梁上拱度自动化焊接

（1）焊缝跟踪装置

针对箱形梁纵焊缝的焊接，采用起重机箱形梁上拱度自动化焊接装备（图 13-25），该装备主要的优点就是能够很好地跟踪焊缝，在主梁发生拱度变化或截面发生变化时，该跟踪装置能够自动调整，始终使得枪头与焊缝保持最佳的焊接距离。

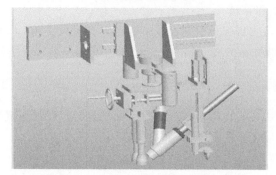

图 13-25　上拱度自动化焊接装备设计总图

该装备结构紧凑，枪头与焊缝上下左右的距离及圆周方向的旋转都可以根据主梁的形状进行随意调整，保证精确的焊缝跟踪；同时当跟踪装置速度发生变化时，电流、电压可以自动进行调整，使得焊缝、速度进行最优化匹配。

（2）导向装置

导向装置是箱形梁上拱度自动化焊接中主要的结构件，正是由于这种结构的精准跟踪，即基于起重机主梁拱度导向装置随时做出调整，才完全满足了生产的需要，实现了起重机主梁纵焊缝的抛物线式的焊接（见图 13-26）。

（3）手动摇柄

手动摇柄用于调节导向装置与枪头之间的距离。该装置主要是适应不同盖、腹板时的焊接，使得枪头与焊缝达到最佳位置。在箱形梁中盖、腹板的厚度是一个不变量，从而使得在焊接过程中达到精准跟踪（见图 13-27）。

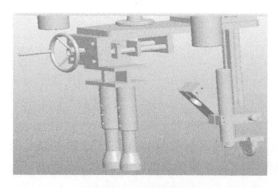

图 13-26　导向装置设计

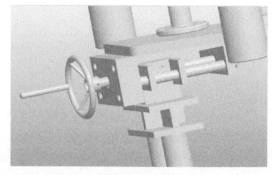

图 13-27　手动摇柄设计

（4）转向装置

该装置主要是满足主梁直线度的变化，在跟踪焊缝时，会随着主梁拱度的变化，以及主梁截面发生变化时，转向装置会根据跟踪焊缝的路径自动调整，从而实现焊缝的精准跟踪（见图 13-28）。

（5）气动调节装置

该装置主要是利用气缸的推力，推动整套跟踪系统，从而使得在焊接过程中导向装置一直能够紧贴下盖板行走（见图 13-29）。

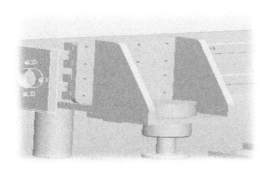

图 13-28　转向装置设计

图 13-29　气动调节装置设计

13.6.2　效果

每个部件的成功研制保证了起重机箱形梁上拱度自动焊接装备的优良性能，该装备用于箱形梁的外侧角焊缝的焊接效果非常好，完全满足了生产要求，焊接质量得到了显著的提高，生产效率也得到了大大的提升（见图 13-30）。

(a) 焊剂自动回收，焊接更稳定

(b) 焊缝更加均匀、美观

(c) 整个系统可以自由升降，
无需来回吊运

图 13-30　焊缝效果与实物

参 考 文 献

[1] 马晓丽，陈秋龙，张跃龙，等. 焊接创新拓展实验教学的探索与实践［J］. 实验室研究与探索，2022（1）：245-248.

[2] 胡洁靓，李斌. 压力容器异种钢焊接工艺及无损检测方法探究［J］. 特种设备安全技术，2021（12）：51-52，55.

[3] 罗刚. 金属材料焊接成型中的主要缺陷及控制措施［J］. 化工设计通讯，2021（11）：58-60.

[4] 聂福全，安存胜. 大型箱型梁焊接工艺及翻转工装设计［J］. 金属加工（热加工），2017（12）：24-25，29.

[5] 聂福全. 箱型梁自动断续焊接设备［J］. 建筑机械化，2017（5）：63-65.

[6] 聂福全，安存胜. 起重机主梁腹板焊接波浪变形控制［J］. 金属加工（热加工），2016（6）：45-46.

[7] 聂福全. 焊接机器人在起重机械关键零件焊接中的应用［J］. 经济策论（上），2011：80-84.

[8] 张德芬，陈孝文，黄本生，等. 基于工程素质培养的焊接综合实验教学体系研究与实践［J］. 科学咨询（科技·管理），2021（11）：102-104.

[9] 王光东. 焊接工艺因素对焊缝成形影响的分析［C］//2021年海南机械科技学术论坛论文集，2021.

[10] 缐德国. 大型结构件装置的装配及焊接方法探究［J］. 大众标准化，2021（19）：19-21.

[11] 方涛. 焊接技术中常见的缺陷、检验及其解决措施分析［J］. 舰船科学技术，2021，43（18）：211-213.

[12] 李袻，刘德洋. 钢结构工程焊接质量控制要点分析［J］. 中国房地产业，2018（30）：147.

[13] 钟华茂. 焊接施工质量管理［J］. 四川建材，2021（8）：108-109.

[14] 段成凯，霍世慧，刘永寿. 典型接头的焊接热过程数值仿真与试验研究［J］. 兵器装备工程学报，2021，42（6）：38-44.

[15] 何易崇，罗杰俊，吴毅. 焊接中的低本高效防漏焊识别方案［J］. 时代汽车，2021（8）：145-146.

[16] 张岩. 国际焊接结构设计师（IWSD）培训［J］. 机械制造文摘（焊接分册），2021（1）：22-25.

[17] 吕适强，杨桂茹，赵海燕，等. ISO 9606-1焊工考试（资格认证）最佳化的探讨与研究［J］. 机械制造文摘（焊接分册），2021（1）：38-41，44.

[18] 黄春榕，黄瑞生，黄栋，等. 焊接机器人职业技能培训鉴定教材的研究与开发［J］. 金属加工（热加工），2021（2）：21-23.